"十四五"普通高等教育本科部委级规划教材

新型纺织产品设计与生产

（第3版）

沈兰萍　主编

中国纺织出版社有限公司

内 容 提 要

本书从织物设计原理、方法等入手，阐述了纺织品开发的思路，对各类新型纺织产品的设计方法、生产工艺与要点进行了详细介绍。内容主要包括纺织品设计的原则与方法，牛仔织物、弹力织物、绒类织物、新型天然纤维织物、新型再生纤维素纤维织物、新型再生蛋白质纤维织物、新型合成纤维织物、功能织物和智能织物的设计与生产。

本书具有较强的理论性、知识性、专业性、实用性和可读性，可作为纺织院校相关专业的教材，也可作为纺织企业产品设计人员、工程技术人员以及生产管理人员的参考用书。

图书在版编目（CIP）数据

新型纺织产品设计与生产/沈兰萍主编 . -- 3 版 .
-- 北京 ：中国纺织出版社有限公司，2022.6
"十四五"普通高等教育本科部委级规划教材
ISBN 978-7-5180-9466-0

Ⅰ.①新… Ⅱ.①沈… Ⅲ.①纺织品—产品设计—高等学校—教材②纺织品—纺织工艺—高等学校—教材
Ⅳ.①TS105.1

中国版本图书馆 CIP 数据核字（2022）第 053448 号

责任编辑：孔会云　　特约编辑：高　涵　　责任校对：王蕙莹
责任印制：何　建

中国纺织出版社有限公司出版发行
地址：北京市朝阳区百子湾东里 A407 号楼　邮政编码：100124
销售电话：010—67004422　传真：010—87155801
http://www.c-textilep.com
中国纺织出版社天猫旗舰店
官方微博 http://weibo.com/2119887771
唐山玺诚印务有限公司印刷　　各地新华书店经销
2001 年 1 月第 1 版　2009 年 11 月第 2 版
2022 年 6 月第 3 版第 1 次印刷
开本：787×1092　1/16　印张：16.25
字数：357 千字　定价：52.00 元

前 言

近年来,随着纺织工业的快速发展,新原料、新工艺、新技术、新设备、新产品层出不穷,有力地推动了纺织工业的进步。新原料的出现给新产品的设计开发提供了有力的保障,也给纺织企业提供了新的生机,对纺织产品的设计开发、纺织生产技术提出了更高的要求。与此同时,在这种形势下,为了适应新的挑战,纺织院校需要培养新的人才,纺织企业需要开发新的产品,这些都迫切需要有相应的教科书和参考书。为此,我们修订编写了《新型纺织产品设计与生产》一书。该书从纺织品设计原理与方法出发,对当前较流行的花式牛仔织物、弹力织物、绒类织物、新型天然纤维织物、新型再生纤维素纤维织物、新型再生蛋白质纤维织物、新型合成纤维织物、功能织物以及智能织物的设计与生产方法进行了详细阐述,并列举了大量设计实例,以期使读者更好地理解、掌握和运用各种设计思路和方法,举一反三,设计开发出更好更多的新型纺织产品。

本书第一章、第七章、第九章由西安工程大学沈兰萍编写;第二章、第六章由中原工学院卢士艳编写;第三章、第四章、第十章由西安工程大学郭嫣编写;第五章、第八章由河南工程学院周蓉编写。全书由沈兰萍统稿。

由于编者水平所限,本书内容有不够确切、完整之处,恳请读者指正。

编 者

2021 年 10 月

目　　录

第一章　纺织品设计的原则与方法

第一节　纺织品设计的原则与形式

纺织品的设计是一个系统工程，它涉及面广，影响因素多，但归根结底是要使设计出的纺织品有广阔的市场，受消费者欢迎。

一、纺织品设计的原则

1. 适销对路　纺织品设计人员要深入、广泛地进行市场调研，使设计的产品符合消费心理，最大可能地满足消费者的需要，切忌以个人的爱好代替消费者的希望。

2. 实用、美观、经济相结合　设计人员应明确产品的使用目的、用途、性能要求、流行花色等问题。就服用纺织品而言，除了功能性和耐用性之外，还要具有美的外观，做到"外表美观，穿着舒适，洗涤方便，利于运动"。除此之外，经济性也是设计人员必须考虑的因素。设计出价廉物美的产品是纺织品设计人员追求的目标。

3. 创新与规范相结合　新型纺织品设计要具有异想天开的开拓型思维，使产品不断发展。但同时也要考虑到原料、纺织工艺、染整工艺及产品的规范化、系列化，如原料规格、纱线线密度、织物幅宽等的规范化、系列化，既要使产品丰富，又无不必要的繁杂，方便生产。

4. 设计、生产、销售相结合　设计、生产和销售的关系一般为：

市场→供销部门制订销售计划→设计部门研制和设计新产品→生产部门生产产品→市场

总而言之，一个产品的设计投产，需要调查目标市场，设计做到适销对路，生产上要保证原料供应和产品质量。

二、纺织品设计的过程

（一）市场信息的采集与分析

市场信息包括用户需求、与纺织品有关的技术发展方向、竞争对手状况、对所设计开发纺织品未来的预测。

市场信息的采集与分析要以市场调研为基础，所谓市场调研是以产品为主要目标，以市场供需为内容，运用科学方法，收集、整理和分析各种资料，进而掌握市场现状和发展趋势的一种活动。市场调研既有目标、计划、组织、系统等管理方面的问题，又有方法、技术方面的问题。市场调研的范围包括：经济方面、社会方面、科技方面、市场方面、对消费者的分析、对竞争对手的分析、对各种政策的掌握等。

预测与分析是纺织品设计开发的重要一环，没有正确的预测，便没有正确的决策，便无法设计开发出正确的产品。科学的预测可以将纺织品设计由盲目变自觉；增强纺织品设计开发的客观性和现实性，提高纺织品设计的正确性和主动性，可以将纺织品设计的成败由后知到先觉。

（二）纺织品设计方案的战略决策

决策的正确与失误关系到企业的兴衰与成败。整个决策过程取决于两方面内容。第一，需求，即市场的需求，包括纺织面料品种、数量、用途、市场份额、竞争对手、销售渠道、时间要求等。第二，条件，即企业的目标、技术、设备、人员、资金、管理水平、原料来源等。

（三）纺织品的设计构思

1. 纺织品设计构思的来源

（1）经营部门提供的用户需求方面信息。

（2）经销商提供的有关信息。

（3）技术情报部门收集的有关技术信息和新产品发展信息。

（4）通过商品展销会、订货会、产品鉴定会、学术交流会、技术座谈会等提供的信息。

2. 纺织品设计构思的内容

（1）纺织品要达到的外观形态风格、内在性能。

（2）纺织品的用途、销售的地区和销售对象。

（3）选用何种原料、纱线、组织、密度来达到纺织品的风格和性能。

（4）配以何种花纹、色彩来达到纺织品最终的外观要求。

（5）采用何种生产工艺，以保证纺织品最终达到所要求的内在质量与外观风格。

（四）纺织品规格及工艺的研究设计

纺织品规格设计的内容主要体现在织物设计规格单中，主要内容包括：织物品号、品名、销售地区、用途、服用对象、所用原料及各种原料所占的比例、织物组织（包括布身组织和布边组织）、织物成品规格（包括匹长、幅宽、经纬密度、织物质量）、上机织造规格（包括筘幅、筘号、穿筘方法等）、经纱组合与排列方式、纬纱组合与排列方式、经纬织造缩率、经纬染整缩率的确定与选择等。

织物工艺流程的设计包括工艺流程设计、工艺条件设计、工艺参数设计。

值得注意的是在织物规格及工艺的设计中，还要注意生产设备条件，因为任何一个工艺都需要相应的设备来完成，因此，确定工艺路线之后便需要调试有关设备。

（五）试织生产

纺织品的试织和生产阶段是验证设计真实性、可行性、合理性的阶段，也是核实需要人力、物力、财力、产品经济性的阶段。试织通常分两个阶段：

（1）样品试织：通过试验进一步修改设计和工艺参数。

（2）批量试织：重点是考核工艺、工艺装备是否符合要求；检查产品的合格率、工艺的稳定性、机器效率、劳动生产率等。收集资料为正式投产做准备，进一步校正设计，验证、修改工艺。

试验要规定一定的数量、时间，做好有关记录。

（六）产品鉴定

产品鉴定的目的是请有关专家对产品的技术资料进行进一步审查，对生产工艺的可行性、批量生产的条件、产品的质量等给出结论性意见。鉴定的依据是新产品设计任务书和产品标准。产品鉴定所需提供的技术文件有鉴定大纲（包括产品设计任务书或合同书）、产品研制的工作报告和技术报告、产品的生产条件分析报告、产品经济效益分析、产品检验标准、产品质量测试报告、用户意见、产品生产的环保审查报告等。

（七）销售服务

纺织品是一种商品，开发成功与否，不仅要看产品是否可以生产出来及其性能好坏，还要看产品是否有市场。

纺织品的市场开发有许多工作要做，如市场调研分析、研究消费群体的需求、市场预测、评估、试销、扩销、促销、宣传、形成销售网络、扩大销售渠道和信息反馈、市场经营管理、各种策略的运用（包括产品策略、价格策略、销售策略、广告策略）等。

三、纺织品设计的形式

（一）仿制设计

仿制设计包括"来样复制"和"特征仿样"两种形式。

1. "来样复制"的设计步骤　来样复制即完全按照来样进行复制，设计步骤为：

（1）分析来样以获得必要的设计资料。正确的分析结果对制订产品的规格和纺织染工艺均有重要的指导作用。分析过程要仔细，并且应该在满足分析的条件下尽量节约布样。

（2）确定产品的主要结构参数。

（3）设计织物的纺织染工艺流程及工艺参数。

（4）小样试织，并分析数据，进行工艺调整。

（5）先锋试样的试织，先锋试样是正式生产的依据，必须记录全部数据，与来样对比分析。

（6）仿制成功后放大样。

2. "特征仿样"的设计步骤　特征仿样通常用于毛织物设计中，设计时要对毛织物的花型、重量、风格或身骨等方面进行仿制。设计步骤为：

（1）按照织物的身骨要求，确定原料成分。

（2）按照订货要求，确定织物的单位面积质量及成品幅宽。

（3）按照织物的花型及身骨要求，确定织物的纬经密度比。

（4）按照身骨要求，确定织物的紧度系数，并根据公式计算织物的经纬向密度。

（5）根据单位面积质量和织物紧度计算纱线线密度，按照花型和身骨确定纱线捻向、捻度。

（6）按照花型确定织物组织、色纱排列及根数。

（二）改进设计

改进设计是根据用户对某一织物的改进要求，从分析消费者意见入手，对织物密度、纱线线密度、纱线捻度和捻向、原料的选择和搭配、织物组织、花纹图案等某一方面或几方面进行改进，它是改进产品质量和外观效应的重要途径，其主要内容有：确定织物经纬密度的配合，经纬纱线密度、捻度、捻向的配合，织物原料的选用和搭配，织物组织的选用，花纹图案及颜色的配合。

在进行改进设计时，应特别注意接受来样时客户的要求，可根据现存的档案资料，参考类似产品确定织物的规格和工艺参数，在进行小样设计与试织后做先锋样试织，并根据先锋样试织的情况对织物的结构参数进行分析和调整，最后进行大样生产。

（三）创新设计

没有任何小样依据和技术规定，自创一种新产品，即为创新设计。为了满足广大消费者的需求，常需要采用新原料、新工艺、新技术、新设备等设计生产纺织产品，凡所设计的产品采用了新原料、新工艺、新技术、新设备中的一项或几项时，就可视为新产品。创新设计的方法和步骤一般为：

（1）构思产品的用途及使用对象，确定织物设计的总体方案。

（2）选择原料，确定各种原料的配合比例。

（3）设计纱线的结构，确定纱线线密度及组合方式。

（4）设计织物组织结构。

（5）设计花纹图案及配色。

（6）设计织物规格。

（7）设计工艺流程和工艺参数。

（8）确定织物后整理工艺。

（四）定位设计

定位设计即根据产品的用途、使用对象、市场需求、企业生产条件等进行产品设计。其设计步骤与创新设计相似。

第二节　纺织品设计的内容与方法

一、纺织品设计的内容

（一）用途与对象

织物用途与使用对象不同，织物的风格会截然不同。按织物用途可分服装用织物、装饰用织物及产业用织物三大类。使用对象一般可分为男女老幼、城市乡村、民族地域、文化层次、地理环境、内销外销等。

（二）织物风格与性能

1. 织物风格　织物风格包括的内容极其丰富。客观性风格与织物的原料性能、纱线结构、组织结构、织物品种、整理加工效果等因素相关，如仿生风格（仿毛、仿丝、仿麻、仿革等）、材质风格（面料的轻重感、软硬感、光滑感、粗糙感、蓬松感、凹凸感、立体感）等。主观性风格包括视觉风格和触觉风格两部分，视觉风格是指纺织材料、组织结构、色彩、花型、光泽、布面特征刺激人的视觉器官产生的生理、心理反应，它与人的文化、经验、素质、情绪等有关；触觉风格指织物的物理机械性能在人手触摸、抓握织物时产生的变化作用于人的生理和心理的反应，即织物的手感，如刚柔、丰厚、挺括、活络、滑爽、滑糯、粗涩、冷暖等。

2. 织物性能　织物的性能有许多项目，主要有织物的断裂程度、断裂伸长、耐磨性、防水性、透气性、保暖性、折皱回复性、悬垂性、抗起毛起球性、刚柔性、勾丝性、光泽、形态稳定性、阻燃性等。对于不同用途的织物，对其服用性能的要求也各不相同。

（三）织物的主要结构参数设计

1. 纺织原料　能用于生产纺织产品的原料种类繁多，按来源主要分天然纤维和化学纤维。有关纺织原料的特点和性质在纺织材料等各类书中有详细阐述，这里不再复述。

2. 纱线结构　纱线设计的内容包括纱线的线密度、捻度与捻向。纱线线密度的大小对织物性能起着决定性的作用，应根据织物的用途和特点加以选择。纱线的捻度与织物外观、坚牢度都有关系，在设计时应根据织物的特点，对纱线的捻度提出要求。纱线的捻向分为 Z 捻（右捻）和 S 捻（左捻）两种，织物中经纬纱捻向的配合对织物的手感、厚度、表面纹路、印染时的吸色程度、染色均匀程度等都有一定的影响。

3. 织物组织　织物组织是影响织物品种的重要因素，其选择要根据织物的用途及所要体现的织物的外观风格来决定。织物组织的变化可影响到织物的外观，如纵条纹组织由破斜纹组织构成时，会产生一种外观，而使用两种不同组织并列时，会产生另一种外观效果。

4. 织物密度　织物经纬密度的大小和经纬密度之间的相对关系是影响织物结构最主要的因素之一，它直接影响到织物的风格和物理机械性能。显然，经纬密度大，织物就显得紧密、厚实、硬挺、耐磨、坚牢；密度小，则织物稀薄、松软、通透性好。此外，经纬密度的比值不同，则织物风格也不同，如平布与府绸，斜纹布、哔叽、华达呢与卡其都具有不同的外观风格等。

5. 花纹图案　织物花纹图案的设计与织物的组织和所使用的纱线有关，也与所使用的色经、色纬的排列有关。不同的组织可以形成不同的花型效果，不同的纱线颜色及排列组合也会产生不同的外观。如斜纹组织形成斜线纹路，蜂巢组织形成的蜂巢外观，网目组织形成网目形状；若采用同一组织，但使用不同结构、颜色纱线（如竹节纱、断丝线、环圈线、结子线、不同颜色经或纬纱的排列等），则织物的外观会产生不同的花型效果。因此，织物的花纹图案与织物的组织、纱线形式、纱线颜色的选择是密不可分的。

（四）纺织染整工艺

1. 纺织　纺织主要由纺纱和织造两部分组成。纺纱是根据织物的风格要求，设计纱线的线密度、捻度及捻向，通过合理的工艺、设备将纺织纤维加工成所需要的纱线。织造是形成织物的主要工序，不同的产品需要选用不同的织造设备及不同的工艺参数。如大提花织物需要用纹织机，毛巾织物需有特殊打纬机构的织机。

2. 机械后整理　不同织物有其不同的外观特征，而有些织物的外观特征需要由相应的机械后整理获得。如灯芯绒织物的割绒工艺，可以每个条子都割，也可以间隙割、偏割、飞毛割等，采用不同的割绒方法所生产的织物外观会有所不同。再如拉绒整理，能使织物表面形成绒毛，绒毛的长短疏密可通过调节机械设备参数来达到。

其他如剪花、热压、烧毛、磨毛等整理，都是可使织物获得一定外观特征的机械后整理方式。

3. 染整后处理　织物的染整后处理方法，除普通的练漂、印染、丝光外，还有许多其他处理方法。

（1）印花：有喷花、涂料印花、泡沫印花、手绘花、蜡防印花等。

（2）烂花：其典型的织物有烂花乔其绒、涤棉包芯烂花织物等。

（3）染纱：有印线、印经、扎经等。

（4）涂层整理：有人造革涂层整理、锦纶防雨涂层轧光整理、人造麂皮的先浸涂后磨绒整理等。

（5）树脂整理：如纯棉织物的机可洗树脂整理，轧花泡泡纱及轧花布为使花纹耐久，也需经树脂整理。

（6）差别化加工整理：如超柔软加工、耐久拒水加工、抗菌防臭加工、形态稳定加工等。

二、纺织品设计的方法

（一）纱线设计

纱线设计包括纱线线密度、捻向与捻度等内容的设计。

1. 纱线线密度　纱线线密度的确定是织物设计的主要内容之一，线密度大小对织物的性能起着决定性的作用，应根据织物的品种和要求加以选择。轻薄织物用细特纱，粗厚织物用粗特纱。

在织物设计中，经纬纱线线密度的配置一般有三种形式，即 $Tt_j = Tt_w$，$Tt_j > Tt_w$，$Tt_j < Tt_w$。在大多数情况下，采用 $Tt_j = Tt_w$ 和 $Tt_j < Tt_w$ 两种形式，这是因为此种配置对生产管理有利，且织机效率比较高。有时为体现织物外观的特殊效应，也有采用 $Tt_j > Tt_w$ 的，但线密度的差异不宜过大。

2. 纱线的捻度　纱线的捻度与织物外观、坚牢度都有关系。在临界捻度范围内，适当增加纱线捻度，能提高织物的强力，但捻度过大，织物手感变硬挺，光泽较弱；捻度较小的织物手感柔软，光泽较佳。

设计时应根据织物的特点、经纬纱性质、纤维长度的不同来选择捻度。通常经纱捻度略高于纬纱捻度，线密度低的纱线捻度大于线密度高的纱线，纤维长度短的纱线捻度大于纤维长度长的纱线；要求织物丰厚柔软、光泽好时纱线捻度应小些，反之，要求织物硬挺、紧薄、弹性好时纱线捻度应大些。

当采用股线制织时，线与纱的捻度配合对织物强力、耐磨、光泽、手感均有一定影响。

当股线与单纱的捻系数比值为 $\sqrt{2}$ 时，股线强力最高；当捻系数比值为 1 时，纱线表面纤维平行于股线轴心线，纱线光泽好，且结构较紧密。

3. 纱线的捻向

（1）织物中经纱与纬纱捻向的选择与配置。纱线的捻向分为 Z 捻（右捻）和 S 捻（左捻）两种。一般单纱常用 Z 捻，股线用 S 捻，利用单纱与股线捻向相反来达到股线结构的稳定。但对于轻薄、挺爽织物与绉织物而言，为保证产品风格，则常采用股线与单纱同为 Z 捻的情况。

织物中经纱与纬纱捻向的配合对织物的手感、厚度、表面纹路等都有一定的影响。通常经纱与纬纱捻向的配合形式有四种，即经纱与纬纱同捻向配合（ZZ 捻向、SS 捻向），以及经纱与纬纱不同捻向配合（ZS 捻向、SZ 捻向）。当采用经纬纱不同捻向配置时，会影响织物的手感和光泽，如图 1-1（a）所示，织物中经纬纱的交织接触处纤维相互交叉，经纬纱间缠合性差，因组织点屈曲大而突出，手感较松厚而柔软，其厚度比经纬纱同捻向的织物要厚，染色均匀，同时，由于织物表面所呈现的纤维斜向一致，对光的反射方向也一致，因而织物的光泽好。当经纬纱捻向相同时，如图 1-1（b）所示，织物的手感、染色效果等正好与上述情况相反，织物显得薄而紧密。另外，在织物的捻向设计中，还可利用不同捻向的纱线间隔排列，形成隐条、隐格效应，使织物外观含蓄、雅致。这在精纺毛织物和仿毛织物中应用较多。

（2）纱线捻向与织纹的关系。由于纱线捻向不同，纤维在纱条中的走向不同，对光线的反射方向不同，则会影响织物表面的光泽与纹路的清晰程度。在设计产品时，应根据产品的风格要求，合理的配置纱线捻向与组织，以获得所需求的或织纹清晰、或条格隐现、或光滑平整的织物外观效果。

①织物表面纱线浮长段上的反光带现象。浮在织物表面的每一纱线段，在光线照射下，会在一定区域看到纤维的反光，各根纤维的反光部分排列成带状，称作"反光带"，如图 1-2 所示。由纤维反光构成的反光带的倾斜方向与纱线捻向相反。

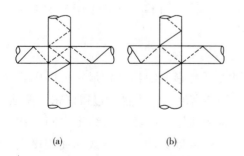

（a） （b）

图 1-1 经纱与纬纱捻向配合

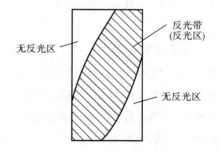

反光带
（反光区）

无反光区

无反光区

图 1-2 纱（丝）线浮长段上的反光带

②斜纹、缎纹类织物的织纹与纱线捻向的关系。织物组织结构、经纬纱原料等条件相同的纱线浮长段，在同样的光照条件下，其反光特征相同。但是如果组织的织纹方向不同，会得到一个斜纹清晰而另一个斜纹不清晰的不同结果。

以 $\frac{2}{2}$ 斜纹组织的单纱织物为例。图1-3（a）与（b）中的经密都大于纬密，经纱捻向为Z，反光带为左斜，每一经纱浮长段上的反光形状、面积均相同，但图1-3（a）给人以良好的斜纹效果，图1-3（b）的斜纹给人模糊不清的感觉，原因是：图1-3（a）的织纹斜向与纱线上的反光带斜向一致，相邻经纱浮长段上的反光带被紧密连接成一体，而图1-3（b）的织纹斜向与反光带斜向相反，因而使相邻经纱的浮长段上的反光带被无反光区隔开，导致斜纹织纹模糊。因此，要获得清晰明显的斜纹效应，必须使织纹的斜向与反光带斜向一致，即织纹斜向与纱线捻向相反。通常为使斜纹织物获得清晰纹路，一般经面纱斜纹，经纱为Z捻，组织采用左斜纹；半线或全线经面斜纹织物，经纱为S捻股线，组织则采用右斜纹。

对缎纹织物的外观通常有两种要求，即显斜纹与不显斜纹之分。根据上述"反光带"理论，要求表面光泽好、不显纹路的缎纹织物，其支持面纱线（经面缎纹的经纱和纬面缎纹的纬纱）的捻向应与主要斜纹倾向一致；而要求纹路清晰突出的直贡缎，则应使其支持面的纱线捻向与由经浮点构成的纹路倾向相垂直。如图1-4中的五枚纬面缎纹，若纬纱都为Z捻，由于图1-4（a）织纹斜向为左斜与其支持面的纬纱Z捻向相同，则织物表面光泽好、不显纹路，而图1-4（b）织物则会纹路突出。

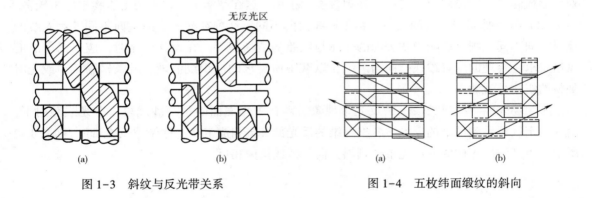

图1-3　斜纹与反光带关系　　　　　　　图1-4　五枚纬面缎纹的斜向

（二）密度与紧度设计

织物经纬密度的大小和经纬密度之间的相对关系是影响织物结构最主要的因素之一。它直接影响到织物的风格和物理机械性能。显然，经纬密度大，织物就显得紧密、厚实、硬挺、耐磨、坚牢；经纬密度小，则织物稀薄、松软、通透性好。而经密与纬密之间的比值，对织物性能和外观风格的影响也很大，一般来说，织物中密度大的一方纱线屈曲程度大，织物表面即显现该方纱线的效应。织物经纬密度的大小和经纬密度之间的相对关系通常要根据织物的性能与风格来确定。确定方法很多，一般常用的方法有以下五种。

1. 理论计算法

（1）极端相紧度结构理论。极端相结构理论即直径交叉理论。假如纱线为圆柱体，如图1-5所示，当织物中纱线达到最大密度时，相邻纱线相互靠近，在经纬纱交叉部位宽度等于一根纱线的直径，最大密度 P_{max} 用式（1-1）表示。

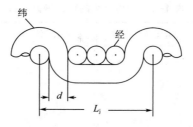

图 1-5　织物交织示意图

①当经纬纱线线密度相同时，则有：

$$P_{max} = \frac{R \times 100}{d\ (R+t)}$$　　　　　　　（1-1）

式中：d——经纬纱直径，mm；

　　　R——组织循环纱线数；

　　　t——组织循环纱线交错次数。

若令：$n = \frac{1}{d}$（1mm 内纱线紧靠排列时的根数），$F = \frac{R}{t}$（组织点的平均浮长），则式（1-1）可简化为：

$$P_{max} = \frac{nF \times 100}{F+1}$$　　　　　　　（1-2）

②当经纬纱线线密度不相同时，则有：

$$P_{jmax} = \frac{R \times 100}{d_j R + d_w t} = \frac{F \times 100}{d_j F + d_w}$$

$$P_{wmax} = \frac{R \times 100}{d_w R + d_j t} = \frac{F \times 100}{d_w F + d_j}$$　　　　　　　（1-3）

根据该理论可以获得各种不同组织织物的最大密度。各种组织之间的密度换算关系如下：

$$P_2 = P_1 \times \frac{R_2}{R_1} \times \frac{R_1 + t_1}{R_2 + t_2}$$　　　　　　　（1-4）

式中：P_1——原织物的密度，根/10cm；

　　　P_2——新织物的密度，根/10cm；

　　　R_1——原组织的完全循环纱线根数，根；

　　　R_2——新组织的完全循环纱线根数，根；

　　　t_1——原组织的交错次数；

　　　t_2——新组织的交错次数。

上述计算式可用于更改组织仿样设计或改进设计。在原料及纱线线密度相同的条件下，若要改变织物组织，并使新织物的手感、身骨与原织物相似时，可使用式（1-4）快速估算出新织物的近似密度，此密度可作为正式设计时的参考。常用组织的密度换算系数见表1-1。

表1-1　常用组织的密度换算系数

原织物组织	新织物组织	密度换算系数	原织物组织	新织物组织	密度换算系数
平纹	$\frac{1}{2}$斜纹	1.20	$\frac{2}{2}$斜纹	$\frac{3}{3}$斜纹	1.125
平纹	$\frac{2}{2}$斜纹	1.33	$\frac{2}{2}$斜纹	$\frac{1}{2}$斜纹	0.90
平纹	$\frac{3}{3}$斜纹	1.50	$\frac{2}{2}$斜纹	平纹	0.75
$\frac{1}{2}$斜纹	$\frac{2}{2}$斜纹	1.11	平纹	$\frac{3}{2}$斜纹	1.43
$\frac{1}{2}$斜纹	$\frac{3}{3}$斜纹	1.25	$\frac{3}{2}$斜纹	平纹	0.70
$\frac{1}{2}$斜纹	平纹	0.83			

例1　某毛混纺双面华达呢织物（$\frac{2}{2}$↗），毛纱线密度为 28.5tex×2（70 公支/2），上机经密×上机纬密为 458 根/10cm×325 根/10cm，现要求改织 $\frac{2}{1}$↗单面华达呢，上机紧密程度不变，试求新产品的上机经纬密度。

解：　根据表1-1可知，其换算系数为0.9。故 $\frac{2}{1}$ 单面华达呢的经纬密度为：

$$P_j = 458 \times 0.9 = 412.2 \text{（根/10cm）}$$
$$P_w = 325 \times 0.9 = 292.5 \text{（根/10cm）}$$

（2）紧度法。根据织物中经纬纱的交错情况，在一定的纱线线密度、织物组织和结构相的条件下，假设纱线为不可压缩的圆柱体，其经纬纱最大理论密度可按式（1-5）计算：

$$P_{jmax} = \frac{E_{j紧}}{d_j}, \quad P_{wmax} = \frac{E_{w紧}}{d_w} \tag{1-5}$$

式中：P_{jmax}，P_{wmax}——织物的最大理论经、纬密度，根/10cm。

利用式（1-5）求得紧密织物的最大密度，再分别乘以设计所要求的经向充实率 A_j 和纬向充实率 A_w，即得到设计织物的经密和纬密。

充实率的含义是织物的实际紧度 $E_实$（密度 $P_实$）与该织物在紧密结构时的紧度 $E_紧$（密度 $P_紧$）的比值。常用组织的紧密织物的紧度值见表1-2所示。

表1-2　常用组织紧密织物的紧度值

结构相	h_j/h_w	h_j	h_w	紧度（%）							
				平　纹		三枚斜纹		四枚斜纹		五枚缎纹	
				E_j'	E_w'	E_j'	E_w'	E_j'	E_w'	E_j'	E_w'
1	0	0	$2d$	50.0	$\dfrac{(\infty)}{100}$	60.0	$\dfrac{(300)}{100}$	66.7	$\dfrac{(200)}{100}$	71.4	$\dfrac{(166.6)}{100}$
2	1/7	$0.25d$	$1.75d$	50.3	$\dfrac{(103)}{100}$	60.4	$\dfrac{(102)}{100}$	67.0	$\dfrac{(101.6)}{100}$	71.8	$\dfrac{(101.2)}{100}$
3	1/3	$0.5d$	$1.5d$	51.6	75.6	61.6	82.3	68.1	86.0	72.8	88.6
4	3/5	$0.75d$	$1.25d$	54.0	64.0	63.8	72.8	70.1	78.0	74.6	81.7
5	1	$1d$	$1d$	57.7	57.7	67.2	67.2	73.2	73.2	77.4	77.4
6	5/3	$1.25d$	$0.75d$	64.0	54.0	72.8	63.8	78.0	70.1	81.7	74.6
7	3	$1.5d$	$0.5d$	75.6	51.6	82.3	61.6	86.0	68.1	88.6	72.8
8	7	$1.75d$	$0.25d$	$\dfrac{(103)}{100}$	50.3	$\dfrac{(102)}{100}$	60.4	$\dfrac{(101.6)}{100}$	67.0	$\dfrac{(101.2)}{100}$	71.8
9	∞	$2d$	0	$\dfrac{(\infty)}{100}$	50.0	$\dfrac{(300)}{100}$	60.0	$\dfrac{(200)}{100}$	66.7	$\dfrac{(166.6)}{100}$	71.4

注　表中数值是假设纱线在织物内不受任何挤压，截面为圆形的前提下进行计算的，纱线轴心不产生左右横移，故极限紧度为100%。凡紧度大于100%的也用100%表示，其计算数值列于括号内。

例2　某 $\dfrac{2}{1}\nearrow$ 织物的经纬纱线密度相同，为第五结构相，该织物的实际紧度为50%，求该织物的充实率 A 为何值？与平纹组织织物相比何者紧密？

解：由规则组织紧密织物紧度值可知，在第五结构相时，$\dfrac{2}{1}\nearrow$ 的 $E_{紧}=67.2\%$，平纹的 $E_{紧}=57.7\%$，则

$$\dfrac{2}{1}\nearrow \text{织物的} A=\dfrac{50}{67.7}\times100\%=74.4\%\text{；平纹织物的} A=\dfrac{50}{57.7}\times100\%=86.5\%$$

从而可以得出在其他条件相同的情况下，仅组织不同的两种织物，平纹组织的织物其紧密程度要大于 $\dfrac{2}{1}\nearrow$ 织物。

利用紧度法设计织物的经纬密度，其优点为计算简单、便于掌握，只要已知设计织物的

紧度便可求得密度。但该法无法考虑相同平均浮长、不同组织织物之间的差异，也无法考虑不同纱线性质和织造工艺对织物的影响等，为此计算的密度与实际情况有一定出入。

2. 勃莱依里经验法

（1）方形织物的经纬密度。织物经、纬向密度相等，经、纬纱线密度相等的织物称为方形织物，其最大经、纬密度值的计算公式如下：

$$P_{jmax} = P_{wmax} = \frac{CF^m}{\sqrt{Tt}} \tag{1-6}$$

式中：P_{jmax}，P_{wmax}——方形织物的最大经、纬向密度，根/10cm；

$\qquad$ Tt——纱线线密度，tex；

$\qquad$ F——织物组织的平均浮长；

$\qquad$ m——织物的组织系数（随织物组织而定，见表1-3）；

$\qquad$ C——不同种类织物的系数，棉为1321.7；精梳毛织物为1350；粗梳毛织物为1296；生丝织物为1296；熟丝织物为1246。

表1-3　各类组织的 m 值取值表

组织类别	F	m	组织类别	F	m
平纹	$F = F_j = F_w = 1$	1	急斜纹	$F_j > F_w$，取 $F = F_j$	0.42
斜纹	$F = F_j = F_w > 1$	0.39		$F_j = F_w = F$	0.51
缎纹	$F = F_j = F_w \geq 2$	0.42		$F_j < F_w$，取 $F = F_w$	0.45
方平	$F = F_j = F_w \geq 2$	0.45	缓斜纹	$F_j < F_w$，取 $F = F_w$	0.31
经重平	$F_j > F_w$，取 $F = F_j$	0.42		$F_j = F_w = F$	0.51
纬重平	$F_j < F_w$，取 $F = F_w$	0.35		$F_j > F_w$，取 $F = F_j$	0.42
经斜重平	$F_j > F_w$，取 $F = F_j$	0.35	变化斜纹	$\overline{F_j} > \overline{F_w}$，取 $F = \overline{F_j}$	0.39
纬斜重平	$F_j < F_w$，取 $F = F_w$	0.31		$\overline{F_j} < \overline{F_w}$，取 $F = \overline{F_w}$	0.39

（2）织物经、纬纱线密度不等。当织物的经、纬纱线线密度不等，而经、纬向密度相等时，则织物最大密度值的计算公式如下：

$$P_{jmax} = P_{wmax} = \frac{CF^m}{\sqrt{\overline{Tt}}} \tag{1-7}$$

式中：$\overline{Tt}$——经、纬纱线线密度的平均值，其计算式为：

$$\overline{Tt} = \frac{2Tt_j \times Tt_w}{Tt_j + Tt_w} \tag{1-8}$$

（3）织物经、纬纱线密度相等而织物密度不等。当织物的经、纬纱线密度相等而织物密度不等时，大多数情况下，织物的经密总是大于纬密，其经、纬密的计算公式为：

$$P_w = K'P_j^{-0.67} \tag{1-9}$$

式中：K'——方形织物结构时的紧度系数。

求 K' 时，需要将此织物转化为紧密状态下的方形织物来计算，即：

$$P_{max} = K' P_{max}^{-0.67}$$

$$K' = P_{max} \times P_{max}^{0.67} = P_{max}^{1.67} = \left(\frac{CF^m}{\sqrt{Tt}}\right)^{1.67} \tag{1-10}$$

将求得的 K' 值及已知的 P_j 值代入式（1-9）得式（1-11），即可求得所需的 P_w 值。

$$P_w = \left(\frac{CF^m}{\sqrt{Tt}}\right)^{1.67} P_j^{-0.67} \tag{1-11}$$

（4）织物经、纬密度与经、纬纱线密度均不相等。当织物经、纬密度与经、纬纱线密度均不相等时，织物密度可用下式计算：

$$P_w = K' \times P_j^{-0.67\sqrt{Tt_j/Tt_w}} = \left(\frac{CF^m}{\sqrt{Tt}}\right)^{1+0.67\sqrt{Tt_j/Tt_w}} \times P_j^{-0.67\sqrt{Tt_j/Tt_w}} \tag{1-12}$$

在大多数毛纺织企业，生产中通常使用公制支数（N_m），此时式（1-6）可改写为：

精纺毛织物：

$$P_{jmax} = P_{wmax} = \frac{1350F^m}{\sqrt{\dfrac{1000}{N_m}}} = 42.7\sqrt{N_m}F^m \tag{1-13}$$

粗纺毛织物：

$$P_{jmax} = P_{wmax} = \frac{1296F^m}{\sqrt{\dfrac{1000}{N_m}}} = 41\sqrt{N_m}F^m \tag{1-14}$$

例3　欲设计一纱直贡呢织物，其经纬纱线密度为 29tex×36tex，织物组织为五枚经面缎纹（$F=2.5$，$m=0.42$），经向密度为 503 根/10cm，求其纬向最大密度。

解：根据题意，应使用式（1-12）计算，即：

$$P_w = K' \times P_j^{-0.67\sqrt{Tt_j/Tt_w}} = \left(\frac{CF^m}{\sqrt{Tt}}\right)^{1+0.67\sqrt{Tt_j/Tt_w}} \times P_j^{-0.67\sqrt{Tt_j/Tt_w}}$$

先求出：

$$P_{max} = \frac{CF^m}{\sqrt{Tt}} = \frac{1321.7 \times 2.5^{0.45}}{\sqrt{\dfrac{2 \times 29 \times 36}{29 + 36}}} = 347.8（根/10cm）$$

再求出 K' 值：

$$K' = P_{max} \times P_{max}^{0.67\sqrt{Tt_j/Tt_w}} = 347.8 \times 347.8^{0.67\sqrt{29/36}} = 347.8 \times 347.8^{0.6} = 11644.67$$

则

$$P_w = \frac{K'}{P_j^{0.67\sqrt{Tt_j/Tt_w}}} = \frac{11644.67}{503^{0.67\sqrt{29/36}}} = 279（根/10cm）$$

故最大纬密为 279 根/10cm。

3. 参照设计法 影响织物经纬纱密度和紧度的因素很多，采用公式计算的结果总会有某些偏差。实际上，在产品设计时，往往先参照类似品种初步确定，然后通过生产试织后加以修正。

任何品种的织物总有自己特定的紧度范围，这是由它的性能与风格所决定的，即使是新的织物品种也往往是在类似品种的基础上发展而来的。因此，设计者可通过查阅各种织物手册熟悉各种织物的紧度范围和产品规格，利用类似产品初步确定新品种的规格。常见本色棉织物的紧度范围见表1-4所示。

表1-4 常见本色棉织物的紧度范围

织物分类	织物紧度（%）			
	经向紧度（E_j）	纬向紧度（E_w）	$E_j : E_w$	总紧度（E）
平　布	35～60	36～60	1：1	60～80
府　绸	61～80	35～50	5：3	75～90
$\frac{2}{1}$斜纹	60～80	40～55	3：2	75～90
哔　叽	55～70	45～55	6：5	纱85以下，线90以下
华达呢	75～95	45～55	2：1	纱85～90，线90以上
卡其$\frac{3}{1}$↖、$\frac{2}{2}$↗	80～110	45～60	2：1	纱85以上，线90以上
直　贡	65～100	45～55	3：2	80以上
横　贡	45～55	65～80	2：3	80以上
$\frac{2}{1}$纬重平	40～55	45～55	1：1	60以上
绒坯布	30～50	40～70	2：3	60～85
巴里纱	22～38	20～34	1：1	38～60
羽绒布	70～82	54～62	3：2	88～92

4. 紧度系数设计法 鉴于上述几种密度设计法都有各自的局限性，在设计精纺毛织物时，建议以平纹V结构相紧密结构的紧度系数为基础，并结合经验法中的F^m值作为精纺毛织物成品的紧度系数。当经、纬纱线密度相同，且经、纬密度也相同时，根据紧度公式即可获得各类组织的紧度系数的计算通式，并通过紧度系数设计精纺毛织物的成品密度。紧度系数计算见式（1-15）：

$$K_{max} = \frac{100F \times F^m}{C_d(F + 0.732)} = \frac{78.47F \times F^m}{F + 0.732} = \frac{78.74F^m}{1.732} = 45.46F^m \qquad (1-15)$$

当$\frac{K_w}{K_j} = 1$时，总紧度系数K_z为：

$$K_z = 2K_{max} = 90.92F^m \tag{1-16}$$

式中：K_{max}——方形织物中成品最大经（纬）紧度系数。

由式（1-16）可知：平纹织物的 $F^m = 1$，$K_z = 90.92$；三枚斜纹织物的 $F^m = 1.17$，则 $K_z = 106$；四枚斜纹织物的 $F^m = 1.31$，则 $K_z = 119$。也就是说，当织物密度的纬经比等于 1 时，毛织物的总紧度系数一般不应超过上述数值。当纬经比不等于 1（非方形织物）时，其成品的紧度系数可用式（1-17）估算：

$$K_{jmax} = \left(\frac{K_{max}^{1.667}}{B}\right)^{0.6} = \frac{K_{max}}{B^{0.6}} \tag{1-17}$$

式中：B——成品的纬经密度比（$Tt_j = Tt_w$ 时）或紧度比，见附表 1；

$\quad\quad K_{jmax}$——非方形织物中成品的最大经向紧度系数；

$\quad\quad K_{max}$——方形织物中成品的最大经（纬）紧度系数。

$$P_{max} = K_{max} \times \sqrt{N_m} \tag{1-18}$$

上述紧度系数是理论计算所得，具体还应考虑许多生产因素进行选择。

例 4　欲设计全毛直贡呢，采用 22.22tex×2（45 公支/2）的毛纱织制，其组织采用五枚二飞经面缎纹，试求其成品最大紧度系数和织物的经纬密度。

解：

①求出 F^m 值：已知 $F = 2.5$，$m = 0.42$，故 $F^m = 2.5^{0.42} = 1.46938$，由于直贡呢是高经密品种，所以 F^m 值应提高 5%，故

$$F^m = 1.46938 \times (1 + 5\%) = 1.5428$$

②求出最大成品的紧度系数：

$$K_{max} = 45.46F^m = 45.46 \times 1.5428 = 70.138$$

③根据同类产品查附表一确定纬经比 $B = 0.58$，根据式（1-17）得：

$$K_{jmax} = \left(\frac{K_{max}^{1.667}}{B}\right)^{0.6} = \frac{K_{max}}{B^{0.6}} = \frac{70.138}{0.58^{0.6}} \approx 97.2516$$

④求出纬向最大紧度系数：

$$K_{wmax} = K_{jmax} \times B = 97.2516 \times 0.58 \approx 56.4059$$

⑤求出成品最大经、纬密度：

$$P_{jmax} = K_{jmax} \times \sqrt{N_m} = 97.2516 \times \sqrt{22.5} \approx 461.3(\text{根 /10cm})$$

$$P_{wmax} = K_{wmax} \times \sqrt{N_m} = 56.4059 \times \sqrt{22.5} \approx 267.5(\text{根 /10cm})$$

5. 相似织物计算法　相似织物是指组织相同、手感和外观相似的两个织物，设计中可根据原织物的规格计算出新织物的规格。由于为相似织物，两织物的纱线线密度、织物密度、紧度、缩率和单位面积质量等都存在一定的比例关系。如果相似织物之间的原料不同，或纺纱方法不同，则纱线直径系数分别为 C_d 和 C_{d1}，此时有下列计算公式：

$$\frac{G}{G_1} = \frac{G_j}{G_{j1}} = \frac{G_w}{G_{w1}} = \frac{P_{j1}}{P_j} = \frac{P_{w1}}{P_w} = \frac{C_d\sqrt{Tt_j}}{C_{d1}\sqrt{Tt_{j1}}} = \frac{C_d\sqrt{Tt_w}}{C_{d1}\sqrt{Tt_{w1}}} \tag{1-19}$$

如果相似织物的纤维原料与纺纱方法相同，则织物的纱线直径系数 C_d 相等，则式（1-19）可改变为：

$$\frac{G}{G_1} = \frac{G_j}{G_{j1}} = \frac{G_w}{G_{w1}} = \frac{P_{j1}}{P_j} = \frac{P_{w1}}{P_w} = \frac{\sqrt{Tt_j}}{\sqrt{Tt_{j1}}} = \frac{\sqrt{Tt_w}}{\sqrt{Tt_{w1}}} \qquad (1-20)$$

（三）织物规格设计及计算

织物工艺规格设计需要根据织物的用途、要求及生产工艺来确定。织物的主要工艺规格包括：织物幅宽、匹长、织造缩率、整理缩率、经纬纱线密度、织物密度、织物组织、总经根数、筘号、上机筘幅、用纱量以及织物重量等。色织物设计时还要考虑色纱排列、劈花和排花。

1. 棉型织物的规格设计及上机计算

（1）白坯织物的规格设计及上机计算。

①织物匹长与幅宽的确定。织物匹长以米（m）为单位，保留一位小数。织物匹长一般在 25~40m 之间，并用联匹形式，一般厚织物采用 2~3 联匹，中等厚织物采用 3~4 联匹，薄织物采用 4~6 联匹。

织物幅宽以厘米（cm）为单位，以 0.5cm 或整数为准。幅宽与织物的产量、织机最大穿筘幅度及织物的用途有关，服用织物的幅宽与服装款式、裁剪方法等有关。本色棉布常用的幅宽系列有：

91.5、94、96.5、98、99、101.5、104、106.5、122、127、132、137、142、150、162.5、167.5。

②织物缩率的确定。织物的经纬纱缩率对织物结构、强力、厚度、伸长、外观及原料的耗用等均有影响，也为织物设计的重要项目之一。

缩率通常有两种表示方法，一种是织缩率，另一种是回缩率。织缩率 a 是指织物中纱线原长与织物长度之差对织物中纱线原长的比值，即：

$$a = \frac{L_1 - L_2}{L_1} \times 100\% \qquad (1-21)$$

式中：L_1——织物中纱线原长，cm；

L_2——织物长度，cm。

回缩率 b 是指织物中纱线长度与织物长度之差对织物长度的比值，即：

$$b = \frac{L_1 - L_2}{L_2} \times 100\% \qquad (1-22)$$

设计品种时，本色棉布经纬纱织缩率可参考表 1-5 或类似品种。

③总经根数的确定。总经根数可根据经纱密度、幅宽、边经纱根数来确定。可按式（1-23）计算：

$$总经根数 = 经纱密度（根/cm）\times 标准幅宽（cm）+ 边纱根数 \times \left(1 - \frac{布身每筘齿穿入数}{布边每筘齿穿入数}\right)$$

$$(1-23)$$

表1-5 本色棉布织造缩率参考表

织物名称	织缩率（%）					
	经纱			纬纱		
	粗（纱）	中（半线）	细（线）	粗（纱）	中（半线）	细（线）
平布	7.0~12.5	5.0~8.6	3.5~13	5.5~8	7 左右	5~7
府绸	7.5~16.5	10.5~16	10~12	1.5~4	1~4	2 左右
斜纹	3.5~10	7~12.0		4.5~7.5	5 左右	
哔叽	5~6	6~12		6~7	3.5~5	
华达呢	10 左右	10 左右	10 左右	1.5~3.5	2.5 左右	2.5 左右
卡其	8~11	8.5~14	8.5~14	4 左右	2 左右	2 左右
直贡	4~7			2.5~5		
横贡	3~4.5			5.5 左右		
羽绸	7 左右			4.3 左右		
麻纱	2 左右			7.5 左右		
绉纹布	6.5			5.5		
灯芯绒	4~8			6~7		

总经根数应取整数，并尽量修正为穿综循环的整数倍。确定边纱根数时，对于拉绒、麻纱等织物需适当增加边纱根数；拉绒坯布每边再加 8 根，麻纱织物可在平纹织物的边经纱根数上每边再增加 16 根。

④筘号的确定。筘号有公制筘号和英制筘号两种。公制筘号以 10cm 内的筘齿数表示，其筘号范围为 40~240 号；英制筘号以 2 英寸内的筘齿数表示。可根据经纱密度、纬纱织缩率、每筘齿穿入数等情况而定。

$$公制筘号 = \frac{经纱密度（根/10cm）}{每筘齿穿入数} \times (1 - 纬纱织缩率) \qquad (1-24)$$

$$公制筘号 = 1.968 \times 英制筘号$$

计算所得的公制筘号应修正为整数，再代入式（1-24）对织物经密进行验证。如果修正的经密在合理的范围内，则所选择的筘号可行，否则需改变每筘齿穿入数重新计算筘号。

⑤筘幅的确定。

$$筘幅（cm） = \frac{总经根数 - 边经根数 \times \left(1 - \dfrac{布身每筘穿入数}{布边每筘穿入数}\right)}{布身每筘穿入数 \times 筘号} \times 10 \qquad (1-25)$$

计算取两位小数。计算时，在纬纱织缩率、筘号、筘幅三者之间需进行反复修正。当计算筘号与标准筘号相差 ±0.4 号以内，可不必修改总经根数，只需修改筘幅或纬纱织缩率即可；一般筘幅相差在 6mm 以内可不必修正；织物密度偏差一般以不超过 4 根/10cm 为宜。

⑥计算 1m² 织物无浆干燥质量（g）。

1m² 织物无浆干燥质量（g）= 1m² 经纱成布干燥质量（g）+1m² 纬纱成布干燥质量（g）

$$1m² 经纱成布干燥质量（g）= \frac{\dfrac{经纱密度}{（根/10cm）} \times 10 \times \dfrac{经纱纺出标准}{干燥质量（g/100m）} \times （1-经纱总飞花率）}{（1-经纱织缩率）（1+经纱总伸长率）\times 100}$$

(1-26)

$$1m² 纬纱成布干燥质量（g）= \frac{纬纱密度（根/10cm）\times 10 \times 纬纱纺出标准干燥质量（g/100m）}{（1-纬纱织缩率）\times 100}$$

(1-27)

说明：

a. 经纬纱的纺出标准干燥质量（g/100m）= $\dfrac{纱线线密度}{10.85}$（或 $\dfrac{53.74}{英制支数}$）；涤棉（65/35）

经纬纱纺出标准干燥质量（g/100m）= $\dfrac{纱线线密度}{10.32}$。计算时应算至小数四位，四舍五入为两位。

b. 经纱总伸长率。上浆单纱按 1.2% 计算（其中络筒、整经以 0.5% 计算，浆纱以 0.7% 计算）。过水股线 10tex×2 以上（60/2 英支以下）按 0.3%，10tex×2 及以下（60/2 英支及以上）按 0.7% 计算；涤棉织物经纱总伸长率暂规定单纱为 1%，股线为 0。

c. 纬纱伸长率根据络纬工序的不同其值为零或很小，可略去不计。

d. 经纱总飞花率。线密度高的织物按 1.2%，中等线密度的平纹织物按 0.6%，中等线密度的斜纹、缎纹织物按 0.9% 计算，线密度低的织物按 0.8%，股线织物按 0.6% 计算；涤棉织物经纱总飞花率暂规定线密度高的织物为 0.6%，中等线密度的织物（包括股线）为 0.3%。

上述经纱总伸长率、经纱总飞花率以及经纬纱织缩率是计算 1m² 织物质量的依据。1m² 经纬纱成布干燥质量取两位小数，1m² 织物无浆干燥质量取一位小数。

⑦浆纱墨印长度的计算。浆纱墨印长度表示织成一匹布所需要的经纱长度。

$$浆纱墨印长度（m）= \frac{织物匹长（m）}{1-经纱织缩率}$$

(1-28)

⑧用纱量的计算。用纱量是考核技术和管理的综合指标，直接影响工厂的生产成本。用纱量定额以生产百米织物所耗用经纬纱的质量（kg）来表示。

$$百米织物经纱用纱量（kg/100m）= \frac{100 \times Tt_j \times m_z \times （1+放长率）（1+损失率）}{1000 \times 1000 \times （1-经纱织缩率）（1+经纱总伸长率）（1-经纱回丝率）}$$

$$百米织物纬纱用纱量（kg/100m）= \frac{100 \times Tt_w \times P_w \times 10 \times 织物幅宽（m）\times （1+放长率）（1+损失率）}{1000 \times 1000 \times （1-纬纱回丝率）（1-纬纱织缩率）}$$

百米织物总用纱量=百米织物经纱用纱量+百米织物纬纱用纱量

(1-29)

式中：Tt_w、Tt_j——经、纬纱线密度，tex；

m_z——总经根数，根；

P_w——织物纬纱密度，根/10cm。

a. 放长率。也称自然回缩率，一般为 0.5%~0.7%，由于加工、储存等要求不一，需经实际测定而选用。棉布损失率一般为 0.05%。经纱总伸长率可参见前面所述的 $1m^2$ 无浆干燥质量的计算来确定。

b. 经纬纱回丝率。对于 96.5cm（38 英寸）、29tex × 29tex（20 英支 × 20 英支）、236 根/10cm×236 根/10cm（60 根/英寸×60 根/英寸）平布的经纱回丝率为 0.263%，纬纱回丝率为 0.647%，其他种类织物可依次换算而得。

⑨绘上机图。

（2）色织物的规格设计及上机计算。

①色织物的风格设计。色织物的风格设计可有仿丝绸风格色织产品、仿麻风格色织产品和仿毛风格色织产品。

②色织物的劈花与排花。

a. 劈花。确定经纱配色循环起讫点的位置称为劈花，劈花以一花为单位。目的是保证产品在使用上达到拼幅与拼花的要求，同时利于浆纱排头、织造和整理加工。

劈花的原则为：

i 劈花一般选择在织物中色泽较浅、条型较宽的地组织部位，并力求织物两边在配色和花型方面保持对称，便于拼幅、拼花和节约用料。

ii 缎条府绸中的缎纹区、联合组织中的灯芯条部位、泡泡纱的起泡区、剪花织物的花区等松软织物，劈花时要距布边一定距离（2cm 左右），以免织造时花型不清，大整理拉幅时布边被拉破、卷边等。

iii 劈花时要注意整经时的加（减）头。

iv 经向有花式线时，劈花应注意避开这些花式线。

v 劈花时要注意各组织穿箱的要求。

例 5　某织物的色经排列如下：

黄　元　红　元　红　元　红　元　黄　白
4　40　8　9　4　9　8　40　4　60　　　共 186 根/花

第一种劈花方法为：从 40 根元色的 1/2 处劈花，即

元　红　元　红　元　红　元　黄　白　黄　元
20　8　9　4　9　8　40　4　60　4　20　共 186 根/花

第二种劈花方法为：从 60 根白色的 1/2 处劈花，即

白　黄　元　红　元　红　元　红　元　黄　白
30　4　40　8　9　4　9　8　40　4　30　共 186 根/花

上述劈花方法中，第一种方法织物两边虽对称，但元色太深，拼色时会造成织物外观不美观，第二种方法是合理的劈花方法。

b. 排花。工艺设计时，为把总经根数和上机箱幅控制在规定的规格范围内，使产品达到

劈花的各项要求和减少整经时的平绞及加（减）头，需对经纱排列方式进行调整，即排花。

平纹、$\frac{2}{2}$斜纹及平纹夹绉地组织等每筘穿入数相等的织物，在调整纱线排列时只需在条（格）型较宽的配色处减去或增加适当的排列根数，来改变一花是奇数的排列，并尽量调整为4的倍数，同时把整经时的加（减）头控制在20根以内。

例6 某色织物总经根数为2776根（包括边经纱28根），原排列见表1-6，每花215根，全幅13花减头47根，织物左右两边不能达到拼幅要求，同时，其一花排列是奇数，会产生平绞，不利整经，且穿综时不宜记忆。若把原排列改为每花212根，则全幅13花减头8根，如此调整后，一花排列为4的倍数，两边对称，有利于整经、穿筘等。

表1-6 某织物的色经排列及排花

色经排列	A	B	C	D	C	D	A	D	C	D	C	B	A	加减头	每花根数
原排列	31	41	6	18	6	4	12	4	6	18	6	41	22	减47	215根/花
调整后	22	40	6	18	6	4	12	4	6	18	6	40	30	减8	212根/花

各种花筘穿法产品调整经纱排列的方法有以下三种。

i. 保持一花经纱的总筘齿数不变，而对一花经纱排列根数作适当的调整。

ii. 保持一花经纱排列根数不变，而适当变动一花经纱的总筘齿数。

iii. 同时对一花的经纱排列根数和筘齿数进行调整。

③色织物的规格设计及上机计算。色织物的规格设计及上机计算内容可参考棉型织物的计算方法。色织产品的经纬纱织缩率可参考附表2。

百米色织坯布用纱量（kg）=百米色织坯布经纱用量+百米色织纬纱用量

百米色织坯布经纱用量（kg）

$$= \frac{经纱线密度 \times 总经根数}{10^4 \times (1+经伸长率)(1-经织缩率)(1-经回丝率)(1-经染缩率)(1-经捻缩率)}$$

百米色织纬纱用量（kg）

$$= \frac{纬纱线密度 \times 纬纱密度 \times 织物筘幅(cm)}{10^5 \times (1-纬染缩率)(1+纬伸长率)(1-纬回丝率)(1-纬捻缩率)}$$

百米色织成品用纱量（kg）=百米色织成品经纱用量+百米色织成品纬纱用量

$$百米色织成品经纱（或纬纱）用量 = \frac{坯布经纱（或纬纱）\times (1+自然缩率与放码损失率)}{1 \pm 后整理伸长（缩短）率}$$

织物自然缩率与放码损失率为0.85%；经纬纱伸长率：单纱1%，股线0.5%；经纬纱回丝率：棉纱线0.6%，人造丝及其他纤维纱线1%；纱（线）漂染缩率一律2%；捻线缩率：58.3tex及以上为3.5%，36.7~53tex为2.5%，36.4tex及以下为2%，其他捻线自定。后整理伸长率（缩短率）等可参见表1-7。

表 1-7 各类品种的自然缩率、后整理缩率或伸长率

品 种		后处理方法	自然缩率（%）	后整理缩率（%）	后整理伸长率（%）
男女线呢		冷轧	0.55	—	0.5
男线呢（全线）		热处理	0.55	0.5	—
被单	线经纱纬	热轧	0.55	—	2.5
	纱经纱纬	热轧	0.55	—	2.0
绒布		轧光拉绒	0.55	—	2.0
二六元贡		不处理	1	—	—
夹丝男线呢		热处理	0.55	0.8	—
色织涤/棉、棉/维、富纤细纺和府绸		大整理	0.85	—	1.5

色织物用纱量的计算分三种情况：第一，凡大整理产品，按色织坯布用纱量计算，且不必考虑自然缩率；第二，凡小整理产品，拉绒或不经任何处理直接以成品出厂的产品，按色织成品用纱量计算，计算时要考虑自然缩率、小整理缩率或伸长率；第三，凡纬纱全部用本白纱的产品，计算纬纱用纱量时，伸长率、回丝率须按白坯布用纱量计算。

在具体计算用纱量过程中，若一种产品的经纱（或纬纱）有两种或两种以上的线密度和颜色时，应分纱号、分颜色计算出经纱（或纬纱）的用纱量。

2. 精纺毛织物的规格设计及上机计算

（1）纱线捻系数设计。纱线捻度对织物的强力、手感、弹性、耐磨、起球及光泽等品质都有显著影响。选择精梳毛纱捻系数时，应综合考虑所用纤维原料、纱线强力以及织物风格要求。精纺毛织物常用捻系数见表 1-8。

表 1-8 精纺毛织物常用公制捻系数

品 种	单纱捻系数	股线捻系数	风格特征
全毛哔叽	80~85	101~130	柔软，光洁整理
全毛啥味呢	75~80	100~110	柔软，缩绒整理
全毛华达呢	85~90	140~160	结实，挺括
全毛贡呢	85~90	120~140	光洁
全毛薄花呢	80~90	120~140	柔软风格取低捻；挺爽风格取高捻
全毛中厚花呢	75~85	120~160	同全毛薄花呢
全毛单面花呢	85~95	160~190	双层平纹，要求光洁，减少起毛起球
全毛绉纹女衣呢	85~90	125~130	同向强捻，Z/Z，S/S
毛/涤薄花呢	80~90	115~125	软糯
毛/涤薄花呢	85~95	140~160	挺爽

品　种	单纱捻系数	股线捻系数	风格特征
毛/涤中厚花呢	75~85	110~125	丰厚、毛型感好
涤/黏薄花呢	80~90	115~150	同毛/涤薄花呢
涤/黏中厚花呢	80~90	120~140	要求毛型感好
腈/黏薄花呢	85~90	125~135	要求毛型感好
腈/黏中厚花呢	75~85	115~130	要求毛型感好
各种单股纬纱	100~130	—	—

注　股线捻系数以合股纱支折成单纱后计算。如采用 Z/Z 捻时，毛、涤纶等薄型织物取股线捻度为单纱捻度的70%~80%，一般织物取单纱捻度的60%~70%，但腈/黏混纺纱不宜采用 Z/Z 捻，否则小缺纬会增多。

（2）色彩花型设计。精纺毛织物常见的花型有条子花、格子花及满地花等。其构成方法如下：

①组织花纹花型。运用织物组织形成花型。此类花型一般较小、简单，呈几何线形纹路或其他简单几何体。

②配色模纹花型。利用织物组织与经纬色纱的排列顺序而构成花型。这种花型变化较多，花纹显得较清晰而细腻。如板司呢，呢面呈现的阶梯花型等。

③装饰花纹花型。在素色织物上，使用不同的原料、不同结构的纱线作为装饰材料，通过经纬纱线排列及织纹组合、交织而成装饰花纹。这种花型较明显、突出。

④特殊工艺花型。利用工艺上的特殊处理和结构上的特殊设计形成花型。如利用稀密筘可形成条路花型，高收缩丝织物热处理后能使织物收缩而呈立体感。此外，还有稀弄花、印花、剪花等特殊工艺花型。

（3）精纺毛织物规格设计与上机计算。织物匹长、幅宽、经密及纬密、总经根数、呢坯质量、成品重量、用纱量等各项参数计算可参照棉型织物的各项计算公式。

精纺毛织物的缩率和染整质量损耗见附表3。染整质量损耗主要是在染整过程中因拉毛、剪毛等的落毛损耗所致，也与和毛油及其他杂质的清除有关，影响染整质量损耗的因素有加工工艺和原料性能等。

3. 粗纺毛织物的规格设计及上机计算　粗纺毛织物表面风格多样，有纹面织物、呢面织物、绒面织物和松结构织物。织物的匹长、幅宽、经密及纬密、总经根数、呢坯质量、成品重量、用纱量等各项参数计算可参照棉型织物的各项计算公式。

织物设计时，一般根据品种要求选择充实率。充实率选择范围见表1-9。

表1-9　粗纺毛织物的经向充实率

织物紧密程度	充实率（%）	适用品种
特密织物	95以上	军服呢、合股花呢、平纹花呢、精经粗纬或棉经毛纬产品
紧密织物	90.1~95	平纹法兰绒、海军呢、粗服呢

织物紧密程度		充实率（%）	适用品种
较紧密织物		85.1~90	麦尔登、海军呢、制服呢、平纹法兰绒、低特（高支）粗花呢、低特（高支）平素女衣呢、大众呢、大衣呢、拷花大衣呢
适中	偏紧	80.1~85	制服呢、拷花大衣呢、羊绒大衣呢、法兰绒、大众呢、雪花大衣呢
	偏松	75.1~80	粗花呢、学生呢、平厚（立绒）大衣呢、制服呢、法兰绒、女士呢、花式大衣呢、海力斯
（较）松织物		65.1~75	花式大衣呢、平厚大衣呢（长浮点）、海力斯、花色女士呢、粗花呢
特松织物		65 以下	双层花色织物、松结构女士呢、稀松结构（$F \geq 3R$）织物

在选择坯布上机充实率时，可先定经向充实率，再按下述原则并结合产品的具体情况确定纬向充实率。

一般缩绒产品，经向充实率约为纬向充实率的 100%~115%，而以 105%~110% 较为普遍；不缩绒及轻缩绒的纹面织物，经向充实率约为纬向充实率的 100%~107%；急斜纹产品的经密应高些，经向充实率为纬向充实率的 110%~120%；单层起毛织物（各类起毛大衣呢），纬向充实率应高于经向充实率 5%~50%，其中斜纹组织织物在 −5%~5% 之间，缎纹组织织物在 5%~15% 之间，纬二重组织织物在 15%~45% 之间。经纬双层纬起毛组织，一般纬充实率大于经充实率 50%~100%。棉经毛纬产品的纬充实率应大于经充实率 6% 左右，以防止经向伸长而导致纬密不足，产生露底现象。

染整质量损耗与加工工艺和原料性能等因素有关。如缩绒后重起毛的拷花大衣呢染整质量损耗最大，达 17%~23%，而不缩绒的粗花呢质量损耗只有 1%~5%。在实际生产中可用染整净重率表示染整质量损耗：

$$染整净重率 = 1 - 染整质量损耗$$

4. 丝织物规格设计及上机计算　丝织物的品种可分为绉、绡、纺、绫、绢、纱、罗、缎、锦、绨、葛、呢、绒和绸十四个大类。丝织物的匹长、幅宽、经密及纬密、总经根数、筘号、织物质量、用纱量等各项参数计算可参照棉型织物的各项计算公式。丝织物经纬丝的组合需根据产品的品种种类、风格特征、应用范围来确定，参见附表 4。

在计算丝织物质量中的经丝长度总缩率指经过准备、织造以及染整等工序加工后的长度收缩率，可根据同类产品资料加以估计或用经验方法计算。丝织物在后整理过程中，也会产生质量损耗，有时也将质量损耗率称作练折率。

$$质量损耗率（\%） = \frac{坯绸质量 - 成品质量}{坯绸质量} \times 100\% \qquad (1-30)$$

原料用量指投入原料的质量，包括加工过程中的质量损耗和回丝损耗。

$$每匹成品织物的某种原料用量 = \frac{每坯成品织物质量 \times 该原料含量}{(1 - 质量耗损率)(1 - 回丝消耗率)} \qquad (1-31)$$

5. 麻织物的规格设计及上机计算　麻织物指用麻纤维纺织加工成的织物，也包括麻与其他纤维混纺或交织的织物。麻织物主要有：苎麻纺织品（以纯纺为主，也可与其他纤维混纺和交织，以服用及装饰用为主）、亚麻纺织品（以纯纺为主，也可混纺或交织，以服用为主）、大麻纺织品（具有独特的风格及保健性能，可作纯纺或混纺服用面料及家用纺织面料）、罗布麻纺织品（具有麻纤维的优良品质和良好的手感及保健性能）、黄麻纺织品（主要品种有麻袋、麻布和地毯底布）、叶（硬质）纤维纺织品（以剑麻或蕉麻为原料，用于纺制绳、缆等）。

麻织物的主要风格为滑爽、挺括、透气等。麻织物原料、纱线的选择与设计需视纺织品的用途、风格来设计，纱线所用原料可为纯麻、麻与其他纤维的混纺纱，纱线捻系数可比棉纱线略高；织物组织主要有平纹、经重平、纬重平、方平及其他组织（如 $\frac{2}{2}$ 斜纹、平纹地小提花）等，使得纺织品品种更加丰富；经向紧度可在 45%~60% 之间，纬向紧度在 50%~60% 之间。

麻织物的规格设计与上机计算可参照棉型织物的各项计算公式。

6. 化纤织物的规格设计及上机计算　化纤织物是指以化纤为原料而织造成的织物。化纤织物按风格可分成仿毛型、仿丝型、仿麻型等；按化纤的类型可分成棉型、毛型、中长型等；按化纤的结构可分成普通型、异型丝、网络丝、低弹丝、高弹丝等。化纤"仿真"的含义为化学纤维制成的纺织面料的风格、手感和服用性能等特征具有天然纤维面料的特点。

化纤织物的规格设计及上机计算可参照棉、毛、丝、麻织物的规格设计及上机计算，在此不再赘述。

👉 **思考题**

1. 试设计五枚缎纹织物：

（1）经面缎纹采用 S 捻股线作经纱；

（2）纬面缎纹采用 Z 捻单纱作纬纱。

假如希望以上缎纹织物表面光洁平整不显斜线，试确定相应的缎纹组织图。

2. 在织制经面左斜纱卡织物时，为了使织物的斜线明显，应如何考虑织物的密度和经纱的捻向？

3. 14.6tex×14.6tex×523.5 根/10cm×283 根/10cm（40 英支×40 英支×133 根/英寸×72 根/英寸）提花府绸织物，如果地部经纱为 2 入/筘，花部经纱为 4 入/筘，为保证织物不失府绸风格，则地部与花部的比例应为多少？

4. 27.8tex×2×27.8tex×2×293 根/10cm×169 根/10cm（21 英支/2×21 英支/2×74.5 根/英寸×43 根/英寸）纯棉劳动布，现改用相同线密度股线的纯维纶生产，如欲基本保持其原来的结构特征，试概算织物的经、纬密度。（若 $C_{维}=0.041$）

5. 设计轻薄型的细纺棉织物，织物厚度为 0.2mm，如纱线在织物中的压扁系数为 0.71，求经、纬纱的线密度。

6. 某混纺法兰绒，平纹组织，毛纱线密度为 100tex（10 公支），上机经密×上机纬密为

102 根/10cm×106 根/10cm，现要求改织 $\dfrac{2}{2}$ ↗法兰绒，上机紧密程度不变，试求新产品的上机经纬密度。

7. 今设计一纱直贡织物，其经纬纱线线密度为 29tex×36tex，织物组织为五枚经面缎纹，经向密度为 503 根/10cm，求其纬向最大密度。

8. 某 $\dfrac{2}{1}$ ↗织物的经纬纱线密度相同，为第 11 结构相，该织物的实际紧度为 50%，求该织物的紧密率 K 为何值？与平纹组织相比哪个更紧密？

第二章 牛仔织物的设计与生产

第一节 概 述

一、牛仔织物的分类

传统的牛仔织物是由本白纯棉粗支纱染成靛蓝色作经纱，本白纯棉纱作纬纱，采用 $\frac{2}{1}$ 斜纹、$\frac{3}{1}$ 斜纹等组织交织而成的斜纹粗布，由于经纬纱线密度及密度配置不同，可生产出一系列规格及重量不同的产品。近年来，随着消费者对纺织品的需求越来越多，牛仔织物的品种也不断增多，这些由传统牛仔织物发展而来的牛仔织物称为花色牛仔织物。花色牛仔织物是为了满足人们对服饰多姿多彩的需要，采用不同原料、不同组织结构、不同加工工艺以及不同物理、化学方法而生产的牛仔织物。花色牛仔织物的主要品种有花色白坯牛仔织物、靛蓝提花牛仔织物、提花弹力牛仔织物、牛仔绸等。牛仔织物可按如下方法分类。

1. 按重量分 牛仔织物可分为轻型、中型和重型三类。轻型牛仔织物布重为 203.5 ~ 330.6g/m²，中型牛仔织物布重为 339.1~432.4g/m²，重型牛仔织物布重为 440.8~508.7g/m²。

2. 按弹性分 牛仔织物有弹力牛仔织物和非弹力牛仔织物。弹力牛仔织物又可分为经纬双弹牛仔织物、经弹牛仔织物和纬弹牛仔织物。

3. 按所用原料分 牛仔织物有全棉牛仔织物、混纺牛仔织物和氨纶包芯纱弹力牛仔织物。混纺牛仔织物有棉/麻混纺牛仔织物、棉/黏纤混纺牛仔织物、棉与其他化纤混纺牛仔织物、紬丝混纺牛仔织物、毛混纺牛仔织物等。

4. 按色彩不同分 牛仔织物有深蓝、浅蓝、淡青、褐、黑、红、白，还有什色、彩色等。

5. 按组织不同分 牛仔织物有平纹、斜纹、破斜纹、缎纹及提花组织等。

6. 按印染工艺不同分 牛仔织物有印花、涂料印花、涂料浸染、超漂白、转移印花等。

7. 按后整理不同分 牛仔织物有水洗石磨、砂洗、磨绒等。

二、牛仔织物的特性和用途

1. 牛仔织物的特性 牛仔织物纱支较粗，紧度较大，手感厚实、柔软，色泽鲜艳，织纹清晰，有良好的吸湿性和保形性，耐磨，穿着舒适、朴素大方。其粗犷简洁、返璞归真、回归大自然的独特风格受到各界人士喜爱，百余年经久不衰。

2. 牛仔织物用途 在服用季节上，由于有轻、中、厚等不同的重量规格，并采用棉、毛、丝、麻、化纤等不同的原料，另外还有不同的染整工艺，使得牛仔服已从过去春、秋两季服用，发展到一年四季均可穿着。由于高级牛仔织物的出现，牛仔服已由家居服、休闲服、度假服，发展成为在社交场合中的服饰。

此外，牛仔织物的应用范围已由服装扩大至鞋、帽、提包、提箱以及装饰用织物等。

三、牛仔织物的发展方向

牛仔织物经过 100 多年的发展，从颜色、质地、外观风格、原料使用、纱线细度、纱线结构、后整理工艺、服用舒适性等方面都发生了全新的变化，显示出独特而略显疯狂的趋势，这主要体现在对牛仔布面料和服装进行老式风格、仿旧、仿脏等浓重的装饰处理以及对牛仔布整洁、精细、轻质要求。未来牛仔织物可向以下七方面发展。

1. 牛仔织物的颜色　除了传统的蓝色外，多种色彩的牛仔织物会越来越受到人们的欢迎。

2. 牛仔织物的质地　织物的质地将由粗厚型向轻薄化发展，织物表面的织纹由传统的斜纹向多样化发展。例如，条状人字纹、凸起条纹、凹凸感强的菱形织纹以及各式花型的小提花。

3. 牛仔织物的原料　由单一的棉纤维向多种原料发展，纱线细度由 83.3tex（7 英支）、58.3tex（10 英支）、36.4tex（16 英支）粗特纱向细特纱发展。纱线也由原来的平式纱线向多种结构的花式纱线、新式纱线发展，如各种竹节纱、彩点纱、结子纱等纱线的使用。

4. 后整理工艺　由原来的简单水洗、石磨向酶洗、液氨整理等多方面发展。牛仔织物的舒适性与服用性要求也由简单的结实、耐磨，向着柔软、透气等方面发展。

5. 牛仔织物向环保、安全性发展　即产品在生产使用及废弃过程中，对人体没有危害，不污染环境等。生产时最大限度地使用天然纤维原料和天然环保型染料，或者选用生产过程无污染的化学纤维和环保的染色工艺等。

6. 牛仔布个性化发展趋势　随着人类社会的进步，人们越来越重视个性的发展，在产品设计与生产时体现个性化的创新，如面料的局部设计的标新立异，彰显个性。

7. 牛仔布的功能化发展　使用功能纤维（如远红外线，抗紫外线，抗菌 Seacell），仿生纤维（蛋白质，几丁质等），高功能纤维（碳纤维，高收缩，香氛等），异形纤维，智能纤维等功能性纤维，将给牛仔布一个崭新的生命力。

第二节　牛仔织物的主要结构参数设计

一、原料选择

牛仔织物所使用的原料范围日趋广阔。原料选择已突破了以棉为主的格局，形成了多种原料系列，如毛、麻、丝、黏胶纤维、天丝、丽赛、莫代尔、竹纤维、大豆纤维、涤纶、氨纶、丙纶、锦纶、新型差别化纤维、野生罗布麻纤维以及各种功能性纤维等。上述纤维原料可以纯纺、混纺、交并、交织等方式生产牛仔织物。牛仔织物常用的纤维原料及其混纺比见表 2-1。

表 2-1　牛仔织物常用的纤维原料及其混纺比

原料	混纺比（%）	纱线线密度［tex（英支）］
纯棉	100	97（6）, 83.3（7）, 58.3（10）, 48.6（12）, 36.4（16）, 29.15（20）, 36.4×2（16/2）, 29.15×2（20/2）, 18.2×2（32/2）, 14.6×2（40/2）
纯亚麻	100	48.6（12）, 36.4（16）, 29.15（20）
大麻	100	83.3（7）, 29.15（20）
苎麻/棉	55/45, 65/35, 70/30, 75/25	83.3（7）, 72.9（8）, 58.3（10）, 48.6（12）, 44.8（13）, 36.4（16）
棉/黏/涤	40/30/30	83.3（7）, 58.3（10）
棉与氨纶包芯纱	97/3～92/8	58.3+7.8（10+70旦）, 48.6+7.8（12+70旦）, 36.4+7.8（16+70旦）, 36.4+4.4（16+40旦）, 29.15+4.4（20+40旦）
棉/黏	40/60, 35/65	58.3（10）, 19.4×2（30/2）
黏胶纤维	100	36.4（16）, 18.2×2（32/2）
Richcel/棉	70/30	36.4（16）
Tencel（天丝）	100	58.3（10）, 36.4（16）, 29.15（20）, 27.8（21）, 9.7（60）
竹/棉	50/50	58.3（10）, 36.4（16）, 29.15（20）
竹	100	36.4（16）, 29.15（20）
绢丝	100	16.7, 33.3, 66.7, 133.3
䌷丝	100	28.6, 40.0, 47.6, 58.8
经：Modal/天丝/棉 纬：异形涤纶氨纶包芯纱	70/30 100	9.7×2（60/2） 16.7+4.4（35+40旦）
经：棉（竹纤维）间隔排列 纬：T400（PET、PTT）并列复合丝	100/100 100	58.3（10）, 58.3（10） 36.4+8.3+7.8（16+75旦+70旦）
经：天丝 　　天丝/麻 纬：天丝氨纶包芯纱 　　天丝/麻	100 30/70 100 30/70	58.3（10） 72.9（8）竹节纱3:1间隔 58.3+7.8（10+70旦） 72.9（8）竹节纱3:1间隔
经：棉/腈（赛络纺） 纬：棉/涤氨纶包芯纱	85/15 55/45	53（11）, 46（12.5） 29+4.4（20+40旦）
棉/玉蚕纤维 （植物蛋白改性再生纤维素纤维）	60/40	58+58（10+10）竹节, 36+36（16+16竹节）

二、纱线设计

（一）牛仔织物对纱线质量的要求

要求条干均匀（包括长片段及短片段，竹节纱除外），结杂要少，具有一定的强度和弹性，无纱疵，少结头。

牛仔织物对纱线条干均匀度的要求较高，尤其是高档牛仔织物。原纱的条干不匀和竹节纱疵，不仅影响经纬纱的强力不匀率，而且会影响牛仔织物的布面风格和外观质量。特别是纬纱条干不匀和竹节疵点，对成品的外观质量威胁更大。对于经纱而言，一般轻度的条干不匀和竹节疵点对产品的外观质量影响不大，因此，对于经纱条干质量的要求可低于纬纱。

经纱上的结杂和毛羽对织物的染色有较大的影响；纬纱上的结杂和毛羽过多，也会影响布面的外观质量，尤其是棉结和毛羽，会引起布面白星，造成大批量降等降级。

（二）原纱结构设计

传统牛仔织物使用环锭纺纱，但是对于大多数使用粗特纱的牛仔织物而言，使用环锭纱不但生产效率低，经济效益差，而且因管纱长度有限，结头多，造成纱线条干水平差。随着转杯纺纱技术的出现与发展，采用转杯纺纺制的原纱，以其优越的性能获得牛仔织物生产行业的青睐，逐渐取代了环锭纱，并使用量越来越大。花式纱线与花色纱线在牛仔织物中的使用比例也在逐渐增多，满足了牛仔织物时尚化的要求，其中竹节纱、包芯纱、包覆纱在牛仔织物上的使用量越来越大，使牛仔织物的花色品种大幅增加。

1. 转杯纺纱有关参数设计

（1）转杯纺纱的结构和性能特点。转杯纺纱中的纤维被分成纱芯和外层两部分，纱芯排列较紧密，外层纤维比较疏松，纱中纤维形态复杂。转杯纺纱线均匀度较好，表现为不匀率低，细节、粗节、棉结少，强力低，而伸长率大，耐磨性好，蓬松度好，结构丰满，抗疲劳能力强，毛羽少，但毛羽不均匀较严重。

（2）转杯纺纱质量的主要技术指标（表2-2）。

表2-2　转杯纺纱质量的主要技术指标

指标项目		线密度［tex（英支）］		
		97（6）	58（10）	42（14）
		84（7）	48（12）	36.4（16）
单纱断裂强度（cN/tex）	经纱	>10.5	>10.3	>10
	纬纱	>9.7	>9.5	>9.3
单纱强力 CV 值（%）		<12	<12	<12
百米重量 CV 值（%）		<3	<3	<3
黑板条干均匀度（级）		全部一级以上	全部一级以上	全部一级以上
条干均匀度 CV 值（%）		<12.5	<13	<13

指标项目		线密度［tex（英支）］		
		97（6）	58（10）	42（14）
		84（7）	48（12）	36.4（16）
棉结杂质（粒/g）		<45	<45	<45
百米重量偏差（%）	每批	±2.8	±2.8	±2.8
	月累	±0.5	±0.5	±0.5
捻系数	经纱	420~470	420~470	420~470
	纬纱	360~410	360~410	360~410
备注				

注　经纱、纬纱都经过定捻处理，采用球经染色工艺的经纱宜选用较大捻系数。

（3）转杯纺纱的纱线线密度及捻系数。原纱的线密度选择应根据牛仔织物的重量来决定。通常织物重量在440.8g/m² 以上时，纱线线密度选择83.3~97.2tex（6~7英支）；织物重量在373~440.8g/m² 时，纱线线密度选择97.2~58.3tex（7~10英支）；织物重量在373g/m² 以下时，纱线线密度选择58.3~36.4tex（10~16英支）。织物中经纱和纬纱可采用相同的线密度，也可采用不同的线密度，还可采用花式纱线交织于牛仔织物中。

为了使牛仔织物原纱有较高的强力和优良的弹性，经纱捻系数选择450~470 捻/m，在不影响纱线强力的情况下，纬纱捻系数可适当低于经纱捻系数，但一般不低于390 捻/m。

2. 竹节纱有关参数的设计

（1）竹节纱的质量指标。由于竹节纱的特殊纱线结构，无法用正常的纱线质量指标来考核，竹节纱除了有竹节长度（节长）、竹节间基纱长度（节距）、竹节粗度（节粗）、竹节规律等指标外，还应该有正常的纱线考核指标，但是需要根据竹节纱的特点进行修正。竹节纱的细度指标应该以基纱线密度/综合线密度来表示，捻度和断裂强度与普通纱线应有所不同。由于竹节纱有粗细节，所以捻度分布不匀，捻系数也不能正确的反应捻度的分布情况，断裂强度也失去了意义。因此，竹节纱应该考核平均捻度、平均强力（最大强力、最小强力），除此之外，对正常纱线的考核指标如重量偏差、重量不匀 CV 值、棉结、棉结杂质总数等也应作为对竹节纱的考核指标。

（2）竹节纱的主要结构参数及设计。

①竹节粗度。在竹节纱的纺纱过程中，粗度是较难掌握的参数，通常用切断称重法检验竹节的粗度，即取相同长度的竹节部分和节距部分，分别称重，竹节重量与节距重量之比即为粗度。

②百米定量设计。由于竹节纱具有粗节与细节，且粗细节的过渡是不均匀的，因此，在确定竹节纱的百米定量时，应根据竹节长度、节距大小和竹节段粗细换算成百米定量。但由于竹节部分和节距部分有一粗细过渡态，特别是转杯纺竹节纱，过渡态又较长，所以，计算

重量和实际重量间会有一定的差异，实际生产中应根据大面积定量进行微调。

③竹节长度。环锭竹节纱的竹节长度在前罗拉变速情况下，取决于前罗拉速度 V_1（mm/s）和瞬时降速时间 t_1（s）的乘积；在后罗拉变速情况下，取决于前罗拉速度 V_1（mm/s）和后罗拉升速时间 t_2（s）的乘积，此时计算误差较小。

转杯竹节纱的竹节长度在改变喂给罗拉速度的情况下分为两种情况：设 L 为喂给罗拉高速情况下引纱罗拉输出的纱线长度，D 为转杯直径，S 为竹节长度，当 $L > \pi D$，即在喂给罗拉升速的时间内引纱罗拉输出的纱线长度大于纺杯周长时，竹节长度 $S = 2\pi D + a$，（$a = L - 2\pi D$），为纺杯周长的两倍以上；当 $L < \pi D$，即在喂给罗拉升速的时间内引纱罗拉输出的纱线长度小于纺杯周长时，竹节长度 $S = \pi D + b$（$b = L$），介于纺杯周长与两倍纺杯周长之间。

牛仔织物所用竹节纱的线密度较大，在转杯纺纱机上纺制 48.6~58.3tex（12~10 英支）竹节纱时，其竹节线密度应控制在正常纱的 1.3~1.8 倍。

3. 复合纱线在牛仔织物中的使用

（1）氨纶包芯纱。氨纶包芯纱是以氨纶长丝为纱芯外包一种或几种短纤维（棉、毛、丝、麻、涤纶、腈纶、黏胶纤维或各种混纺短纤维）的纱线。氨纶丝芯提供优良的弹性，而外包纤维则可提供纱线所需要的表面特性。氨纶包芯纱的主要结构参数为氨纶的含量、牵伸倍数和捻系数。氨纶的含量一般为 5%~15%，氨纶丝的牵伸倍数范围一般为：2.2tex 氨纶丝选用牵伸倍数为 2.5~3 倍，4.4tex 氨纶丝选用牵伸倍数为 3~3.5 倍，7.8tex 氨纶丝选用牵伸倍数为 3~4 倍，15.6tex 氨纶丝选用牵伸倍数为 4~5 倍。氨纶包芯纱一般采用较高的捻系数，但捻系数过高会造成纱线手感变硬，生产效率降低，故氨纶包芯纱捻系数可比相同线密度的环锭纯纺纱高 20%~30%。

（2）氨纶包缠纱（包覆纱）。氨纶包缠纱也称包覆纱，是以氨纶为纱芯，将外包的合成纤维长丝或短纤维纱线按螺旋形方式对伸长状态的弹力长丝予以包覆而形成的弹力纱。设计时，要按外包覆丝的线密度及氨纶丝的线密度设计包缠纱的规格，其计算公式为：

$$\mathrm{Tt_B} = \frac{\mathrm{Tt_S}}{D} \times K + \mathrm{Tt_w} \tag{2-1}$$

式中：$\mathrm{Tt_B}$——纺出包覆纱的线密度，tex；

$\mathrm{Tt_S}$——氨纶丝标准线密度，tex；

D——氨纶丝牵伸倍数；

K——配合系数（推荐 $K = 1.16$，因包缠纱下机后，氨纶丝发生回缩，使实际牵伸倍数小于设计值）；

$\mathrm{Tt_w}$——外包丝标准线密度，tex。

氨纶丝的含量对纱线的成本及性能影响较大，设计时，应控制氨纶丝的含量。氨纶丝含量 G 的计算公式为：

$$G = \frac{\mathrm{Tt_S} \times K}{\mathrm{Tt_B} \times D} \times 100\% \tag{2-2}$$

三、组织及规格设计

（一）织物组织的特点

牛仔织物的组织应根据织物的重量、纱线线密度、经纬密度及市场流行趋势或用户要求而定。一般以斜纹及其变化组织为主，对于轻薄型牛仔织物，可用平纹织制。近年来，各种花色牛仔织物日益增多，如提花牛仔织物是采用牛仔织物生产工艺和纹织工艺相结合的方法织制而成。花纹丰富多彩，如以平纹或斜纹为地组织，以体现牛仔织物经向靛蓝（或各种硫化杂色）、纬向原白（或漂白）的传统风格，而提花组织以纬起花为主，经起花起点缀、衬托或过渡作用。

平纹地经起花牛仔织物，重在突出牛仔织物上的经向条纹，使经向条纹呈现一定的凹凸坑度，强化织物纵向线条的刚直度，具有修长体形的服饰美感，能衬托出穿着者的含蓄美和适合任意环境的恬然仪态。坑纹和坑条牛仔织物的上机图如图2-1所示。

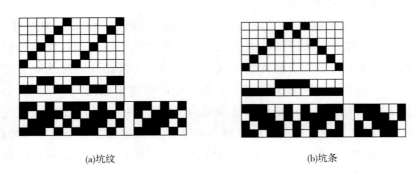

(a)坑纹   (b)坑条

图2-1　坑纹和坑条牛仔织物上机图

条纹牛仔织物是在传统牛仔织物的基础上改变组织配合，使织物表面呈现凸起的条纹和方向相反的斜纹纹路；菱形花纹牛仔织物是在蓝色底布上织出隐约的菱形花纹，改变原有 $\frac{3}{1}$ 斜纹组织模式，既体现牛仔织物的粗犷与豪迈，又为牛仔时装增添了新的花样，其组织图如图2-2和图2-3所示。

图2-2　条纹牛仔织物组织图

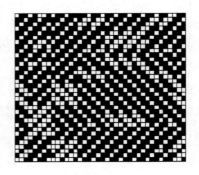

图2-3　菱形花纹牛仔织物组织图

　　满天星牛仔织物是在传统牛仔织物的基础上织出规则的白色或彩色小方块花形；彩条花纹牛仔织物是在满天星牛仔织物的基础上，改变提花部位的组织和位置并利用彩色纱线间隔排列，产生一种新型的彩条花纹效果，具有较强的立体感，其组织如图 2-4 和图 2-5 所示。

图 2-4　满天星牛仔织物组织图

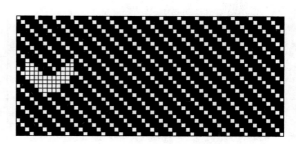
图 2-5　彩条花纹牛仔织物组织图

（二）紧度设计

　　牛仔织物的经纬向紧度视织物重量而定。一般重型牛仔织物的经向紧度为 95% 左右，纬向紧度为 70% 左右；中型牛仔织物的经向紧度为 85% 左右，纬向紧度为 60% 左右；轻型牛仔织物经向紧度为 78% 左右，纬向紧度为 51% 左右。经纬向紧度比一般为（1.3~1.4）：1。

（三）牛仔织物的结构相

　　牛仔织物的最大特点是经纬纱粗、组织紧度大、质地厚实。牛仔织物的经向织缩率可高达 13% 左右，几何结构相在 6~7 之间，主要是通过增加经纱的屈曲波高来获得丰满厚实的结构和特有的布面风格。

（四）牛仔织物的品种

　　部分花色牛仔织物品种规格见表 2-3。

表 2-3　花色牛仔织物品种规格

织物名称	原料（经/纬）	纱线密度（tex）		织物密度（根/10cm）		织物组织
		经	纬	经	纬	
氨纶弹力牛仔织物	棉/氨纶包芯纱	58.3	58.3	346	153	$\frac{3}{1}$ ↗
麻棉防缩牛仔织物	麻/棉（55/45）气流纺纱	83.3	83.3	76.5	150	$\frac{3}{1}$ ↗
人棉仿绸牛仔织物	黏纤纱	18.2	18.2	512	276	$\frac{3}{1}$ ↗
全弹牛仔织物	氨纶包芯纱	18.2×2+7.8	18.2×2+7.8	346	213	$\frac{3}{1}$ ↗
灯芯条弹力牛仔织物	全棉气流纺纱/氨纶包芯纱	83.3	29×2+7.8	291	165	$\frac{3}{1}$ ↗、$\frac{3}{1}$ ↖ 平纹、灯芯条

织物名称	原料（经/纬）	纱线密度（tex）		织物密度（根/10cm）		织物组织
		经	纬	经	纬	
丝质牛仔织物	绢纺纱	167	167	417	331	平纹
丝质牛仔织物	紬丝纱	40	40	208	140	$\frac{2}{1}\nearrow$
竹节纱牛仔	纯棉竹节纱与普通纱（1:7）	72+58	58	283	181	$\frac{2}{1}\nearrow$
坑纹牛仔	纯棉气流纺纱	58.3	58.3	307	181	见图2-1（a）
坑条牛仔	纯棉气流纺纱	36	36	315	181	见图2-1（b）
条纹牛仔	纯棉气流纺纱	73	58	177	169	见图2-2
菱形花纹牛仔	纯棉气流纺纱	100	60	254	110	见图2-3
满天星牛仔	纯棉气流纺纱	100	60	266	125	见图2-4
彩条花纹牛仔	纯棉气流纺纱	73	63	292	127	见图2-5
三合一绉条牛仔	麻/棉（55/45）/无光黏纤纱	58	58	284	162	$\frac{5}{3}$经面缎纹

第三节　牛仔织物的生产工艺与要点

一、牛仔织物的生产工艺流程

牛仔织物的生产工艺流程按经纱染色方法可分为束状染色（球经染色或绳状染色）和片状染色。牛仔织物的染色方法不同，其生产工艺流程也有所不同。

（一）束状染色的经纱工艺流程

牛仔织物经束状染色时的经纱工艺流程为：

球经整经→束状染色→分经→浆纱→穿综或结经→织造→后整理

该工艺流程由于在分经到浆纱的过程中，对染色的经纱做两次排列而掩盖了染色过程中所造成的区域性色差，使成品颜色均匀柔和，做成的服装经石磨加工后不会产生色条，质量好。但工序多，投资、占地面积及用工等均较大。

（二）片状染色的经纱工艺流程

牛仔织物经片状染色时的经纱工艺流程为：

整经→染浆→穿综或结经→织造→后整理

该工艺流程由于在染色过程中，停车次数较多，又没有经纱的两次排列，故色泽均匀度较难控制，且生产效率低，靛蓝染料的消耗大，但具有工序少、对经纱损伤小、投资小、用工省、见效快的特点。我国生产牛仔织物的企业大多采用片状染色的工艺流程。

（三）后整理工艺流程

牛仔织物的后整理工艺流程一般为：

烧毛→浆布→整纬（拉斜）→预缩→成品

（四）花色牛仔织物生产工艺流程举例

1. 轻薄双色纬向弹力牛仔布的工艺流程　该产品以纯棉精梳 9.7tex×2 股线做经纱，棉氨纶包覆纱为纬纱，经纱经浆染联合机靛蓝染色，纬纱经筒子纱染色形成黑色，采用 $\frac{2}{1}$ 斜纹组织，经水洗整理后，布面呈现双色效果，风格别致。产品规格及有关设计参数见表 2-4。

表 2-4　轻薄双色纬向弹力牛仔布的规格及有关参数

纱线色别		纱线线密度（tex）		织物密度（根/10cm）		无浆干重（g/m²）	织物紧度（%）			织物组织	幅宽（cm）		总经根数（根）
经	纬	经	纬	经	纬		经	纬	总		坯布	成品	
靛蓝	黑	9.7×2	22.2+4.4（氨纶）	537	278	203	87	51	93	$\frac{2}{1}$ 斜纹	154	117	6350

生产工艺流程为：

经纱：络筒（1332M）→整经（GA1201）→浆染（NS100—185）→穿（结）经┐
                                                                    ├→织造→坯
纬纱：络松式筒子→筒子染色→络筒────────────────────────┘

布烧毛→上浆→整纬→预烘→预缩→烘干→定形→打卷

2. 麻/棉竹节与氨纶弹力包芯纱交织牛仔织物的工艺流程　以棉/苎麻（80/20）的混纺纱和棉竹节纱作经纱，棉氨纶包芯纱作纬纱织成的弹力竹节牛仔织物，穿着舒适，吸湿放湿性好，外观风格独特。采用竹节纱和普通的麻/棉混纺纱作经纱，由于两种经纱在性能上存在较大差异，生产难度加大。产品规格及有关设计参数见表 2-5。

表 2-5　麻/棉竹节与氨纶弹力包芯纱交织牛仔织物的规格及有关设计参数

纱线线密度（tex）		织物密度（根/10cm）		无浆干重（g/m²）	织物组织	坯布幅宽（cm）	总经根数（根）
经	纬	经	纬				
6 根 58.3 麻棉纱+1 根 72.9 竹节纱	36.4+7.8（氨纶）	267.5	157.5	271.3	$\frac{2}{1}$ 斜纹	160	4260（其中 58.3tex 麻棉纱 3652 根，72.9tex 竹节纱 608 根）

生产工艺流程为：

麻棉经纱：络筒（No.7R - 11，过电清）┐
                                        ├→整经（贝宁格）→浆染（YH8087 型浆
竹节经纱：络筒（No.7R - 11，不过电清）┘

染联合机）→穿经┐
                ├→织造→坯布→烧毛→上浆→整纬→预
纬纱：络筒──────┘

缩→定形→呢毯烘燥→成品检验→包装

3. 经纬双向弹力白坯匹染牛仔织物的工艺流程 经纬双向弹力牛仔织物不但提高了穿着舒适性，也使牛仔织物更具时代感和实用性，但因经纬纱均用弹力纱，技术含量高，织物生产难度较大。产品规格及其有关参数如表2-6所示。

表2-6 经纬双向弹力白坯匹染牛仔织物的规格及有关参数

纱线线密度（tex）		织物密度（根/10cm）		坯布紧度（%）		织物组织	总经根数（根）
经	纬	经	纬	经	纬		
棉氨纶包缠纱 CJ18.2×2 + 7.78	棉氨纶包芯纱 C36.4+7.78	266	181	60.61	39.07	$\frac{2}{1}$ ↗	4458

生产工艺流程：

经纱：筒子纱→整经（ZC－L－180型）→浆纱（S432型）→穿经（177－180型）——→织

纬纱：筒子纱————————————————————————————————→

造（ZA205i-190型）→坯布检验修整→缝头→卷染机退浆→溢流机染色→烘干→定形→成品

二、牛仔织物的生产要点

（一）络筒工艺要点

因牛仔织物大多采用粗特转杯（OE）纱作为原料，而OE纱的弱捻、粗节、细节易引起织造断头，造成停车较多，特别是对整经影响更甚。为此在络筒机上加装电清装置，基本上可去除原纱上的有害疵点，且利于染色、上浆工序加工的顺利进行。

（二）整经工艺要点

牛仔织物的染色上浆工艺有两种方式，即轴经染色（片状染色）上浆联合生产方式和球经染色或多条绳状染色（束状染色）生产方式。前者所用半成品为经轴，可由常用的轴经整经机生产；而后者生产所用的半成品为"经纱球"，"经纱球"必须采用特殊的球经整经机生产。

上述两种整经方式生产的半成品在外形上有很大不同，但生产原理和对半成品的质量要求基本上是相同的，都是为了达到纱片（或绳束）的张力、排列和卷绕三均匀，以改善和提高半成品的质量。

1. 片状染色工艺整经张力的确定 适当的整经张力是保证经轴质量的关键。整经张力分为单纱张力和片纱张力，只有保证单纱张力适当、片纱张力均匀才能减少经纱断头次数，保持纱线良好的弹性，保证经轴一定的卷绕密度和平整度，为下道工序浆染并轴顺利生产奠定良好的基础。实际生产中应注意以下五个方面。

（1）整经时的单纱张力，除了必须尽可能均匀一致外，以适当加大为好。例如，84tex的经纱动态张力可掌握在50cN左右，这样利于降低单纱张力差异率，对染色加工的顺利进行具有重要作用。

（2）需注意经轴两侧边纱的张力（每边各 1~2 根），应较其他单纱张力增大 20%左右，才能确保染色上浆过程中不出现绞边倒断头情况，利于提高织轴质量。

（3）在整经片纱张力方面要控制整经的伸长率在 1%左右，以降低断头率，利于后道工序生产。

（4）经轴应有较高的卷绕密度，一般掌握在 0.5~0.6g/cm³。

（5）为确保整个经轴张力均匀一致和完好的平整度，应采用集体换筒，使筒子的大小基本一致。

2. 束状染色工艺整经张力的确定　束状染色的整经一般也被称为球经整经，是将一定数量的经纱（380~420 根）从筒子架引出后，经分纱筘、测长滚筒最后集成一束，其长度约8000~12000m，每 200~300m 打一条分绞线，整成球形经轴，以供束状染色。如果球经张力不匀，会引起纱线相互重叠和游移并绞等。在束状染纱过程中，张力不匀的纱线在通过各导辊时，会出现反复的交变包绕张力差异，引起意外的伸长而使纱线松弛，给后道工序的张力均匀控制带来困难。通常应将单纱动态张力控制在（44±2）cN 范围内，单纱张力 CV 值控制在 2.93%左右，以保证纱束的张力均匀。对分经来说，应保证伸缩筘的排列均匀，使分经轴纱线排列均匀。另外，为防止分经过程中产生大量波浪纱，要求球经束纱张力均匀，且单纱张力应较大。但单纱张力过大，也会影响经纱的弹性和成品的张力。

3. 整经工艺实践举例

（1）轻薄双色纬向弹力牛仔布的整经工艺。采用 GA1201 型整经机，车速为 450m/min，张力配置为 5.68~9.7cN，单纱动态张力 28cN，质量补偿压力 0.28MPa，压辊压力 0.34MPa，全幅经纱张力要分段调节。

（2）麻/棉竹节与氨纶弹力包芯纱交织牛仔织物的整经工艺。采用瑞士贝宁格（Benninger）整经机，其整经单纱张力宜比其他棉型织物的张力大，以防止纱线在湿态下发生相互重叠、游移和并绞等现象。经轴两边的边纱张力应增加 20%左右。为了提高经轴质量，减少经纱断头，整经速度不宜过高，速度为 700r/min。张力圈质量前排为 25g、中排为 23g、后排为 21g、后排边纱为 26g，整经张力为 30cN/根，卷绕密度为 0.5~0.55g/cm。

（3）经纬双向弹力白坯匹染牛仔织物的整整工艺。采用 ZC-L-180 型整经机，针对弹力纱的特点，采用积极式可控筒子机构，加装防脱圈布套，用布套与筒子表面的摩擦和轻微压力，防止整经断头停车时筒子出现脱圈现象。整经机启动时，车速控制在 150m/min 以内，避免因弹性的影响，各轴之间车速不一致，造成长短码。在经轴上、下轴绕纱生头时，要防止经纱回缩而造成张力不匀。在往空经轴上引纱时，先用胶带纸把纱线粘牢并固定在经轴上，然后再正常开车卷绕；在经轴落轴时，要比一般的经轴多粘一道胶带纸，两道胶带纸之间的距离为 1.5 m，并把最后一道胶带纸固定在经轴的盘边上，以防止经纱回缩，影响下道工序的生产。下轴后，将整经机上的经纱分区打结，固定在车头带尼龙毛刷的横板上，防止经纱回缩。整经时，经轴卷绕速度为 600r/min，经轴卷绕密度为 0.55~0.60g/cm³，张力杆间距为30mm，张力钩位置为 A，滚筒压辊压力为 9 格，夹纱器位置为 3。

（三）浆染工艺要点

1. 染色工艺要点　为提高牛仔织物染色质量，应从改进经轴的退绕方式、选择合理的工艺配方、调整机械配置等几方面入手。在实际生产中应注意以下七方面内容。

（1）经轴的退绕方式。选择合理的经轴退绕方式，可使经轴之间的张力差异减到最低限度，有利于染色的顺利进行和产品质量的提高。在确保各轴之间退绕张力一致的情况下，采用较小的张力，有利于保护纱线的弹性。通常经轴退绕时，单纱平均张力应控制在24.5cN左右。建议选择图2-6的退绕方式。

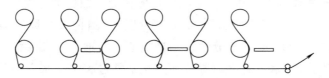

图2-6　经轴退绕方式

（2）染液补给量的计算。在染色过程中，为了避免出现织轴的前后及各织轴间的色差，必须按照工艺要求以一定流量往染槽中补充还原母液，使纱线带走的染料量和补充到染槽中的还原液量相一致。还原母液的补充量可用下列公式求得：

$$Q = \frac{M \times \mathrm{Tt} \times \nu \times \eta \times 1000}{I \times (1 + G)} \qquad (2\text{-}3)$$

式中：Q——还原母液的补给速率，mL/min；

　　　M——染色的总经根数，根；

　　　Tt——染纱的线密度，tex；

　　　ν——染色速度，m/min；

　　　η——上染率，%；

　　　G——纱线公定回潮率，%；

　　　I——还原母液中染料浓度，g/L。

（3）染槽液面的稳定及组分平衡的控制。在牛仔织物经纱的实际染色过程中，由于环境温湿度的变化而导致的片纱在透风氧化中水分挥发的现象比较明显，从而导致染槽内的染液面上下波动。在正常生产中，可适当降低染色前水洗槽轧辊压力，提高纱线的带液率，以补充挥发的水分。

在保证靛蓝浓度及液面稳定的情况下，染液中的保险粉、烧碱也要处于相对平衡的状态，即随还原母液进入染槽的保险粉、烧碱量也应与染色过程中保险粉、烧碱消耗量基本相等，才能保证染色质量。在实际生产中，可依据还原母液的补给速率算出保险粉、烧碱的补给速率。

$$Q_1 = Q \times B, \quad Q_2 = Q \times C \qquad (2\text{-}4)$$

式中：Q_1——每米经纱保险粉补给速率，g/min；

　　　B——母液中保险粉的含量，g/L；

Q——母液的补给速率，g/min；

Q_2——每米经纱烧碱的补给速率，g/min；

C——母液中烧碱的含量，g/L。

每米经纱保险粉的耗用速率可用式（2-5）表示：

$$H_1 = H_{B1} + H_{B2} + H_{B3} + H_{B4} \qquad (2-5)$$

式中：H_1——保险粉耗用速率，g/min；

H_{B1}——上染染料耗用保险粉速率，g/min；

H_{B2}——染色纱带液耗用保险粉速率，g/min；

H_{B3}——纱线进入染槽所带空气消耗的保险粉速率，g/min；

H_{B4}——母液液面及输液过程中与空气接触耗用的保险粉速率，g/min。

按照靛蓝与保险粉还原反应理论量得：

$$H_{B1} = 0.66 \times Q \times I$$

$$H_{B2} = Q \times E_b$$

式中：E_b——染槽内保险粉的浓度，g/L。

$$H_{B3} = \frac{M \times Tt \times v}{1000 \times (1 + G)} \times A \times D \times n$$

式中：A——每次染色棉纱带入的空气量为棉纱重量的百分比；

D——每克空气所消耗的保险粉；

n——染色的次数。

H_{B4}与染色环境、环境温度、染液面积、工艺条件等有关，其耗用量为总耗用量的 15%～20%。

根据保险粉耗用速率可以计算出烧碱的耗用速率 H_c。

$$H_c = H_{c1} + H_{c2} \qquad (2-6)$$

式中：H_c——烧碱耗用速率，g/min；

H_{c1}——靛蓝耗用烧碱速率，g/min；

H_{c2}——保险粉分解生成隐色酸所需要的烧碱速率，g/min。

根据靛蓝：保险粉：烧碱＝1：0.66：0.61，可知

$$H_{c1} = 0.61 \times Q \times I$$

根据化学反应计算，保险粉与烧碱中和重量之比为1：0.46，则：

$$H_{c2} = 0.46 \times (H_{B2} + H_{B3} + H_{B4})$$

（4）染色前煮练处理。棉纱在染色前要进行煮练处理，处理时须选择无泡高效渗透剂，若选择较高温度处理或在进入染槽前最后一道水洗工序适当加大轧辊压力，可增加棉纱的渗透性能，有利于提高染色质量，而且能大大减少随纱进入染液的空气量，降低空气对保险粉的消耗，有利于染液质量稳定。染色前的煮练工艺见表2-7。

表 2-7　染色前的煮练工艺

项目	高效渗透剂（g/L）	温度（℃）	时间（S）	轧液率（%）
工艺要求	1.5	95	20±5	75

（5）染色时间与氧化时间的确定。为保证织物染色均匀，要控制好染色时间。最理想的浸染时间取决于被染物的色泽深度，通常选择较小浓度的靛蓝染液和较多的染色次数，来促进染色的均匀和色牢度的提高。如祖克浆染联合机的浸染时间为25s，浸染时间与氧化时间之比为1∶6。

（6）轧辊压力与经纱张力。经纱的染色上染率是由经纱的带液率决定的，而经纱的带液率除纱线本身外，还与轧辊压力有密切关系，故只有压力稳定，才能提高染色质量。轧辊压力可由下式计算：

$$P_1 = G \times k_1 \tag{2-7}$$

式中：P_1——轧辊压力，N；

$\quad\quad G$——经轴单位长度的纱重，g/m；

$\quad\quad k_1$——加压系数，选择在 90~120 之间；

$\quad\quad G$ = 总经根数×Tt/1000

（7）采用染色新工艺。

①传统牛仔织物经纱用靛蓝染料，在球经、绳状染色机或浆染联合机中染成蓝色，纬纱用本色纱，织成蓝经白纬的色布。现代牛仔织物已打破这一传统格局，采用硫化染料、还原染料等染成各种颜色的彩色牛仔织物，以满足人们不同的需要。

②漂白和匹染牛仔织物。漂白牛仔织物，适宜于夏季穿着；匹染牛仔织物色泽较深，经水洗石磨处理，别有风格。

③两次染色和套染牛仔织物。如美国 CM 公司日本子公司开发的硫化染料预染技术，先染深色，最后再套染一次硫化染料，利用黄色和红色套染，可形成闪色牛仔织物。

此外还有轧染、蜡染等工艺为牛仔织物增色添彩。

染色工艺生产实例：某牛仔织物，经纱为83.3tex，总经根数为4080根，公定回潮率为8.5%，染色速度为18m/min，上染率2.75%，还原母液中染料浓度41.2g/L。

解：还原母液的补给量为：

$$Q = \frac{M \times Tt \times \nu \times \eta \times 1000}{I \times (1 + G)} = \frac{4080 \times 83.3 \times 18 \times 0.0275}{41.2 \times (1 + 0.085)} = 3763 (\text{mL/min})$$

生产时可设计高位液槽，按一定流量补入染槽中，通过调节手阀确定每升母液流入染槽所需要的时间。当牛仔织物采用浆染联合生产工艺流程时，母液中保险粉的含量为60.2g/L，母液中烧碱的含量为40.5g/L，染槽中染液配方的保险粉浓度为1.5g/L，烧碱浓度为1.3g/L，染色重复六次。则保险粉补给速度 Q_1 为：

$$Q_1 = Q \times B = \frac{3763}{1000} \times 60.2 = 226.5 (\text{g/min})$$

烧碱的补给速率 Q_2 为：

$$Q_2 = Q \times C = \frac{3763}{1000} \times 40.5 = 152.4(\text{g/min})$$

按照靛蓝与保险粉还原反应理论量比得上染染料耗用保险粉速率 H_{B1} 为：

$$H_{B1} = 0.66 \times Q \times I = 0.66 \times 3.763 \times 41.2 = 102.3(\text{g/min})$$

片纱的带液量等于纱的重量乘以轧余率。如果在实际生产中，染槽液面稳定，则染色纱带液量近似等于补给量，即：

$$H_{B2} = Q \times E_b = 3.763 \times 1.5 = 5.64(\text{g/min})$$

在浆染联合机上，每次染色棉纱带入空气量为棉纱重量的 0.27% 左右，故每克空气所消耗保险粉为 0.83g。

$$H_{B3} = \frac{M \times Tt \times v}{1000 \times (1 + G)} \times A \times D \times n = \frac{4080 \times 83.3 \times 18}{1000 \times (1 + 8.5\%)} \times 0.27\% \times 0.83 \times 6 = 77.7(\text{g/min})$$

H_{B4} 与染色环境、环境温度、染液面积、工艺条件等有关，按生产经验，其耗用量为总耗用量的 15%~20%，本生产实例中以 18% 计算，则：

$$H_{B4} = \frac{H_{B1} + H_{B2} + H_{B3}}{(1 - 18\%)} \times 18\% = 0.22(102.3 + 5.64 + 77.7) = 40.84(\text{g/min})$$

因此，保险粉总计耗用速率为：

$$H_1 = 102.3 + 5.64 + 77.7 + 40.84 = 226.48(\text{g/min})$$

根据靛蓝：保险粉：烧碱 $= 1 : 0.66 : 0.61$，可知烧碱的耗用速率为：

$$H_{c1} = 0.61 \times Q \times I = 0.61 \times 3.763 \times 41.2 = 94.57(\text{g/min})$$

根据化学反应计算，保险粉与烧碱中和重量之比为 $1 : 0.46$，则

$$H_{c2} = 0.46 \times (H_{B2} + H_{B3} + H_{B4}) = 0.46 \times (5.64 + 77.7 + 40.84) = 57.12(\text{g/min})$$

$$则烧碱总耗用量 H_c = 94.57 + 57.12 = 151.69(\text{g/min})$$

从计算结果可知，各补充速率与染色耗用速率接近，故染液组分能基本平衡，染色质量相对稳定。

$$G = 4080 \times 83.3/1000 = 340(\text{g/m})$$

$$则轧辊压力 P_1 = G \times k_1 = 340 \times 110 = 37400(\text{N})$$

2. 浆纱工艺要点　浆纱工艺的基本要求是：提高耐磨性，贴伏毛羽，保证伸长率，卷绕均匀，减少并绞。由于牛仔织物经纱上浆的特殊性，浆纱工艺应注意以下五点。

（1）应以被覆为主。新型织机速度快，经纱受到多次摩擦和反复拉伸，因此，需要耐磨和黏附性能好的浆料上浆。

（2）由于色纱上浆性能较差，宜采用高浓低黏浆和较高压力的上浆工艺。一般压力要求不低于 14.7kN 才能保证浆液的渗透性能和浆膜的完整程度。同时应选用适当的胶水以增加被覆和浆膜牢度来承受钢筘等部件的摩擦，使开口清晰、布面光洁。但胶水用量要适当，以确保纱的弹性和伸长余量。胶水过多时，纱条易脆断，浆膜易剥落，反而降低浆纱效果，造成断头或布面筘路条花。

（3）在选用较好浆料的条件下，靛蓝经纱的上浆率以偏低掌握为好，一般可控制在 6%~8%，有利于纱的保伸性和柔韧性，如能采用后上蜡，更可提高浆纱质量水平。

（4）由于织造时张力较大，需保证有较高的织轴卷绕密度，一般掌握在 0.45~0.5g/cm³。

（5）浆染伸长率应控制在 1.5% 以下，以降低织造的断头率。为便于分绞，浆纱回潮率以小为好，以控制在 7% 左右为宜；为控制浆纱回潮率，浆染速度以 18m/min 左右为宜。

3. 浆染纱工艺实践举例

（1）轻薄双色纬向弹力牛仔织物的浆染工艺。该牛仔织物经纱选用竹/棉（50/50）36.4tex 纱，纬纱采用竹/棉（50/50）36.4tex 纱与 4.4tex 的氨纶包芯纱，织物经密为 315 根/10cm，纬密为 165 根/10cm，织物幅宽为 140cm。选用 NS100-185 型浆染联合机，染色及上浆时，经轴退绕采用较小的气动压力，控制纱线在湿区伸长，减少纱线意外伸长。

①染色工艺。环锭纱与 OE 纱不同，环锭纱外层纤维较紧密，上染较困难，且粗特纱与细特纱相比表面积大，因而上染率可偏高控制，应严格控制 pH 值及保险粉 MV 值，确保上色稳定。染色工艺参数如表 2-8 所示。

表 2-8　染色相关工艺参数

项目	参数	项目	参数
染料母液配方	靛蓝∶保险粉∶烧碱=1∶1.7∶0.9	染液温度（℃）	22
浆液靛蓝（g/L）	72	车速（m/min）	18
浆液保险粉（g/L）	122.4	经轴气动压力（MPa）	1.5
浆液烧碱（g/L）	64.8	上染率（%）	3
浆液渗透剂（g/L）	3.6	染槽压辊压力（MPa）	第1~6道 0.4　第7道 0.50

注　染槽压辊压力值为仪表显示值。

②上浆工艺。浆料选用 ZZD-GM 型牛仔布浆料，适当加入浆纱牛油、蜡片，采用中浓度、低黏度的调浆工艺。在上浆时增大上浆辊压力，以取得较好的渗透效果，提高纱线强力，减少织造时因打纬力大而引起的纱线断头，提高生产效率；同时降低被覆辊压力，增强被覆，贴伏纱线的表面毛羽，以满足"增强、保伸、耐磨"的工艺要求。浆纱工艺参数见表 2-9。

表 2-9　浆纱工艺参数

项目	参数	项目	参数
四合一浆料（kg）	125	被覆辊压力（MPa）	3.5
黏度（s）	7.5	pH 值	7
调浆高度（cm）	114	浆槽温度（℃）	95~98
上浆辊压力（MPa）	6.0	烘筒蒸汽压力（MPa）	1.0
上浆率（%）	8		

注　上浆辊压力及被覆辊压力值为仪表显示值。

（2）经纬双向弹力白坯匹染牛仔织物的浆染工艺。该牛仔织物经纱选用 CJ18.2tex×2+7.78tex 的精梳棉氨纶包缠纱，纬纱采用 36.4tex+7.78tex 纯棉氨纶包芯纱，织物经密为 266 根/10cm，纬密为 181 根/10cm，织物幅宽为 165cm，织物组织为 $\frac{2}{1}$ ↗。

浆纱机选用祖克 S432 型浆纱机，采取"高浓度、低粘度、中加压、低温上浆、重被覆、低烘燥"的工艺路线，上浆时要注意以下五点：

①氨纶弹力纱作经纱时，需要较高的上浆率。

②织物经密较小时，因弹力织物后整理后，幅缩较大，经密增加较大，为了保证张力均匀，尽管浆纱机是双浆槽，为避免两浆槽间片纱张力差异，应走单浆槽。

③浆纱的退绕张力、喂入张力、湿区张力、分绞张力以偏小掌握为宜，以保证经纱的弹性；而卷绕张力和压辊压力要偏大掌握，以确保浆轴张力均匀，卷绕紧密。

④因为经纱中含有氨纶，烘筒温度要偏低掌握，以免损伤氨纶。

⑤织轴现浆现用，以防经纱回弹变软而难以穿筘、结经和织造。

浆料配方为：XL—Ⅱ双变性淀粉 100%，丙烯酸类浆料（含固率 25%）45.5%，CD-52 4.5%。调浆及浆纱工艺见表 2-10。

表 2-10 调浆及浆纱工艺

项目	参数	项目	参数
调浆温度（℃）	95	伸长率（%）	2 以下
浆桶粘度（s）	4~7（漏斗水值2.8）	湿区烘筒温度（℃）	120
浆槽温度（℃）	85~87	干区烘筒温度（℃）	90
浆槽粘度（s）	3~5	靠经轴侧压浆力（kN）	6~8
含固率（%）	9.6~10.3	靠烘筒侧压浆力（kN）	10~14
pH 值	7~7.5	卷绕张力（N）	3200
上浆率（%）	10~12	卷绕压辊压力（N）	4500
回潮率（%）	6~8	车速（m/min）	30~40

（四）织造工艺要点

目前，用于织造牛仔织物的主要有剑杆织机和片梭织机两大类，也有采用喷气织机的。在设计织造工艺参数时，要特别注意以下四个方面。

1. 经纱上机张力 为满足牛仔织物强打纬的要求，一般采用大张力织造。如果上机张力不足，将导致打纬时织口游动量增加，打不紧纬纱，严重影响织造的顺利进行。上机张力的确定，应以梭口清晰、织口无过大游动为宜。必须注意上机张力也不宜过大，如果上机张力过大，会使布面上纬纱浮点露白过多，影响正常的色光风格，且会增加机物料的损耗。

2. 经位置线 经位置线的调整，主要是改变经纱开口时上、下层纱片的张力差异。为了有利于打紧纬纱，经位置线一般采用较高后梁的工艺，目的是增加经纱的上下层张力差异，增加经纱在织物中的屈曲波高，有利于扣紧纬纱和获得丰满厚实的布面结构。但后梁也不宜过高，否则，会造成上层经纱开口不清，易产生经缩浪纹和三跳疵点。

3. 开口时间 开口时间的迟早，与打纬时的梭口高度及打纬瞬间织口处经纱张力的大小有十分密切的关系。早开口打纬时，梭口高度大，经纱对纬纱的包角大，纬纱不易反拨，布面丰满平整、组织紧密厚实；迟开口打纬时，梭口高度小，经纱张力小，不易扣紧纬纱，布面平整度差，严重时会导致织口游动量过多，影响织造的顺利进行。因此，宜采用早开口工艺，有利于打紧纬纱及获得匀整厚实的外观效果。

4. 经纬双向弹力白坯匹染牛仔织物的织造工艺举例 该牛仔织物选用 ZA205i-190 型喷气织机上织造，在织造过程中要注意以下四点：

（1）应控制好主喷嘴和辅助喷嘴的压力。

（2）设计好经位置线。

（3）适当加大上机张力。

（4）操作上注意生头引纬，处理断经时，尽量保证经纱张力均匀、废边纱夹持纬纱牢固等，防止出现纬缩、经缩、烂边等疵点。具体工艺参数见表2-11。

表2-11 织造主要工艺参数

项目	参数	项目	参数
开口时间（°）	1、2页290	综框高度（mm）	137，135，133，135（边综）
开口量（mm）	76，68，58，48（边综）	标准牙×变换牙	50×56
上机张力（N）	1962	织机速度（r/min）	550
后梁高低及前后位置（mm×刻度）	80×6	停经架高度及前后位置（mm×刻度）	25×6

（五）整理新工艺

1. 酶洗涤剂处理 采用酶洗涤剂处理工艺取代水洗石磨处理工艺，可改善劳动环境并防止污染，并可避免水洗石磨时使服装豁边、破损、纱线断裂等缺点。

2. 酶处理 酶处理工艺可使棉纤维改性以及织物表面光洁、柔软，还可增加织物的吸湿性。经酶处理后，使服装面料表面带有一种绒感，增加织物柔软度和悬垂性。

3. 液氨整理 液氨整理的最大特点是织物手感柔软、丰满，增加了织物的毛型感和平挺度，并有一定的定形作用。

4. 磨毛整理 磨毛整理可使织物产生绒感，色光变浅，色彩更加鲜明、悦目，且手感柔软，增加了服装的文静和大方感。

5. 磨花处理 磨花处理后所获得的花纹效果有染色和印花的中间效果，层次清晰，反差柔和，深受人们的青睐。

6. 丝光处理 在传统牛仔布生产工艺的基础上，采用新型染整加工技术，对纱线表面进行丝光，可达到表层色浓、内层洁白、对比鲜明的环染效果，其色泽鲜艳度、深度比不经丝光处理的纱线要好得多。

7. 涂层高科技处理　涂层高科技处理可丰富织物外观和风格，是获得多种功能的良好途径。

总之，牛仔织物的后整理正朝着两个极端方向发展，一是仿古、仿旧的浓重处理，如重漂、磨白、水洗等；二是朝着平整、光洁、轻质、防皱整理等方向发展。

第四节　牛仔织物的设计与生产实例

传统牛仔织物都是以棉为原料，一直以来，将新原料应用在牛仔面料上是牛仔新品开发的方向。随着新型再生纤维素的出现，人们试图用新型再生纤维素纤维开发牛仔织物，新型再生纤维素在性能上比黏胶纤维有所改进，开发出来的牛仔织物产品档次高，很受消费者喜爱。

一、Richcel/棉薄型弹力牛仔面料的设计与生产

1. 设计思路　Richcel（丽赛）纤维是一种新型纤维素纤维，具有较强的耐碱性，使织物具有较强的后整理适应性。Richcel 纤维与棉混纺，可以充分发挥两种纤维的优良特性，使产品具有表面光洁、滑爽、吸湿排汗、手感柔软以及极佳的亲肤性和舒适感。

2. 织物结构设计　经纱为 36.4tex 的 Richcel/棉（70/30）混纺纱，纬纱为 36.4tex + 4.4tex 的 Richcel/棉（70/30）氨纶包芯纱，成品经密为 313 根/10cm，纬密为 165 根/10cm，织物幅宽为 140cm。织物组织采用 $\frac{2}{1}$ 斜纹与菱形斜纹相结合的纵条纹组织，菱形斜纹由经浮线形成有光泽的菱形线条，两种组织在织物表面形成不同宽窄的纵向条纹，既保留了牛仔织物原有的外观特性，又体现了提花织物的活泼、生动，符合现代人的审美需求。

3. 织造及后整理工艺流程

经纱：络筒（1332M）→ 整经（贝宁格）→ 浆染联合（大雅）→ 穿筘
　　　　　　　　　　　　　　　　　　　　　　　　　　　　　　　　→ 织造（GA133 - 190）→
纬纱：弹力筒子纱

坯布检验 → 烧毛 → 预缩 → 成品检验分等 → 成卷 → 入库

4. 生产工艺要点

（1）络筒。在保证筒子成形良好的情况下，采用小张力络筒，张力片重量为（23±0.1）g，络筒速度为 530m/min，使用 DQSS-4 型电子清纱器。

（2）整经。针对本品种纱线弹性较大的特点，采用"低张力、保伸长"的原则，减少纱线断裂伸长的损失；采用分段分区控制张力的方法，保证做到张力、排列、卷绕三均匀，全幅经纱张力均匀一致，为浆染打好基础。整经速度为 600m/min，滚筒压力为 2500N，预张力杆隔距 5mm，纱线刹停时间为 2s，夹纱器延时 1s，张力钩调节位置为 A 点。

（3）浆染。染料选择比较鲜艳的深蓝，针对 Richcel/棉混纺纱毛羽较多、吸湿能力强、湿态时纤维易伸长滑脱的特性，选择放料张力、中区张力偏小掌握的上机工艺。因为

Richcel/棉混纺纱吸湿性好，浆液黏度不宜过大，又因纱线弹性差，伸长大，湿态时强力低，不耐高温，故上浆时，要控制低温上浆。为此，上浆选用"以贴伏毛羽为主、渗透、被覆并重"的原则，采用中浓度、低黏度的调浆工艺。浆料配方采用胶水改善浆膜完整度，用磷酸酯变性淀粉增加浆液浓度，提高浆液流动性，达到分绞清晰、贴伏毛羽的效果，保证纱线强力和弹性，提高浆纱耐磨性能。

具体工艺配置为：变性淀粉 100kg，胶水 10kg，含固率 9%，浆液黏度 6~8s，上浆率为 8.5%，压浆辊压力（Ⅰ/Ⅱ）为 1.8MPa/3MPa，上浆侧辊压力为 2.5MPa，中区压力为 4MPa。

（4）织造。采用早开口、高后梁、较大张力的工艺配置来保证较好的布面风格。Richcel 纤维对温湿度较敏感，应加强温湿度的控制，针对原料的特点，织布车间相对湿度可偏高掌握，这样纱的强力较好、断纬少，可提高织造效率。

织机的主要工艺参数为：车速 450r/min，开口时间 312°，后梁位置（110+2）mm。上机张力 3000N，综框高度 100~103mm。

（5）后整理。烧毛采用两正两反，适当降低车速，保证烧毛均匀，使伸出面料的长纤维得到有效清除，保证成品表面光洁平整。预缩时，要确保车速、烘筒气压及回潮率的稳定，并需加入适量渗透剂和柔软剂，以提高织物的柔软舒适程度。织物再经热定形后，可满足服装加工的需要。

二、三合一绉条牛仔织物的设计与生产

1. 设计思路　以不同捻度的麻/棉（55/45）混纺纱，按纵条相间排列并与无光粘胶丝进行交织，经水洗石磨，使织物表面形成平纹条与绉纹条交替出现的外观，织物柔和、挺括，具有粗犷豪放、潇洒自然的特色。

2. 织物规格设计　该绉条牛仔织物为轻型牛仔织物，织物重量为 305.1g/m²，经纬纱线密度均为 58tex，织物经向紧度为 80.1%，纬向紧度为 45.55%，织物经密为 284 根/10cm，纬密为 162 根/10cm，织物幅宽为 220cm，经纱正常捻度为 42 捻/10cm，经纱加强捻度为 71 捻/10cm，纬纱实际捻度为 38 捻/10cm，经纱为 S 捻向，纬纱为 Z 捻向；织物组织采用平纹与 $\frac{5}{3}$ 经面缎纹组织纵向交替排列，平纹条经纱为正常捻度，缎纹绉纹条经纱为加强捻度，纬纱为正常捻度，这样，经纬纱交织后，纱线中的纤维相互平行，不仅可保证经纱的皱条纹效应，还可使捻度较大的绉纱趋于柔软并使光泽柔和。由于该牛仔织物纵向采用普通捻纱与强捻纱交替排列，故在织物表面形成了不起皱与起皱的纵向条纹外观。

3. 织造生产要点　该轻型皱条牛仔织物的皱条宽度以不小于 1cm 为宜，且起皱条纹的宽度应小于或等于不起皱条纹的宽度，以使两者具有一定的对比度，使条纹别致、独具风采。

由于皱纹条的经纱捻度大于不起皱条的经纱捻度，故上机织造时，会使织物表面松紧不一。若采用两个织轴织造，会增加上机复杂性，同时受到设备的种种限制。故本产品采用单织轴上机织造，在准备工序中对不起皱纹部分的经纱给予较小的张力，以此来均衡经纱在织

造中的需要量；同时可对不起皱纹部分的经纱采用较大的经密，以使两者缩率趋于一致，使织物表面松紧适当。

织造采用 C/401S 型挠性剑杆织机。该机工作幅宽 3800mm，主轴转速 300~320r/min，并配有凸轮、多臂、提花龙头等开口机构。织造主要工艺参数如表 2-12 所示。

表 2-12　织物上机主要工艺参数

项目	参数	参数允许偏差	项目	参数
后梁低于托布架（mm）	30~35	±5	弹簧位置	中位偏高
开口时间/（°）	325~330	±5	开口高度（配置挤压度 0.41 时）	27

织造时应注意以下四点。

（1）后梁高低。该牛仔织物纱线线密度较大，经向紧度较高，织物幅宽较宽，为防止粘连及布面产生稀疏不匀，后梁不宜过低。

（2）上机张力。在实际生产中，可用手揿布面松紧，也可以用尺子测量在机布幅的宽狭，结合织造开口的清晰情况及布面风格的要求，调整上机张力的大小。

（3）开口高度。当配置的挤压度为 0.41 时，织制该牛仔织物的开口高度应为 27mm。

（4）开口时间。最大开口时间为 335；开口时间如过大，易造成织物边纱断头率增加。

4. 颜色及后整理　该轻型绉条牛仔织物的色泽即可是明快的，也可是暗淡的，可用暗淡的靛蓝染成蓝色，明亮的硫化类染成黑色，还可染成其他彩色，可根据产品的需要而定。后整理加工可进行烧毛、平洗、预缩等，使其缩率不大于 2%，达到该牛仔织物的优级布要求。

三、新型玉蚕牛仔面料的设计与生产

1. 设计思路　玉蚕（MR）纤维是从桑叶中提取的植物性蛋白与再生纤维素纤维经过一系列复杂工艺合成的中空纤维，用该纤维生产的牛仔面料具有吸湿柔爽、亲肤保暖、不带静电、防紫外线、释放负离子等特点。

2. 织物结构设计　选用棉和玉蚕（MR）为原料，混纺比为 60/40；纱线结构为平式纱和竹节纱结构。经、纬纱均采用 JC/MR58tex 平式纱线与 JC/MR58tex 竹节纱间隔排列，织物经密为 285 根/10cm，纬密为 205 根/10cm，织物组织为 $\frac{2}{2}$ 左斜纹，织物幅宽 150cm。

3. 生产工艺流程　玉蚕纤维易吸色，但也易掉色，为保证纱线的染色质量和染色牢度，采用了球经（绳状）染色生产工艺。工艺流程如下：

经纱：络筒→球经整经→球经（绳状）染色→重新整经→色纱上浆→穿（结）经

纬纱：筒子纱

→织造→坯布检验→后整理。

4. 生产工艺要点

（1）络筒。因棉/玉蚕混纺纱强力较低，络筒要减少络纱断头和毛羽，以满足整经退绕需要，故采用较小的张力配置，张力圈重量为 18g，线速度为 530m/min，使用电子清纱器。

（2）整经。采用西点球经机。该机的张力架、张力器为电子张力，分前、中、后 3 段控制，张力器随车速变化张力，保持每根纱的行走张力恒定。整经线速度为 255m/min，卷绕密度为 0.56 g/cm^3。

（3）染色。

①染色工艺流程。

经纱球→润湿处理→水洗→8 道染色、氧化→2 道水洗→1 道柔软→烘干→落束

②染色配方及工艺。

靛蓝还原母液配方：靛蓝染料 100g/L，烧碱 95g/L，保险粉 110g/L。

保险粉、烧碱补充液配方：烧碱 75g/L，保险粉 150g/L。

棉/玉蚕混纺纱线的色牢度较纯棉纱线低，容易掉色，为提高染色牢度，染色时应加入固色剂，可在水洗槽加 3~5g/L 的靛蓝专用固色剂，能提高 0.5 级的摩擦牢度。此外，染色速度不宜过快，并应适当延长氧化时间。染色速度为 25m/min，染色温度为 25℃，氧化时间 8 道，每道 1.4s。

（4）浆纱。依据纱线吸湿能力强、湿强低的特点，在经轴退绕时采用较小的经轴制动力及较低的车速，以控制纱线在浆槽的湿态伸长。

浆纱配方为：变性淀粉 125kg，胶水 40kg，柔软剂 15kg，乳化油 5kg，定容 1600L。

上浆工艺为：浆液含固率 8%，浆液黏度 7s，上浆率 7%~8%，伸长率 1%~1.5%，回潮率 4%~5%，浆液温度 95℃。

（5）织造。采用剑杆织机生产。该类品种紧度高、打纬阻力大、织口易反拨，织造难度较大，对经纱的耐磨性及柔韧性要求较高。精梳棉/玉蚕混纺强力较高，完全能满足该品种的顺利织造。

织造工艺参数为：上机张力 1.9kN，开口时间 309°，后梁高度+11，后梁深度 2，停经架高度-3，停经架深度 3，车速 500r/min，车间温度 28℃，相对湿度 75%。

（6）后整理。后整理工艺流程为：

烧毛→退浆→轻丝光→水洗→整纬（拉斜）→预烘干→预缩→烘干→定形→成品检验→打卷

①烧毛。严格控制火焰高度及温度，除去表面的毛羽及细小杂质，使成品表面光洁。二正二反烧毛，火口温度 1000℃，车速 80m/min，布面烧毛级数 3~4 级。

②退浆。玉蚕纤维不耐强碱，故采用酶处理来退浆。工艺流程为：

牛仔布→浸轧酶液→汽蒸→热水洗→冷水洗

工艺参数为：复合酶 2~3g/L，精练剂 2~3g/L，浴比 1∶10，温度 50~60℃，时间 30~60min。

③丝光。玉蚕纤维的耐碱性较差，不能进行强丝光处理，为保证布面品质，采用轻丝光工艺，处理过程应严格控制烧碱浓度。烧碱浓度控制在 15~18g 为宜，经轻丝光后，布面光泽柔和，手感柔软光滑。

④整纬（拉斜）预缩。通过整纬可消除织物内部的潜在纬向歪斜应力。拉斜应合理，拉斜值 10cm。

工艺参数为：车速 40m/min，预缩率<3%，定形时间 30s，定形温度 185~190℃。

织物经热定形后，玉蚕/棉混纺牛仔布获得稳定的外型，满足服装加工的需要。

☞思考题

1. 牛仔织物的类别有哪些？

2. 牛仔织物可以用来做哪些服装及其他的产品？

3. 牛仔织物具有哪些性能特点？

4. 牛仔织物的发展方向是什么？

5. 牛仔织物常使用哪些原料？并讨论一下，牛仔织物用原料的发展方向。

6. 牛仔织物对纱线质量要求有哪些？牛仔织物目前主要用哪些结构的纱线？

7. 结合生活实际及所学过的织物组织与结构的知识，说明牛仔织物常用哪些组织？自己设计两种组织，并说明一下你的设计理念。

8. 请完成下面牛仔织物的工艺计算。

（1）Richcel/棉（70/30），36.4tex×（36.4tex+4.4 氨纶），313 根/10cm×165 根/10cm，140cm，$\frac{2}{1}$斜纹（成品规格）。

（2）纯棉/豆纤（55/45），14.5tex，385 根/10cm×190 根/10cm，145cm，$\frac{2}{2}$↗与$\frac{2}{2}$方平形成的纵条纹牛仔布。

9. 牛仔织物按着其经纱染色的方式可以分为几种工艺流程？并说明每一种工艺流程的特点。

10. 自己设计一个牛仔织物，并确定其工艺流程。

11. 某牛仔织物，经纱为 36.4tex，总经根数为 4410 根，染色速度 20m/s，上染率 2.8%，还原母液中染料还原浓度 41.2g/L，公定回潮率为 8.5%，请计算还原母液的补给速率。

12. 简述牛仔织物浆纱工艺基本要求及其注意要点。

13. 牛仔织物的新型整理工艺有哪些？结合生产实际及实际使用情况，讨论一下牛仔织物整理的发展方向是什么？

第三章 弹力织物的设计与生产

第一节 概 述

弹力织物是指采用一定的方法使织物具有一定弹性，以改善机织物由于结构所造成的伸缩能力差的缺点，使机织物在穿着时对人体运动的束缚作用减小，服用轻快舒适，且能保持良好的服装外形。弹力织物中含有少量弹性纤维，由于弹性纤维价格昂贵，在使用时应注意弹性纤维的用量，若弹性纤维的含量过高，不仅会使织物的弹性过剩，还会增加产品的生产成本。随着消费者对服装舒适、合体和塑造人体美的要求越来越高，弹性织物的应用也越来越广泛，弹性织物的品种也越来越丰富。

一、弹力织物的分类

在机织弹力织物中，纬向弹力织物约占90%以上，经纬双向弹力织物约占8%～9%，经向弹力织物因生产难度较大，品种和数量不多。机织弹力织物大多以氨纶作为弹性纤维，称作氨纶弹力织物，该织物一般以氨纶包芯纱、氨纶包覆纱、氨纶合捻线为经纱或纬纱，并与其他纤维纱线交织成织物。主要品种有弹力牛仔布、弹力灯芯绒、弹力平绒、弹力卡其、弹力府绸、弹力牛津布、弹力仿毛时装呢、弹力毛织物等。弹力织物按不同方式可以有以下三种分类方法。

1. 按织物的用途分 按织物的使用用途可以分为外衣类（弹性率为20%～25%）、休闲服类（弹性率为25%～35%）、运动服类（弹性率为35%～60%）和功能服类（弹性率为80%～120%）。

2. 按织物弹性延伸方向分 双向弹力织物（经纬两个方向均有弹力）、纬向弹力织物和经向弹力织物。

3. 按织物弹性率的大小分 国内外企业对弹力织物的弹性率没有统一的规定。日本东丽公司规定，单向（经向或纬向）弹性率为10%、双向（经向和纬向）弹性率为15%的织物为一般弹力织物；将单向弹性率为20%、双向弹性率为25%的织物称为高弹织物。

杜邦公司规定，高弹织物应具有高度伸长和快速回弹性，其弹性率（拉伸率）为30%～50%时，回复率减少小于5%～6%的织物称为高弹织物，主要用作滑雪服、游泳衣、妇女胸衣、运动服等。弹性率为20%～30%时，回复率减少小于2%～5%的织物称为中弹织物（也称舒适弹性织物），主要用作日常衣着和室内装饰用品；弹性率小于20%的织物称为低弹织物（又称一般弹力织物），通常为低比例氨纶弹力纱织物，适用于一般衣着，如男女衬衫、外套、工作服等。

二、弹性纤维

弹性纤维是指在纤维的制造过程中由特殊分子链结构赋予单纤维可伸缩自如的伸缩弹性，从而使纱线（或长丝）具有弹性和弹性回复功能的纤维。20 世纪 50 年代杜邦公司首先工业化生产出聚氨酯纤维——"莱卡®（Lycra®）"，国内称为氨纶，从此，新一代弹性纤维得到了广泛使用。此外，可使用的弹性纤维还有 Anidex（聚丙烯酸酯），商品名为 Anim/8，以及新型聚酯纤维 PBT（聚对苯二甲酸丁二酯），也在弹力织物中得到了应用。

下面是氨纶弹性纤维的特性及应用。

氨纶属于聚氨酯系纤维，是一种高弹性纤维。国外名称有"斯潘特克斯""莱卡"，我国的商品名称为氨纶。

1. 氨纶的特性　氨纶的最大特点是其断裂伸长率高达 450%~800%，在某些情况下还要大些，且松弛后又可迅速回复原状。另外，氨纶还具有柔软舒适感，有良好的耐化学药品、耐油、耐汗水，不虫蛀，不霉变，在阳光下不变黄等特性。由于氨纶常使用其长丝复丝，比橡胶丝细得多，所以适应于针织物、机织物等多种纺织加工用途，表 3-1 为氨纶的特性。

表 3-1　氨纶的性能

性　能	聚醚型氨纶	聚酯型氨纶
强度（cN/dtex）	0.5~0.9	0.55~0.65
伸长率（%）	450~700	650~700
吸湿率（%）	1.3	0.3~0.4
回缩率（%）	伸长 200% 时回缩 97%；伸长 100% 时回缩 98%；伸长 50% 时回缩 99%	
初始弹性模数（cN/dtex）	伸长 300% 时为 0.14~0.22（0.13~0.2g/旦）	
耐热性	熔点 200~230℃，150℃发黄，175℃发黏，190℃强力开始下降	
耐化学性	耐稀酸、稀碱。在热碱中容易水解，对含氯漂白剂如次氯酸钠则很敏感，能使纤维泛黄及损伤弹性	
耐日光性	在耐晒牢度试验照射 40h 时，强力约降低 10%~20%，稍微变黄	
耐磨性	摩擦因数很大，动摩擦因数为 0.7~1.3，相当于羊毛（0.14~0.17）的 5~7 倍，相当于涤纶、锦纶等合纤的 3~4 倍，耐磨性好，在伸长 50%~300% 的可耐磨万次不断裂	
染色性	对多数染料有亲和，一般以分散染料、酸性染料和金属络合染料为主	用分散染料、金属络合染料和有选择性的碱性染料

2. 氨纶的细度　最细的氨纶为 4.4~11dtex。目前，常用的氨纶丝规格有 4.4tex、7.8tex、15.4tex 三种。由于氨纶裸丝延伸度较大，滑动性能不好，因此多采用包覆纱、包芯纱、合股纱等形式应用于织物中。

3. 氨纶的主要用途

（1）运动服、游泳衣及运动防护用品如护膝、护腕等。

（2）男女内衣、妇女紧身衣、妇女胸罩、短裤、衬衫、裙料等。

（3）袜类（短、中、高筒袜）、手套类等。

（4）带类织物如松紧带、汽车及飞机用安全带、花边饰带等。

（5）医用织物如医疗保健用品、弹性绷带等。

（6）针织物如毛衣、线衣、针织品袖口、领口等。

4. 氨纶在织物中的使用方法　弹性纱线就是由弹性素材或弹性素材与其他纺织材料组合起来构成的、具备一定伸缩弹性和强度的纱线。将氨纶弹性纤维应用于机织物有两种方法，即裸丝或包纱。裸丝可用于针织或与其他纱线交织，也可用作连裤袜的腰部材料。由于氨纶制造过程中可能有少量残余溶剂未能完全处理干净，在使用中，为避免皮肤过敏，最好不要直接与皮肤接触。氨纶弹性纤维包纱可以有四种方式包覆，即单包覆、双包覆、包芯、氨纶合股。

（1）单包覆纱线是以氨纶丝为芯纱，以原纱或加捻复丝、超细锦纶所包覆而成，平均圈数在每米 1200～2200 圈/m。包覆的圈数愈多，纱线的品质愈好，如图 3-1 所示。

（2）双包覆纱线是以氨纶裸丝为芯丝，以锦纶或其他非弹性纤维由内层和外层分别按顺时针及逆时针方向同时包覆。最高品质的纱线，其捻度可高达 3000 捻/m，如图 3-2 所示。常用氨纶包覆纱的规格及用途见表 3-2。

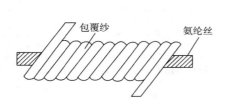

图 3-1　单层包覆纱

图 3-2　双层包覆纱

表 3-2　氨纶包覆纱规格及用途

芯丝氨纶［tex（旦）］	外包纱［tex（旦）］	氨纶占用纱比例（%）	用途说明
2.2（20）	2.2（20）锦纶加弹丝	2.5～25	连裤袜、针织物
4.4（40）	5.6（50）锦纶加弹丝	7.8	内衣、胸罩
4.4（40）	7.8（70）锦纶加弹丝	15.7	内衣、胸罩、袜子
4.4（40）	7.8（70）锦纶加弹丝	13.4	内衣、袜子、衬线
7.8（70）	15.6（140）锦纶加弹丝	11.9	内衣、袜子、衬线
15.6（140）	7.8（70）锦纶加弹丝	35.9	腰带、运动衣辅料
23.3（210）	7.7×2（70×2）锦纶加弹丝	33.3	袜口、运动衣
23.3（210）	19.4 棉纱	41.0	紧身衣（经编、纬编）
31.1（280）	2.2×2（20×2）锦纶加弹丝	64.6	袜口、紧身衣

（3）氨纶包芯纱是以氨纶长丝为芯，以棉、涤/棉、毛、腈纶、涤纶等短纤维为外包纤维的包芯纱。外包纤维视最终产品的用途而定。包芯纱中氨纶丝的用量很少，一般含有 5%～20% 的氨纶丝即能满足弹力织物的弹性要求。包芯纱可以在环锭细纱机上加工，纺制时，氨纶丝应加 3～4 倍预牵伸后包覆各种短纤维。对不同线密度的包芯纱应选用不同线密度的氨纶丝，一般特细特纱选用 44dtex（40旦）氨纶丝；细特纱选用 44dtex（40旦）和 78dtex（70旦）氨纶丝；中特纱选用 78dtex（70旦）氨纶丝；粗特纱选用 78dtex（70旦）和 156dtex（140旦）氨纶丝。

芯丝规格的选用应综合考虑产品的用途、弹性要求、含氨纶量和成纱线密度等因素。主要原则为氨纶丝越粗，纱线弹性越大；氨纶丝含量越高，纱线弹性越高；氨纶丝牵伸倍数越大，纱线回弹越大。在满足服饰要求的前提下，应从降低纱线成本出发，综合考虑上述原则。表 3-3 为常见棉/氨包芯纱品种。

表 3-3　棉/氨纶包芯纱品种

包芯纱线密度［tex（英支）］	芯丝线密度（tex）	氨纶丝含量（%）
11.7（50）	4.4	13
29.2（20）	15.6	17
36.4（16）	7.8	8
36.4（16）	15.6	14

注　氨纶丝的公定回潮率以 1.3% 计。

氨纶的预牵伸倍数和线密度对纱线及织物的弹性有较大影响。预牵伸大、线密度大，弹性大；反之，则小。

（4）氨纶合股纱是将有伸缩弹性的氨纶丝边牵伸边与两根无弹性的纱线并合加捻而成的。若把这种纱线退解，边使张力缓和边对整个纱线加上较轻的冲击，使各纱之间互相移动至稳定状态，结果氨纶丝进入纱芯中，其他无弹性的纱则成为外包层，从而使纱线具有一定的弹性。合股纱在张紧状态下有露芯现象，但其强力较高。在毛织物中，常用于生产弹力啥味呢、花呢一类产品。例如，毛氨合股纱 12.5tex×2+4.4tex（40旦）、15.2tex×2+7.8tex（70旦）等。

第二节　弹力织物的主要结构参数设计

一、弹力织物设计时应注意的问题

（1）设计时既要考虑织物的风格特征，还应注意织物经、纬向所能达到的弹性性能。设计时首先要明确织物用途，确定织物所需的经、纬向弹性大小，综合考虑原料、纱线线密度、织物组织、织物密度、纱线中氨纶牵伸倍数、氨纶含量、捻度等因素。

（2）当织物的经、纬纱均采用氨纶混纺纱时，由于氨纶回缩率的存在，织物中的纱线处于一个不稳定的力学状态下，任何一个方向弹性的变化，均会影响到另一个方向的弹性。因此，设计时应充分考虑织物经、纬向弹性的平衡问题。

（3）在张力松弛状态下，氨纶丝的回缩会导致织物下机后以及染整过程中织物经、纬向产生较大的收缩。因此，在工艺设计时，一定要根据成品经、纬向弹性的大小来增大筘幅和整经长度，调整与规格有关的工艺参数，以保证成品规格能够满足用户的要求。

二、织物弹力方向和大小的确定

人们在穿着服装时，由于人体皮肤表面的伸展率因部位不同、动作不同而有所差异。人体一般部位皮肤的伸展率为20%左右，而肘和膝发生弯曲时，纵向的皮肤的伸展率最高可达45%。一般，普通服装面料的伸缩性只有5%左右，要能适应人体的适当动作，则要求日常穿着服装织物的弹性应为10%~25%。

1. 不同服装面料的弹力范围及方向　衬衣、工作服的弹性应为10%~15%（纬向），外衣、套装为10%~25%（纬向），裤装为15%~20%（双向），运动装、童装为20%~30%（经、纬向）；滑雪衣为40%~60%（经向），体操服为50%~200%（双向）。应根据不同服用要求确定弹力织物的弹力大小及方向。

2. 弹力方向的确定　大多数服装如衬衣、工作服、外衣、套装等可选用纬向弹力织物；对伸展要求高的服装面料如运动服、体操服、裤装等最好为经纬双向弹性。

3. 常见品种织物弹性的确定　弹力府绸织物为25%~30%，弹力卡其织物为20%~25%，弹力灯芯绒、弹力仿平绒织物为20%~30%，黏/棉平纹弹力布为20%左右，弹力时装呢为15%~20%。

4. 不同用途面料的弹性的确定　裤料的弹力以15%为宜，以保持裤线挺直，膝盖部位不致凸起；夹克衫、制服、工作服的弹力以10%~20%为宜；运动夹克衫的弹性以20%~40%为宜；滑雪衫、体操服、妇女胸衣、女内衣裤的弹力以40%为宜。

三、原料的选用

氨纶弹力织物的弹性大小由氨纶丝的线密度、弹力纱线在加工过程中氨纶丝的牵伸倍数以及成纱中氨纶丝的含量三个因素决定。氨纶芯丝的线密度越大，成纱弹性越大；氨纶丝的牵伸倍数越大，成纱弹力越大；芯丝在成纱中的比重越大，成纱弹性越大。

氨纶丝的选用须考虑其规格、种类。线密度可根据最终成品的弹性要求确定，常用的有1.2~4.9tex（11~44旦）、8.6tex（77旦）、13.3~13.7tex（120~123旦）、33.3tex（300旦）、36.7~48.9tex（330~440旦）等。一般轻薄产品选用2.2~4.4tex（20~40旦），中厚产品采用7.8tex（70旦）。日本有关行业对弹力织物所用氨纶丝做了规定，见表3-4所示。表3-5、表3-6为不同氨纶丝的规格及其在织物中的选用情况。

表3-4　日本弹力织物分类

名称	弹性伸长率（%）	用途
舒适类	10~20	一般弹性要求不高的服装
行动类	20~40	牛仔裤、西裤、体型裤、运动衣等
强制类	40以上	运动衣、紧身衣、贴身衣、健美装

表 3-5　各种服装选用的氨纶丝规格

服装名称	氨纶丝规格（tex）			
	4.4	7.7	15.4	30.8
游泳衣			√	√
紧身衣			√	√
弹力紧身衣	√	√		
外衣	√			
睡衣	√			
家具布	√		√	
袜口			√	√
混合股线袜子	√	√		
混合股线运动衫	√			
混合股线游泳衣			√	√

表 3-6　不同氨纶丝含量的用途

含量（%）	延伸率（%）	用途
2~5	10~20	紧身健美衣、裤等
10~20	20~40	高弹力 T 恤衫、网球衫、牛仔裤等
>30	>40	紧身式强力体操服、游泳衣、紧身时装等

四、纱线规格设计

1. 成纱规格设计　根据弹力织物的用途、厚薄和质量，客户往往明确提出氨纶芯丝和外包纤维纱线的细度指标要求。氨纶包芯纱的纺出线密度按下式计算：

$$Tt_C = Tt_H + \frac{Tt_N}{E} \times k \qquad (3-1)$$

式中：Tt_C——氨纶包芯纱线密度，tex；

　　　E——氨纶丝牵伸倍数；

　　Tt_H——外包纤维纺纱线密度，tex；

　　　k——氨纶丝牵伸配合系数，取 1.16；

　　Tt_N——氨纶丝线密度，tex。

氨纶包芯纱线密度的公称规格的设计方法有两种。第一种是按纺出线密度设计，即直接标明氨纶包芯纱的线密度；第二种是按外包纤维的线密度和氨纶丝的线密度设计，即将氨纶包芯纱的规格表示为"外包纤维纱线密度+芯丝线密度"。通常，工艺设计时均应分别设计出外包纤维的标准重量和最终成纱的标准重量，以便测试和考核。

2. 氨纶丝牵伸倍数的设计　氨纶丝牵伸倍数的设计是弹力纱线设计中的一个关键点。氨纶丝的牵伸倍数越大，则成纱弹力越好，但牵伸倍数过大会导致氨纶丝断裂，给后道加工造成困难。所以，氨纶丝牵伸倍数的选用，应综合考虑产品用途等多种因素，其中最主要的是考虑氨纶丝本身的牵伸特性。氨纶丝牵伸的最佳状态是使氨纶丝处于应变区的中间位置。

氨纶丝牵伸倍数的大小应随氨纶丝的规格不同而不同。粗的氨纶丝牵伸倍数可大些，反之则小些，一般控制在2.0~5.0倍之间，不应超过5倍。表3-7为不同规格氨纶丝的牵伸倍数。

氨纶丝的牵伸倍数通常是指氨纶丝的总牵伸倍数，因此，应考虑氨纶筒子在卷绕成形时存在的10%~16%的张力牵伸（预牵伸）。

$$氨纶丝预牵伸倍数 = \frac{前罗拉线速度}{氨纶送出罗拉线速度} \qquad (3-2)$$

$$退绕时机械牵伸倍数 = \frac{总牵伸倍数}{1 + 张力牵伸} \qquad (3-3)$$

表3-7　氨纶丝牵伸倍数

织物弹性	氨纶丝细度（tex）	预牵伸倍数（倍）	外包纱类别
低弹	2.22	2.5~3.5	细号纱
中弹	4.44、7.77	3~4、3.5~4.5	中、粗号纱
高弹	15.4	4~5	粗号纱

3. 氨纶含量的设计　氨纶含量在很大程度上决定着织物弹性大小。通常，氨纶含量愈高，织物弹性愈大，但氨纶含量过高，将使织物的成本提高。中厚型织物的氨纶含量宜控制在3%~5%，氨纶线密度选用4.4~7.7tex。氨纶丝在弹力包芯纱内，无助于纱线的强力，含量过大反而会破坏外包纤维之间的抱合力，因而其含量要适当。设计时，要综合考虑经济成本、产品用途等因素。氨纶丝含量 G（%）可由下式计算：

$$G = \frac{Tt_N \cdot k}{E \cdot Tt_C} \times 100\% \qquad (3-4)$$

根据经验，弹力棉纱中氨纶丝含量仅为成纱的5%~20%；涤纶弹力包芯纱中氨纶丝的含量为4.6%左右；而精梳毛纱一般用作低弹服装面料，弹力纱中的氨纶丝含量一般掌握在4%~10%，即可满足要求。氨纶丝在织物中一般含量为1%~5%，其中平纹、斜纹、缎纹类织物为1%~3%，纬弹灯芯绒为3%~4%，双弹织物为4%~5%，内衣为2%~5%，泳装及体育运动装则应为12%~20%，胸衣及紧身服为10%~45%。

4. 捻度设计　在纺纱过程中，氨纶弹力包芯纱的弹性由芯丝氨纶提供，而强力和耐磨则由包覆在外的纤维承担。由于弹性芯丝的存在，使外包纤维之间的抱合力降低，从而使成纱强力较同规格的纱线为小。为保证成纱强力不降低太多，必须适当提高捻系数。通常，氨毛包芯纱较同规格普通毛纱捻系数高出20%~30%，才可使两者的强力接近；氨棉包芯纱较同规格普通纯棉纱捻系数高出 10%~20%。纬纱的捻系数可略低。氨纶弹力包芯纱的捻度不可过小，若捻度过小，不但强力下降较多，而且过于松散的外层纤维也往往导致包覆效果不良，出现色花现象。

五、织物规格设计与计算

（一）织物组织的选择

织物组织直接影响织物的外观效应，其浮长线的长短会直接影响织物的饱满程度和弹性。一般选择经纬交织点较少的松组织，为使织物布面平整，组织的选择应尽可能使同一系统纱线上的交织点数相等，且浮长不宜过长（≤3 最好），这将有利于发挥弹力织物的弹性伸长率，如斜纹、缎纹、斜纹变化、山形斜纹及提花组织等。常用的组织有方平、$\frac{2}{3}$ 斜纹、平纹、$\frac{3}{1}$ 斜纹等组织。

轻薄弹力衬衫面料可采用平纹、$\frac{2}{2}$ 斜纹、人字纹斜纹等组织，这些组织的经纬浮长线相同，力求达到经纬弹力均衡。$\frac{2}{1}$ 斜纹、$\frac{3}{1}$ 斜纹组织的经纬浮长线不相等，属于不平衡组织，有利于发挥纬向高弹织物的性能。

为防止弹力织物卷边，可设计比较紧密的边组织，并增加边的宽度。边组织浮长线越长，设计时要求边组织的密度越大，宽度越宽。经纬双弹织物由于其经向有弹力，故布边组织应与布身结构相似，以免产生皱折。

（二）织物密度的选择

织物密度是决定产品外观、厚度、重量、弹性、手感的重要因素，尤其是弹性织物，会直接影响到织物的幅宽和缩率。密度过大，织物过板过硬，影响服用舒适性；密度过小，织物回缩过大，尺寸稳定性差。坯布的经纬密度要根据弹性伸长率或幅宽的变化而对成品的经、纬密度做相应的改变。如果坯布密度过大（经弹织物主要是纬密，纬弹织物主要是经密），则织物在湿热加工中无收缩的余地，而得不到预计的弹性伸长率和手感；但密度过小，也会影响织物的内在质量。

织物密度的设计与织物在各加工工序中的收缩有关，但影响收缩的因素颇为复杂，如外包纤维的种类、纱线线密度、纱线捻系数、织物组织结构以及各道工序的工艺参数等。因此，应经过试织后，方能确定整经长度、幅宽、筘幅、经密、纬密等织物规格的设计数据。

1. 弹力织物的紧度设计　在设计弹力织物的紧度时，考虑到织物收缩率大会造成成品过于紧密的因素，可参照同品种普通织物的紧度范围来选择，一般所选紧度应比同品种普通织物紧度低 10%~15%，以保证织物的弹性伸长能力不会降低。普通织物的经纬向紧度范围见表 3-8。

实践证明，一般纬弹织物、平纹织物的经向紧度（坯布）在 50% 以下，斜纹织物的经向紧度在80%以下，且纬向紧度为经向紧度的2/3时，能得到较为理想的弹性。

表3-8　普通织物的经纬向紧度

织物类别	组织	经向紧度（%）	纬向紧度（%）
纯棉平布	平纹	35～60	35～60
纯棉细平布	平纹	46～55	43～48
纯棉府绸	平纹	60～80	35～50
纯棉斜纹	$\frac{2}{1}$ 斜纹	60～80	40～55
纯棉哔叽	$\frac{2}{2}$ 斜纹	55～70	45～55
纯棉华达呢	$\frac{2}{2}$ 斜纹	75～95	45～55
纯棉卡其	$\frac{2}{2}$ 斜纹、$\frac{3}{1}$ 斜纹	80～110	45～60
纯棉直贡	$\frac{5}{3}$ 缎纹、$\frac{5}{2}$ 缎纹	65～100	45～55
纯棉中条灯芯绒	灯芯绒	50～60	120～140
T/R 中长平纹呢	平纹	49～50	46
T/R 中长华达呢	$\frac{2}{2}$ 斜纹	85～89	46～49
T/R 中长哔叽	$\frac{2}{2}$ 斜纹	62～72	50～54

2. 弹力织物密度的计算　弹力织物的上机密度到成品密度的变化可用密度增大率来表示。

（1）纬弹类织物。

$$经密增大率 = \frac{整理后成品经密 - 机上坯布经密}{机上坯布经密} \times 100\% \qquad (3-5)$$

（2）经弹类织物。

$$纬密增大率 = \frac{整理后成品纬密 - 机上坯布纬密}{机上坯布纬密} \times 100\% \qquad (3-6)$$

（3）经、纬双弹类织物当经纬向均采用弹力纱时，不管是经密增大或是纬密增大，都会使织物经纬双向的弹性减小，且经纬密过大还会使织物丧失弹性。一般上机经纬密度比普通织物小10%左右为宜。

（三）工艺规格计算

1. 氨纶纬弹织物的工艺规格计算 纬弹织物在织造、染整过程中会使其布幅产生收缩，图3-3为纬弹织物布幅变化示意图。对中厚型纬弹织物而言，纬向织造缩率约10%，包覆纤维的永久性收缩率约5%~8%。纬弹织物的弹性伸长率可根据表3-5和表3-6加以选择，也可根据式（3-7）计算。

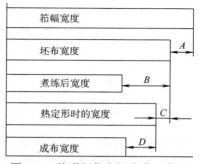

图3-3 纬弹织物布幅变化示意图

A—织缩量　B—煮练加工收缩量

C—包覆纤维的永久性收缩量　D—弹性伸长量

$$弹性伸长率(\%) = \frac{热弹性宽度 - 成品宽度}{成品宽度} \times 100\%$$

或

$$弹性伸长率 = \frac{手拉直后布长 - 自然布长}{自然布长} \times 100\%$$

$$(3-7)$$

成品宽度应根据服装加工的要求而定。根据弹性伸长率、成品宽度、织缩率、包覆纤维的收缩率可计算出织造筘幅。

$$筘幅 = \frac{成品宽度(1 + 弹性伸长率)}{(1 - 织缩率)(1 + 包覆纤维收缩率)} \quad (3-8)$$

织制纬弹棉织物时，筘幅可用下式计算：

$$筘幅 = \frac{成品布幅 \times 成品经密}{1.9685 \times 英制筘号 \times 每筘经纱数} = \frac{(总经根数 - 边经根数 \times 2) \times 10}{机上经密}$$

$$= \frac{成品布幅(1 + 织物纬向弹性率)}{(1 + 纬缩率)(1 - 纬纱外包纤维的永久收缩率)} \quad (3-9)$$

在织造纬弹织物时，经密的设计应根据成品布的纬向弹性，相应加大坯布的布幅和筘幅，减小坯布的经密。要求印染采取紧式加工，印染幅宽加工系数应比同类普通棉布的小很多。

$$印染纬向加工系数 = \frac{成品布幅}{坯布布幅} = \frac{坯布经密}{成品经密} = \frac{(1 - 纬纱外包纤维永久收缩率)}{(1 + 织物纬向弹性率)} \quad (3-10)$$

$$坯布经密 = 成品经密 \times 印染纬向加工系数 = 成品经密 \times \frac{1 - 纬纱外包纤维永久收缩率}{1 + 织物纬向弹性率}$$

$$(3-11)$$

$$机上经密 = 成品经密 \times 印染纬向加工系数(1 - 纬缩率)$$

$$= 成品经密 \times \frac{(1 - 纬纱外包纤维永久收缩率)(1 - 纬缩率)}{1 + 织物纬向弹性率} \quad (3-12)$$

2. 氨纶经弹织物的工艺规格计算 氨纶经弹织物在织造、染整加工中长度会收缩，如图3-4所示。

在织制经弹织物时，坯布纬密的设计要根据成品经向弹性的大小而相应减小墨印长度和匹长，又应根据弹性大小而相应加长。要求印染采取松式加工，印染经向加工系数要比同类普通棉布的小很多。

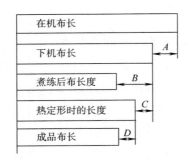

图 3-4　经弹织物布长变化示意图

A—织缩量　B—煮练加工收缩量　C—包覆纤维的永久性收缩量　D—弹性伸长量

$$墨印长度 = \frac{成品匹长(1 + 织物经向弹性率)}{(1 - 经纱缩率)(1 - 经纱外包纤维的永久收缩率)} \qquad (3-13)$$

$$印染经向加工系数 = \frac{1 - 经纱外包纤维的永久收缩率}{1 + 织物经向弹性率} \qquad (3-14)$$

$$坯布纬密 = 成品纬密 × 印染经向加工系数$$
$$= 成品纬密 × \frac{1 - 经纱外包纤维永久收缩率}{1 + 织物经向弹性率} \qquad (3-15)$$

$$机上纬密 = 成品纬密 × (1 - 经纱缩率) × 印染经向加工系数$$
$$= \frac{成品纬密 × (1 - 经缩率)(1 - 经纱外包纤维的永久性收缩率)}{1 + 织物经向弹性率} \qquad (3-16)$$

3. 氨纶经纬双向弹力织物的工艺规格计算　对经纬纱双向弹力织物，布幅、布长两者的变化都要在设计时予以充分考虑。其中经纬向织缩率及外包纤维染整缩率均可参考同规格产品的数据。经纬向弹性伸长率可根据所设计的弹性率的大小确定。

（四）织物幅宽的确定

弹力织物在织造过程中，弹力纱线始终处于拉伸状态，坯布下机后由于弹力纱线的弹性回复使坯布幅宽收缩。在染整过程中，经前处理加工使弹力织物的内在应力完全释放，氨纶丝弹性得到回复，织物充分收缩，导致织物具有最大的弹力和可拉伸的最大幅宽，为热定形提供了必要的条件。热定形可拉伸的最大幅宽一定要对应于前处理收缩所赋予的最大拉伸幅宽。据美国杜邦公司和日本旭化成公司推荐热定形效率（成品幅宽与定形幅宽的比率）一般在 90% 左右，国内一般推荐热定形幅宽超过成品幅宽的 10%～15%。表 3-9 为几种氨纶弹力织物规格。

表 3-9　氨纶弹力织物规格

织物名称	组织	纱线线密度（tex）		布幅（cm）	织物密度（根/10cm）		弹性方向	弹性率（%）
		经	纬		经	纬		
坚固呢	$\frac{3}{1}$	83	73+7.8（氨纶丝）	114	307	173	纬向	20

| 织物名称 | 组织 | 纱线线密度（tex） | | 布幅（cm） | 织物密度（根/10cm） | | 弹性方向 | 弹性率（%） |
		经	纬		经	纬		
华达呢	$\frac{2}{2}$	14×2	23+7.8（氨纶丝）	112	490.5	228.5	纬向	25
涤/棉府绸	平纹	13	13+3.3（氨纶丝）	112	425	278.5	纬向	25
粗平布	平纹	58	83+7.8（氨纶丝）	106.5	228.5	133.5	纬向	20
灯芯绒	5条/cm	29×2	36×[36+7.8（氨纶丝）]	106.5	299	362/181	纬向	20
坚固呢	$\frac{3}{1}$	73+7.8（氨纶丝）	83	121.5	263.5	177	经向	20~25

第三节　弹力织物的生产工艺与要点

一、弹力织物的生产工艺流程

（1）纬向弹力织物的经纱准备、织造、染色工艺与普通织物的生产工艺相同。

（2）经向弹力织物和双向弹力织物的工艺流程为：

筒纱高速整经→片经染色、浆纱→穿结经→织造

（3）弹力织物的后整理工艺流程为：

坯布检验→烧毛→预缩→热定形→后处理→成品检验→打卷成包

二、各工序生产要点

（一）整经工艺

当经纱为弹性纱线时，对经纱的整经要求比较高，主要生产工艺要点如下。

1. 严格控制筒纱的质量　由于经纱具有弹力，整经工序应严格控制经纱的单纱张力和片纱张力均匀，否则会导致布面不平整、幅宽不一致等疵点出现，所以应严格控制筒纱的质量。应选择纱疵少、条干均匀度好、断芯纱疵少、成形良好、大小均匀、卷绕密度均匀的筒纱。

2. 严格控制和调节整经张力　为使筒子架引出的各根纱线张力均匀一致，整经张力应比一般纱线张力适当增大，力求做到单纱张力和片纱张力均匀、纱与纱之间及经轴之间的张力差异小，才能保证成品的质量。整经时，采用分段分区控制张力的办法来均匀片纱张力。

3. 适当降低整经速度并注意整经操作　适当降低车速，可保证在单纱张力增大的情况下，降低整经断头率；同时，可以避免因换筒子时退绕张力波动过大而造成断头和张力不匀的问题。开车启动要慢，车速不宜太快，以避免筒子纱退绕张力的急剧变化造成断头。宜采用积极式退绕装置，使退绕线速度与卷绕线速度同步，保证纱线张力均匀，减少断头。

整经时最好选择同一批筒子，且筒子的大小要基本趋于一致，以免造成张力不匀的差异；

适当加大经纱张力，以求经轴紧度和平整度好，便于浆染；张力盘的角度要一致，张力圈要分层分区排列，利于经纱张力均匀一致。

4. 注意上落轴操作　上落轴时，应防止经纱回弹造成张力不均匀及跳出筘齿，采用双面贴胶带，将纱线用胶带在空经轴上贴牢。经轴应卷绕平整、硬度适中，断头要找清，防止绞头。

（二）上浆工艺

1. 上浆工艺要求

（1）严格控制浆纱温度和烘燥温度。氨纶包芯纱作经纱时一般都要上浆，以防止纱线起毛，同时也便于固定纱线的伸长。由于氨纶不耐高温，温度对氨纶的伸缩性能有很大影响，而在浆纱中，纱线从浆槽到烘筒均要受到高温的烘烤，极易造成氨纶丝的损伤和老化。因此，上浆时应注意上浆温度和烘燥温度的控制，合理控制浆纱各部位温度及机台车速是生产经弹织物成败的关键所在，通常浆槽温度控制在（90±2）℃，烘筒温度控制在（100±5）℃。

（2）上浆工艺以被覆为主、适当浸透。氨纶包芯纱上浆强调包覆上浆，使纱线表面形成良好浆膜，防止织造时产生毛羽，同时可使纱线弹力暂时消失，利于穿综、接经和织造的顺利进行。要根据所包覆纤维的结构特点来选择浆料，适当增大上浆率，以保证纱线表面毛羽的贴伏效果。如采用粘胶纤维做包覆纤维时，可选用醚化玉米淀粉和28#浆料的混合配方，醚化玉米淀粉具有热黏度高且稳定的优点，与28#浆料混溶性好，上浆率控制在7%～9%。当包覆纤维为棉纤维时，以淀粉上浆为主，丙烯酸类浆料为辅，适当减少PVA用量，以利于分纱，并保持浆膜完整。为了减少毛羽，上浆率应偏大掌握，但上浆率过大，会使浆膜硬化、弹性下降，经纱容易脆断；上浆率过低时，毛羽又不能很好贴伏。因此，要根据包芯纱所用原料的性能等确定合适的上浆率。

（3）适当增加浆纱过程中的张力。氨纶包芯纱的弹性较大，上浆时必须严格控制经纱张力，避免产生小辫子和松紧纱，上浆时经纱张力应偏大掌握。伸长控制在3%左右，卷绕张力加大，保证浆轴张力均匀、卷绕紧密。适当控制车速，偏大控制压浆力，利于浆液渗透；处理故障时间不宜过长，并注意及时降低蒸汽压力，防止长时间高温而引起氨纶丝发黄、变性，失去或降低弹性。

（4）织轴应先浆先用，尽快上机，防止经纱回软复弹。

2. 浆纱工艺实例

（1）浆料配方选择。以经纱（36.4tex +7.8tex），纬纱36.4tex，经密为346.5 根/10cm，纬密为197 根/10cm 的氨纶包芯弹力纱卡织物为例设计上浆配方。主浆料选用被覆性、黏结性好的磷酸酯浆料，浆液黏度、上浆率偏高掌握。浆料配方见表3-10。

表3-10　浆料配方

磷酸酯（kg）	PVA（kg）	96-蜡块（kg）	CD-PT（kg）
100	15	3	8

（2）浆纱工艺参数设计。采用祖克 S432 型浆纱机上浆，双浸双压，保证被覆和适当浸透，车速采用中速 40~50m/min，上浆温度 90℃，烘燥温度不宜过高 110℃，上浆率 10%~11%，浆纱工艺参数见表 3-11。

表 3-11　浆纱工艺参数表

项目	参数	项目	参数
浆纱机型号	S432 型	浸没辊压力（kN）	2
浸浆形式	双浸双压	浸浆深度（mm）	30
车速（m/min）	40~50	预烘温度（℃）	110
浆槽温度（℃）	90	烘干温度（℃）	100
浆液黏度（s）	9	上浆率（%）	10~11
预压浆力（kN）	9	回潮率（%）	6
主压浆力（kN）	16	伸长率（%）	<1.8

（三）卷纬工艺

氨纶包芯纱卷纬时，必须对卷纬机的张力进行逐锭调整，使每锭之间的张力差异尽可能小，以防止织造时由于纬纱张力差异而引起的布幅宽窄不一，卷纬张力也要控制适当。此外，卷纬中如出现断头时，打结结头要小、纱头要短。卷纬后的纡子存放一定时间后再使用为好，长时间放置的纡子和新卷纡子不能混合使用。

（四）织造工艺

氨纶弹力织物可以在有梭织机、剑杆织机和喷气织机上织造。不论用何种织机织造，对织造工艺都有着严格的要求。据经验，中厚型卡其类织物采用剑杆织机织造比较好，可使布面丰满、手感好；而细薄型府绸类织物用喷气织机织造独具优势；而有梭织机在氨纶色织布的织造上应用较广。氨纶弹力织物织造生产时应注意以下要点。

1. 保证经纱和纬纱张力符合织造要求　经弹织物或双向弹力织物要特别注意上机张力的配置，因上机张力的大小直接影响着织物的下机缩率。一般，细特（高支）纱上机张力配置为 17.6~19.6cN（18~20g），中特（中支）纱为 19.6~21.6cN（20~22g）。

要求纬纱有足够的、均匀一致的张力，并在织造时使纬纱处于伸长状态，可使其张力接近外包纤维的伸长极限，或拉到弹性伸长的 95%。有梭织造时，为使梭内纱线完全伸直而没有卷缩，常采取在梭子内腔粘贴或放置毛皮或尼龙丝的方法。

尽可能采用间接纬纱织制纬弹织物，并保持低而均匀的卷纬张力（芯丝 7.8tex 卷纬张力约 14.7cN，15.6tex 卷纬张力约 29.4cN）。织造时要采取大引纬张力，在梭子出口和纬管之间加装一个可调试张力控制器，使包芯纱在整个送纬过程中拉伸至伸直状态。引纬张力的大小要根据包芯纱的弹力特性来确定，加强织机机台间的经纱张力以及梭子间引纬张力的检查和管理，使张力差异和坯布幅宽差异保持在织物的公差范围内。

2. 根据织物风格要求设计织造工艺参数　织造工艺参数的配置既要考虑织物的布面效

应，又要考虑降低断头，提高织造效率。如在 1511 型布机上织造（29.2tex＋4.4tex）～（19.4tex+4.4tex）的双向弹力细布时，开口时间确定为 230mm，投梭时间为 215mm，投梭力为 288mm（内侧）和 285m（外侧），后梁比胸梁低 4mm。又如，在台湾 906 型益进剑杆织机上织造经纱为（64tex+7.8tex）的中厚型织物时，综平时间确定为 295°，引纬时间为 69°，开口高度为 33mm，后梁高度为 120mm。

在津田驹 ZA205 型喷气织机上织造黏棉交织弹力直贡缎时，采用横贡组织反织，为保证反面布面丰满，后梁位置应略低于织口，形成下层经纱张力小于上层经纱张力的不等张力梭口。具有弹性的纬纱引纬气压不能太低，否则易产生纬缩疵布，但气压过高又会吹散纬纱形成露纱。因此，主喷气压为 0.34MPa，辅喷气压为 0.38MPa 比较理想。采用低后梁、迟开口、中张力，适当加大开口量，以减少断经，利于引纬，提高织机效率。

（五）染色工艺

染色工艺十分关键，它不仅决定着织物的颜色，而且染色工艺参数也直接影响弹力织物的弹性性质（每平方米布重、弹性、织物长度）。

1. 采用片纱染色的经向弹力色织物的经纱染色 棉氨包芯纱外覆棉纤维，氨纶丝又很细，故经纱染色时只染棉纤维即可，染色方法与染棉纱相同。染色时要严格控制染缸内游离烧碱和保险粉的含量，及时掌握染液中的染料浓度，保证纱线的色泽均匀一致。还要保持经轴张力均匀一致，且分绞要清，织轴要成形好，卷绕平整。

2. 弹力白坯织物的染色 为便于服装的加工缝制，通常可将弹力白坯织物做成成衣后再染色。其工艺流程为：

退浆碱煮→水洗→过酸（稀 H_2SO_4）→漂白→水洗→染色→后处理

染色时，需注意以下三点：

（1）碱煮时要降低碱剂量，以免浓度过高损伤氨纶丝。

（2）漂白应在温和条件下进行，以使用 H_2O_2 为最佳，因为 H_2O_2 对于棉纤维和氨纶丝的漂白效果都不错，只是成本稍高。尽量不用氯漂，因为 $NaClO$ 对氨纶丝的漂白效果较差，同时会损伤氨纶丝的弹性。

（3）染色时由于氨纶丝很细，又被棉纤维包裹，所以采用棉纤维染色工艺即可。

例如，氨纶弹力板丝呢的染色，以还原染料悬浮体连续轧染法为主，配方和工艺条件均同全棉染色产品。染料配方见表 3-12，工艺流程为：

表 3-12 染料配方　　　　　　　　　　　　　　　　　　单位：g/L

米黄色		深蓝色	
还原灰	1.67	还原深蓝	30
还原棕	1.1	还原紫	5
还原黄	1.33	烧碱	17.8
烧碱	15	保险粉	17
保险粉	13.6		

二浸二轧（浸轧悬浮体还原染料液）→ 85℃热风烘干，二浸二轧（浸轧还原液）→ 101～103℃汽蒸 50s →冷水洗、双氧水 1g/L、45℃氧化→ 95℃皂煮→ 90℃热水洗、65℃温水洗→烘干

（六）后整理工艺

通过后整理，不仅能改善织物的外观和手感，且可使坯布中氨纶的弹性释放，由此获得最终成品的弹性尺寸稳定性。

1. 棉氨弹力织物的后整理 棉氨弹力织物的后整理与一般织物不尽相同。由于弹力的作用，成品的尺寸稳定性难于掌握。尤其是纬纱为全弹的平纹、斜纹类织物，预缩时更容易产生卷边现象。为提高尺寸稳定性，须在松式设备上进行整理加工，以使织物充分回缩，保持一定的稳定性。后整理工艺流程为：

烧毛→预缩定形→后处理→成品

后整理时需要注意以下三点：

（1）烧毛时，工艺同重型牛仔织物，用低而均匀的火焰，两正两反烧毛，控制好火焰与织物的距离，灭火要充分。

（2）预缩定形时，给湿、气压、车速要稳定均匀，以保证质量，否则会明显影响织物的幅宽和经纬密度，从而影响服装加工后的缩水率。定形温度一定要掌握好。通常织物在给湿条件下，定形温度在 175～185℃时，尺寸较为稳定，且能防止氨纶丝的损伤。定形方法可采用在无水、120℃条件下进行干缩。

（3）由于氨纶丝被棉纤维所包覆，又比较纤细，所以后处理的工艺条件与普通棉织物相同即可。但要避免使用金属盐类催化剂，比较好的催化剂是有机铵盐。最后在超喂拉幅机上进行整幅。

2. 毛氨弹力呢绒的后整理 对毛氨弹力呢绒，特别是双向弹力呢绒来说，后整理工序十分关键。后整理工艺流程为：

烧毛→煮呢→洗呢→煮呢→烘呢→热定形→中检→熟修→刷剪→柔软整理→电压→罐蒸

后整理时需要注意以下四点：

（1）为消除织物中的内应力，使布面收缩趋于均匀，宜采用松式前处理和烘干设备，以使经纬向弹力纱线充分回缩。如果采用紧式加工设备，张力应尽可能小，在烘呢和热定形时，须采用超喂方式。

（2）双向弹力织物易产生卷边问题、幅宽和长度变化问题，在后整理的各道工序中，应特别留心。

（3）控制洗呢、煮呢、蒸呢、刷剪等过程中的张力，保证张力均匀，以小张力进布，防止织物弹性受到破坏；并减少匹与匹之间的差异，达到整批织物的弹力稳定性。

（4）热定形是弹力织物的技术关键，它能给织物一个相对稳定的尺寸，以保证最终成品幅宽和经纬向弹性都符合设计要求。热定形的加热温度、时间、定形宽度和喂入速度决定热定形效果，必须合理配置。

3. 特殊混纺织物的整理

（1）聚酯/弹力纤维混纺织物。可采用高温染色（120～130℃）或载体染色（100～108℃），但随着处理时间的不同，可能会损伤织物中弹力纤维的弹性。推荐染色条件为125℃，染色10~40min。

（2）羊毛/弹力丝混纺织物。因为染色会直接伤及羊毛和弹力丝这两种纤维的性能，可在使用载体的条件下煮沸染色，也可以在使用纤维保护剂和可能的条件下再用载体（Levegal PEW）于120℃左右进行染色。使用载体和高温染色可导致弹力纤维的弹性下降，也可能伤及羊毛纤维，故应选取最高允许的染色温度，精心挑选染料，用过氯乙烯进行染色后净洗。

（3）含有黏胶纤维、醋酯纤维或三醋酯纤维的弹力丝混纺织物。从染色角度考虑，弹力丝与醋酯纤维、三醋酯纤维的混纺品染色必须用分散性染料。这类染料常会严重沾污弹性纤维，故须对三醋酯纤维进行碱性还原处理，而对醋酯纤维要精细选择染料（要做预备试验），再加上彻底净洗，就会得到某种程度的改善。如果这类混纺织物经受汽蒸处理（松弛、热定形），必须设法保证这种处理不致引起织物表面的部分皂化。

（4）Tencel纤维/弹力丝混纺织物。该类混纺织物整理的困难在于，由于其强烈的收缩倾向，这类织物的原纤化倾向要比不含弹力纤维的织物更为明显，在湿加工过程中原纤化倾向越强，不可控制的局部过度原纤化问题越严重，这可在摩擦痕现象中显现出来。此外，热定形处理亦会产生折皱。故该类织物预处理的一切工序都应采用平幅工艺，低张力。

第四节　弹力织物的设计与生产实例

一、色织弹力嵌条织物的设计与生产

色织弹力嵌条织物是利用不同原料的纱线进行交织，按照白坯织物的生产工艺形成色织的外观风格；在后处理时利用各种原料染色性能的差异，上染出不同的颜色，从而达到色织物的外观效果。这样可以大大降低生产成本，节约生产时间。色织嵌条弹力织物的生产工艺流程为：

经纱（纯棉、涤纶网络丝）→络筒→整经→浆纱
　　　　　　　　　　　　　　　　　　　　　　　→织造→检验→煮练→漂白→染
纬纱（氨纶包芯纱）→络筒
色→后处理→入库

1. 纱线设计　织物的经纱以纯棉纱为主，加入少量涤纶低弹网络丝，由于涤纶与棉的染色性能不同，在染棉时不上色，保持原有的白色不变，可在织物表面形成嵌条效果；织物的纬纱采用纯棉氨纶包芯纱，使织物具有良好的弹性，手感柔软舒适，具有良好的吸湿性。氨纶包芯纱的参数设计如下。

（1）外包纱和芯丝的选择。外包纱采用29tex（20英支）的精梳棉纱，氨纶丝的规格选用7.78tex。

（2）牵伸倍数的确定。牵伸倍数越大，棉氨包芯纱的弹性越好，但必须保证织物的成品

幅宽和缩水率的稳定。本次设计的织物主要作为外衣面料，对弹力的要求不高，但对保形性要求较高，弹性应在 20%~25%，故牵伸倍数以偏小掌握为宜，选用 3.75 倍的牵伸倍数。则氨纶包芯纱的线密度为：

$$氨纶包芯纱线密度 = 外包纤维纺出线密度 + \frac{氨纶丝线密度}{牵伸倍数} \times 配合系数$$

$$= 29.15 + \frac{7.78}{3.75} \times 1.16 = 31.6(tex)$$

$$纱线中氨纶丝含量 = \frac{7.78 \times 1.16}{3.75 \times 31.6} \times 100\% = 7.6\%$$

（3）捻系数的确定。为使棉纤维对氨纶丝包覆效果良好，不发生露芯现象，氨纶包芯纱应适当加大成纱的捻系数，一般比同支纯棉纱捻系数大 10%~20%，因此，选择捻系数为 380。

2. 织物组织设计　为了形成明显的纵条凹凸外观，有较强的立体感，采用 $\frac{1}{3}$ 右斜纹构成宽条纹，$\frac{3}{1}$ 左斜纹构成较窄条纹，白色涤纶网络丝配置在两种组织之间形成嵌条线；由于 $\frac{3}{1}$ 斜纹有向内卷边的趋势，$\frac{1}{3}$ 斜纹有向外卷边的趋势，再加上弹力纬纱的收缩作用，会使相对较窄的 $\frac{3}{1}$ 斜纹组织更加突出，斜纹方向采用左斜，和 Z 捻经纱配合使斜纹线更加明显，增强了凹凸感和粗犷风格。

纬弹织物容易发生卷边现象，所以边部的设计要特别注意，尽量选用同面组织，并且要增加布边的宽度。本产品采用 $\frac{2}{2}$ 经重平，属于同面组织，生产时两面受力平衡，同时和布身的交织次数一致，缩率相同，不会出现松紧边现象，每边边宽设计为 2.5cm。

3. 织物规格设计　经纱为 28tex 纯棉纱和 16.67tex 涤纶低弹网络丝，纬纱为 29tex + 7.78tex 纯棉氨纶包芯纱；坯布经纬密度分别为 358 根/10cm 和 237.5 根/10cm；坯布幅宽为 170cm，总经根数为 6087 根，其中涤纶低弹网络丝共 67 根，边经根数 92 根×2。

纬向弹力织物用弹性包芯纱作纬纱，织造时纬纱要拉紧到最大伸长，织物下机后纬向会明显地收缩，染色整理后还要收缩到极限，经热定形后才能保持成布幅宽及织物的弹性。设计上机密度和坯布密度时，要使经纱之间有足够大的间隙以适应织物的纬向收缩。通常，机上密度比普通织物小 10%~15%。

4 生产要点

（1）络筒。采用电子清纱器，清除纱线的粗细节、棉结杂质等疵点，加强络筒机的维修和清洁工作，保持纱线通道干净。氨纶包芯纱弹力较大，应适当降低络纱张力。一般纱线用张力盘质量为 10~12g，氨纶包芯纱张力盘质量为 4~6g。

（2）整经。由于构成织物各部分的纱线性质不同，涤纶低弹网络丝应单独经轴，涤纶低弹网络丝整经时，应适当加重张力；整经时采用集体换筒和分段分层控制张力，保证整片纱张力一致。整经刹车应灵敏有效，防止刹车后涤纶低弹网络丝互相纠缠扭结、摩擦和挂丝。

（3）浆纱。纯棉纱需要上浆，涤纶低弹网络丝不用浆纱。但为了穿综及织造时处理断头方便，也需对涤纶低弹网络丝进行单独上浆处理。因此经纱可采用 GA308 双浆槽浆纱机浆纱，落轴前将两种纱用穿绞线分开。

纯棉纱上浆，以增加浆纱强力，贴伏毛羽为主。并要使上浆率、回潮率、伸长率保持均匀，保证纱线排列和卷绕均匀。浆料配方中以 PVA 为主，聚合度和醇解度较低的 PVA-205MB 可以提高浆液的黏着力和浆膜的柔韧性，聚酯胶粉水溶性好，溶液均匀稳定与其他浆料相溶性好，吸湿适中，有很好的渗透性，能保证浆纱的强力，并易于退浆，无污染，再黏性小，有利于减少纱线在钢筘处产生落浆的现象。后上蜡可使浆纱降低摩擦因数，使浆纱手感滑爽。浆纱配方和上浆工艺分别见表 3-13 和表 3-14。

表 3-13　浆纱配方

PVA-1799（kg）	PVA-205MB（kg）	聚酯胶粉（kg）	LG102（kg）	乳化油（kg）	上蜡（%）
25	40	50	25	1.25	0.4

表 3-14　上浆工艺

浆槽温度（℃）	pH	上浆率（%）	回潮率（%）	伸长率（%）
94	7~8	10	7	0.7

（4）织造。采用日本津田驹 ZAX-N 型喷气织机。喷气织机上机工艺的选择非常关键，若开口时间太迟，开口不足，会使纬纱引纬阻力加大，导致引纬失败。合理确定开口时间及引纬时间能改善引纬，减少停台。引纬时喷嘴压力过大可能吹散纬纱，主、辅喷嘴喷射在纬纱上的时间过长也易吹散纬纱。所以，在织机上采用了"高后梁、大张力、中开口、低压力"的工艺配置，见表 3-15。

表 3-15　织造工艺参数

转速（r/min）	开口时间（°）	上机张力（N）	主喷时间（°）	压力（MPa）	后梁位置（mm）	开口量（mm）
700	300	1800	70~180	主喷 0.15 辅喷 0.25	前后 6 高低 100	76+4

由于采用了中开口的上机工艺，所以需采用较大的上机张力以使引纬顺利。若上机气压太小，由于氨纶纱有一定回弹力，纬纱无法充分伸展，会造成纬缩疵点；若加大气压，纬纱容易被吹散造成百脚织疵，同时下机后布幅变化较大。故确定主喷气压为 0.15MPa 左右，辅助喷嘴气压为 0.25MPa，布幅能达到要求，且可节约能耗。

二、涤黏混纺双层弹力织物的设计与生产

本产品采用色纺产品工艺路线，即对纤维染色后经过纺纱工序制成各种颜色的色纺纱，

然后分条整经、穿经、织造、水洗和整理即为成品。色纺工艺可以使织物呈现独特的效应和色泽，利用该工艺生产的涤黏色纺双层弹力织物手感细腻，悬垂性好，适合做中高档女式套装。

1. 纱线设计　经纱采用涤/黏（70/30）色纺混纺股线，线密度为 14.6tex×2，纬纱为涤/黏（70/30）14.6tex×2 色纺线与 4.4tex 氨纶丝合股线，双层之间的接结经为 11.1tex 涤纶低弹丝。涤/黏色纺股线的捻度 680 捻/m，捻向为 S 捻；纬纱为氨纶合股弹力纱，并线后必须经过蒸汽定形，以保证捻度的稳定，有利于引纬。

2. 织物组织设计　织物的表组织和里组织均采用平纹，通过涤纶低弹丝将双层织物接结起来，边组织也用平纹组织，织物组织图如图 3-5 所示。

3. 织物规格设计　经纱和纬纱均采用多种颜色组合形成格状色织物，其中色经循环为 330 根，色纬循环为 284 根。全幅 22 个花，边纱每边 60 根，总经根数为 330×22+60×2＝7380 根；成品幅宽 146cm，成品经密 500 根/cm，成品纬密 460 根/cm，染整幅缩率 15%，染整长缩率为 4.5%，坯布经密 425 根/cm，坯布纬密 440 根/cm，织造幅缩率 14.9%，经纱织缩率 11%，机上经密 362 根/cm，机上纬密 391 根/cm。

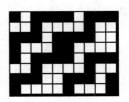

图 3-5　织物组织图

4. 生产工艺要点

（1）整经。选用本宁格 SUPERTRONIC 型分条整经机，整经速度 400m/min，整经卷绕密度 0.55g/cm³，筒子架可容 640 个筒纱。将总经根数分为 22 绞，第 1 绞和第 22 绞为 390 根纱（包括 60 根边纱），绞宽 10.83cm，第 2 绞至第 21 绞均为 330 根，绞宽 9.17cm。

（2）穿经。选用筘号为 120 齿/10cm，全部经纱每筘 3 入，综框页数为 8 页，表里经纱穿入 1、2、3、4 页综，接结经穿入 5、6 页综，边纱穿入 7、8 页综。

（3）织造。选用 GA718 型喷气织机，由于该品种经密较大，且为双层股线织物，为了提高织造效率和产品质量，织造工艺参数设计如表 3-16 所示。

表 3-16　织造工艺参数

转速（r/min）	开口时间（°）	上机张力（N）	纬纱飞行时间（°）	压力（MPa）	后梁位置（刻度）	绞边时间（°）
460	300	4500	92~240	主喷 0.25 辅喷 0.25	-2	左绞边 280 右绞边 290

经密大的织物宜采用早开口，以利于梭口清晰，且适当增大纬纱飞行角，有利于纬纱进入梭口。由于织物的上机筘幅较宽，为保证纬纱有足够的飞行时间，纬纱到达角稍晚，控制在 240°左右。可适当减小喷气压力，以节省能耗，辅喷压力略大于主喷压力。由于是双层纬弹织物，纬纱具有弹性易回缩，储纬器上的纬纱长度要适当加大，约比上机筘幅大 8~12cm，以减少因纬纱回缩而造成的边百脚等疵点。双层织物织造时，为减少停经片的下沉，上机张

力实际设定值为计算值的 1.2 倍，使张力相对大的表经伸长率稍大，张力相对小的里经稍拉紧，减少停经片的下沉，减少经停误关车。织造时后梁高度比正常织造平纹时要低一些，由正常的 0 刻度调节为 -2 刻度，以减少上下层经纱的张力差异和开口不清现象。

思考题

1. 什么是弹力织物？如何使织物具有弹性？
2. 氨纶弹性纤维的特点是什么？主要的用途有哪些方面？
3. 弹力织物弹性设计的依据是什么？如何确定合适的弹性率？
4. 弹力织物按照弹性方向可以分为哪些类型？
5. 试分析设计弹力织物时的关键工艺参数有哪些？如何设计？
6. 试分析生产弹力织物时，生产工艺难点有哪些？分析原因及解决措施。

第四章 绒类织物的设计与生产

第一节 概 述

随着纺织生产技术的快速发展，新型面料层出不穷，花色品种不断推陈出新，极大地丰富和美化了人们的生活。绒类织物是传统纺织品的一个种类，由于表面有绒毛，柔软舒适，具备很好的保暖性或特殊的光泽和手感，深受消费者的喜欢。绒类织物在原料的选用、起绒方法、整理工艺等方面均在不断创新，并出现了许多运用新的起绒原理的新产品，如磨绒织物、静电植绒织物等。由于绒类织物种类繁多，起绒原料和方法各异，可以采用棉、毛、蚕丝、化纤等为原料，配合不同加工工艺，得到不同绒外观和绒效应。

一、绒类织物的分类

绒类织物的常用原料有棉纤维、毛纤维、蚕丝纤维和化纤等。以棉纤维为原料的绒织物有绒布、灯芯绒、平绒等；以毛纤维为原料的绒织物有法兰绒、簇绒毛毯等；以蚕丝或化纤丝为原料的丝绒织物有漳绒、乔其绒、烂花绒等；而利用磨绒、静电植绒等特殊方法也可以生产出具有绒效应的绒类织物，但通常采用这种方式加工的绒产品主要采用化纤做原料。

绒类织物根据绒毛形成原理可分为机织起绒、静电植绒、拉绒、磨绒、圈绒及捅绒。机织起绒是指利用经起绒、纬起绒等起绒组织设计和织造的起绒织物，经割绒、后整理加工得到最终产品，具有生产效率高，品种多样，外观美丽的特点，是绒类织物的主导产品。静电植绒是利用静电场的原理，将一定长度的绒毛植在印有各种胶浆花型的织物上，产品丰富多彩，成本较低，前景好，是绒类织物的一个重要类型，目前静电植绒的生产技术发展很快。拉绒是将织物表面浮长的经纱或纬纱用辊针将纤维拉毛，使织物表面具有绒毛效应，多用在棉织物和人造棉织物上，这种产品绒毛短，细腻，很受消费者欢迎。磨绒是用表面包有砂皮的辊筒磨毛纤维，使织物表面具有桃皮绒或麂皮绒效应，多用在细旦或超细旦合纤仿真丝织物上。圈绒中绒圈极细小的称水洗绒，多为超细旦合纤仿真丝产品；绒圈很大的圈绒织物和捅绒织物，其起绒原理是在每织数纬后，织入一根捅绒杆或钢丝，以形成绒圈，捅绒将绒圈捅破成绒毛，手工操作，生产上较少采用。

二、常见绒类织物的设计与生产

1. 绒布 绒布是由普通捻度的经纱和较低捻度的纬纱交织而成的坯布，经拉绒机拉绒后表面呈现蓬松绒毛的织物；具有手感柔软，保暖性好，穿着舒适的特点。根据绒面结构可分为单面绒布和双面绒布。

（1）组织结构和参数。绒布常用平纹、斜纹等简单组织。其绒毛的丰满程度取决于织物组织、经纬纱线密度及配置、经纬向紧度、纬纱的捻系数等。经纱一般选用中特纱，纬纱选择粗特纱，纬纱的捻系数为265~295，采用较小的捻系数会有利于拉绒；经向紧度为30%~50%，纬向紧度为40%~70%，经纬向紧度比为2：3，选择较小的紧度设计也有利于起绒，并获得柔软的手感。

（2）加工工艺流程。采用纯棉坯布生产加工工艺流程，其织造工艺与中平布等产品类似，但在染整中应采用轻煮练、重退浆工艺，以提高起绒质量。

经纱（纯棉）→络筒→分批整经→浆纱→穿经┐
　　　　　　　　　　　　　　　　　　　├→织造→检验→煮练→漂白→染色→
纬纱（纯棉）→络筒───────────┘

拉绒→后处理→入库

2. 灯芯绒　灯芯绒是利用织物组织和特殊的整理加工使纬纱在织物表面形成毛绒的纬起绒织物的一类。纬浮长线被割开后，织物表面呈现纵向绒条，又称条绒。属于棉型织物，多采用棉纤维或棉型化纤原料，具有手感柔软、绒条丰满、光泽柔和的特点。

（1）组织结构与参数。灯芯绒采用平纹、斜纹、纬重平、经重平及组织循环较小的平纹变化组织等为地组织，绒纬组织的固结方式如图4-1所示。为了使绒条稠密，绒头不易脱落，通常设计纬密比经密大，织造时打纬阻力大，断头率高，经纱宜采用股线或捻系数较大、强力较高的单纱，而纬纱则采用中等线密度的纱。

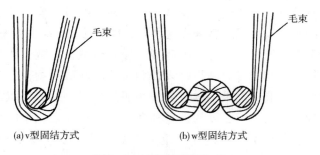

(a) V型固结方式　　　　　(b) W型固结方式

图4-1　绒纬的固结方式

在设计时，绒纬组织的确定应满足灯芯绒织物的外观、绒毛分布特征等要求，主要是确定绒纬浮长、绒根分布和地纬绒纬的排列比。为保证绒毛稠密，固结牢固，经纬密度需配合得当，通常织物的经向紧度为50%~60%，纬向紧度为140%~180%，经纬向紧度比为1：(2.2~3.5)。

（2）加工工艺流程。灯芯绒绒坯的织造工艺与一般棉织物相仿，织造完成后通过割绒工序起绒。染整加工时煮练、漂白、染色、后整理及刷绒均应顺毛进行，使绒条具有较好光泽，防止出现阴阳面。生产加工流程为：

经纱→络筒→分批整经→浆纱┐
　　　　　　　　　　　　　├→织造→检验→割绒→煮练→漂白→染色→刷绒→
纬纱→络筒────────┘

后处理→入库

3. 丝绒 采用桑蚕丝或化学纤维长丝织制，表面具有绒毛或绒圈的花或素丝织物称为丝绒织物。其特点是质地柔软，色泽鲜艳明亮，表面有绒毛、绒圈，排列紧密。

（1）丝绒织物的起绒原理。丝绒按照织制方法可以分为：双层分割经起绒织物、双层分割纬起绒织物、起绒杆起绒的绒织物、由经或纬浮线割绒的绒织物等。图4-2为双层织制经起绒织物示意图，也是应用最广的一种经起绒方法，其起绒原理为：地经分成上下两部分，分别形成上、下两层梭口，纬纱与上层梭口交织形成上层地布，与下层梭口交织形成下层地布，两层地布间隔一定距离，绒经位于两层地布中间，交替与上、下层纬纱进行交织，形成织物后，经割绒工序将连接上层、下层的绒经割断（图中箭头为进刀方向），形成两幅独立的经起绒织物。

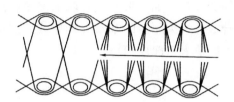

图4-2 双层织制经起绒织物示意图

（2）织物组织和产品。丝绒的地部组织有平纹、斜纹、缎纹及其变化组织，绒经或绒纬与地组织交织的形式有v型和w型固结。常见的品种有：丝绒、漳绒、乔其绒、金丝绒、弹力乔其绒等。漳绒因起源于福建漳州地区而得名，它是将绒圈按花纹需要割开形成五彩缤纷的绒花而成；提花丝绒则是在织机上按人们的匠心提揪出绒花的绒织物，织物轻柔爽挺，绒花浓密耸立而丰满具有立体感，有高贵、华丽的特殊风格；弹力乔其绒的纬线采用桑蚕丝和氨纶丝的包缠丝，织物具有优良的弹性和贴身性，使绒织物的档次更高，得到消费者的喜爱。

（3）生产工艺流程。乔其绒（立绒和烂花绒）、合纤仿真丝绒织造工艺流程：

地经：络丝→并丝→加捻→定形→倒筒→整经┐
绒经：整经→浆经━━━━━━━━━━━━┼→织造→检验→割绒→煮练→漂
地纬：络丝→并丝→加捻→定形→倒筒→卷纬┘

白→染色→刷绒→后处理→入库

人丝绒和平绒的织造工艺流程：

地经、绒经：整经→上浆┐
地纬：卷纬━━━━━━━┴→织造→检验→割绒→煮练→漂白→染色→刷绒→后处

理→入库

利用喷水织机、剑杆织机、喷气织机生产丝绒织物时，可同时引入两根纬线作为上、下层地纬与经纱交织，提高了入纬率，使产品织造效率成倍提高。

（4）丝绒织物的割绒方法。丝绒织物需经割绒工序，将上、下两层织物割开，它有机上割绒和机下割绒两种办法。所谓机上割绒，即在织机上装有割绒装置，织造时边织边割，织物不会产生破洞和倒绒，质量较好，但织机比较复杂；机下割绒则用专用的割绒机割绒，生产效率高，割绒时容易产生破洞病疵，若堆放时间过长，容易产生倒绒等疵点。

第二节　磨绒织物的设计与生产

一、磨绒织物的定义

用磨辊使织物表面产生一层短绒毛的整理工艺称为磨绒整理，所形成的织物为磨绒织物。磨绒织物具有厚实、柔软、保暖性好等特性，可改善织物的某些服用性能。磨绒能使构成织物的经纬向纱线同时产生绒毛，所产生的绒毛短而密。磨绒整理可用于各种织物，但不同的织物经磨绒整理后可获得不同的外观，如变形丝或高收缩涤纶针织物或机织物经磨毛后，能制成仿麂皮绒织物；以超细合成纤维为原料的基布（两层或三层结构）经染色后，再经过浸渍聚氨酯乳液和磨绒整理，可制造人造麂皮织物。

二、磨绒机械及原理

磨绒机又称磨毛机，其形式是多种多样的。按照磨绒机上磨辊的数量可以分为单辊式磨绒机和多辊式磨绒机；按照磨辊的类型可以分为砂磨辊式磨绒机和砂磨带式磨绒机；按照磨辊的形式还可以分为立式磨绒机和卧式磨绒机；按照加工状态可以分为湿式磨绒和干式磨绒等。

单辊式磨毛机是由一只砂磨辊与一只橡胶压辊组成，可通过调节橡胶压辊的位置来控制织物与砂磨辊的接触情况。多辊式磨毛机通常有五只砂磨辊，每只砂磨辊都能单独驱动和正反向转动，并在砂磨辊前后装有与织物接触的张力调节辊。磨绒时，砂磨辊的砂粒大小、织物组织规格和操作条件要密切配合才能获得较好的磨绒效果。

磨绒工艺多被应用于织物的柔软处理、仿旧处理、仿毛处理等，制织的产品有仿麂皮绒、仿羚羊皮、仿桃皮绒等新型绒类织物。织物经磨绒整理后，其表面产生细、密、短、匀的绒毛，手感柔软、平滑，从而改变织物的外观及其服用性能。

三、磨绒织物的设计与生产要点

（一）影响磨绒效果的因素

织物规格、整理工艺以及最为重要的加工机械等相关因素对磨绒效果与外观质量等均会产生影响，如纤维种类、纱线强度、织物组织、织物前处理、磨绒时织物的张力和设备速度、磨绒辊的转速和转动方向、包围角、磨绒辊的衬层（磨绒纸面的砂粒粗细）以及磨绒辊装置。因此，影响织物磨绒效果的因素包括坯布的因素和磨绒机上参数的设置等。

在影响磨绒效果的因素中，织物本身的质量尤其重要，因此，对磨绒前半制品有以下要求：

（1）织物平整度要好，织物表面的粗经、粗纬、棉结等疵点会在磨绒后的凸起处产生露白现象。因此，对这些疵点应尽可能地控制。

（2）在磨绒前应将半制品的浆料退干净，并尽可能采用在成品之前磨绒的工艺，否则磨绒后的各个整理工序会影响成品的磨绒效果。

（3）织物接头尽量采用平缝方式，这样有利于磨绒工序，且接头应是在非磨绒面。

（二）织物结构对磨绒效果的影响

1. 纱线结构对磨绒效果的影响　磨绒织物的经纬纱的线密度对磨绒效果有一定影响。由于磨绒主要是由纬纱受到较大磨削而成，且要求织物柔软，绒毛短、密、匀，因此，一般纬纱比经纱的线密度大些，有利于获得较好的磨绒效果，并保证织物的强力要求。

纱线的捻度也会影响磨绒效果，一般捻度大的纱线难于磨绒。因此，对于磨绒织物而言，设计时应考虑采用较小的经、纬纱捻度，以有利于磨绒和磨绒效果的体现。

2. 织物组织对磨绒效果的影响　织物组织不同，其磨绒的难易程度也不同。当对同面组织织物磨绒时（平纹、双面斜纹），织物表面经、纬纱交织点相同，经、纬纱与磨辊接触概率相同。若平纹织物的经、纬纱排列密度较接近，则磨绒时经纬纱线被磨削的概率相等。由于磨粒对纬纱的磨损较大，磨绒时宜选用粒度较细的磨粒，同时织物张力要小，使之与磨辊的接触较轻。若平纹织物的经密高于纬密，则由于磨粒运动方向与经纱运动方向是平行的，其磨削作用较小，而纬纱与磨粒的接触机会少些，要获得相同的磨绒效果，则宜用粒度较粗的磨粒，或增加织物张力，或增加织物与磨辊的包覆角或增加磨绒次数。

对异面组织织物进行磨绒时（如 $\dfrac{2}{1}$ 斜纹、$\dfrac{3}{1}$ 斜纹等），在织物一面单位面积内经、纬纱交织点不相同，磨绒面上组织点多的纱线被磨削的概率大；同时经纬纱的排列密度也会对磨削的状态产生影响。因此，为了得到均匀的磨绒效果，应根据织物组织点和经纬纱密度来调节磨绒工艺参数，以获得良好的磨绒质量，同时保证磨绒后织物的经、纬向强度。

3. 织物厚度对磨绒效果的影响　一般太稀薄的织物磨绒后强力损伤过大，或者造成纬纱移动，影响磨绒效果和磨绒后织物的强度。中厚织物、提花织物和条纹织物的结构一般比较松，纬纱暴露点多，故易于磨绒。

4. 织物密度对磨绒效果的影响　织物密度大，经纬纱交织紧密难于磨绒，为了得到良好的磨绒效果，可以通过增加磨粒粗度、织物张力、织物与磨辊的包覆角以及磨绒道数来实现。

（三）油剂对磨绒效果的影响

磨绒油剂的选择应以满足织物手感为主，但磨绒油剂必须是不含石蜡的油剂，因为含有石蜡的油剂在磨绒时，石蜡易嵌入磨辊，缩短其使用寿命。在磨绒油剂中应加入一定的抗静电剂，尤其是在对合成纤维织物进行磨绒时，可避免织物上的静电积累，有利于磨绒的顺利进行和改善磨绒的效果。磨绒油剂对磨绒效果的作用主要是：对于以短纤维为原料的织物，使用油剂可减少磨绒损失，提高单根纤维的柔曲性，提高纤维的黏结性、增大抱合度，从而提高纤维的集束性；对于长丝织物，精心选择油剂非常重要，油剂黏滑性应与长丝的种类密切配合，如聚酰胺长丝织物具有良好的起绒性，可使用高黏性的磨绒油剂；而聚酯长丝织物为获得有效的起绒效果，则需使用高平滑性和黏结性小的磨绒油剂。

（四）磨绒工艺流程的选择

1. 按照磨绒工序的位置设计磨绒工艺 可分为染前磨绒工艺和染后磨绒工艺。

（1）染前磨绒工艺。在染色前进行磨毛处理，其工艺流程为：

织物漂练→磨绒→染色

染前磨绒的特点是，具有能明显克服织物正反面、左中右色差的优点，但磨后的织物再经染整会使磨绒效果显著降低。

（2）染后磨绒工艺。将磨绒工艺设置在织物染色之后进行，其工艺流程为：

织物漂练→染色→柔软→烘干→磨绒

染后磨绒具有磨绒效果好的优点，但对于中、深色织物的磨绒，尤其当采用渗透性差的染料染色时，织物磨绒后的正反面色差大，而且还会因操作不当容易产生织物左中右的色差，若设置柔软工序可以加强磨绒效果。

2. 按照磨绒的次数设计磨绒工艺 按照磨绒的次数多少可以将磨绒分为单磨绒和双磨绒。单磨绒对织物强度损伤小，生产成本低，但染前磨绒和染后磨绒所获得的织物各有缺点；双磨绒工艺是指在染色前和染色后各磨绒一次的工艺，其工艺流程为：

织物炼漂→磨绒→染色→柔软→烘干→磨绒

双磨绒具有染前和染后磨绒的优点，并能克服单磨绒的缺陷，但两次磨绒增加了工序和成本，而且对织物强度的损伤较大。

3. 磨绒工艺设置 大多数织物均可通过磨绒工艺获得具有特殊细密毛绒外观的磨绒类织物。通常织物磨绒以染后磨绒居多，一般采用一次完成的单面磨绒；若要求增加磨绒效果，也可采取双面磨绒。表4-1为染色前后磨绒的优缺点比较。织物应该在染色前或染色后进行磨绒，需视织物品种而定。磨绒时应使用适当的油剂，以使磨绒更易进行，并获得均匀的织物外观和良好的磨绒质量。

表4-1　染色前和染色后的磨绒的优缺点比较

染色前磨绒的优缺点	染色后磨绒的优缺点
更易于磨绒	不易磨绒
织物手感和强力可通过染色工序得到改善	有较大强力损失的危险，可以获得如洗旧感的效果，因织物材料引起的不均匀可以通过染色补偿
不会引起色变	因颜色深浅和磨绒效果而引起霜白疵点
无法使用油剂	可以使用油剂
织造和磨绒疵点难于识别，不均匀的疵点只有在染色后才能观察到	织造和磨绒疵点易于识别
织物在染色机上的运转性能差	织物安排灵活性大
磨绒效果因染色时纤维绒脱落而降低，磨绒落尘会污染染色机械	有时需进行磨后水洗，以除去磨绒纤尘

（五）磨绒工艺参数的确定

磨绒的工艺参数将直接影响磨绒产品的质量。

1. 布面张力　磨绒机前后导辊速度之比是布面张力的主要来源，前导辊速度与后导辊速度之差越大，所产生的布面张力越大，磨辊对布面的磨削作用也越大，越有利于磨绒效果的提高，但张力过大，磨绒效果虽然好，但会造成织物的强力损伤大，成品的缩水率大，并容易出现断布现象。

2. 织物的回潮率　布面的干湿度会影响磨绒效果和磨辊的寿命。布面干，有利于起绒整理，布面潮湿，则磨辊的砂粒易受潮脱落，会严重影响起绒效果。

3. 织物的运动速度　磨绒时织物的运动速度慢，在单位时间内磨削次数则多，起绒效果就好些。不同的磨绒设备，织物的运动速度设置不同，应根据织物的要求和所用设备类型来选择合理的织物运动速度。

4. 磨绒机前后导辊的速度差　磨绒机前后导辊的线速度值最大可相差 3m/min。前导辊的线速度慢，后导辊的线速度快，布面张力就紧，有利于起绒整理。

5. 织物与磨辊之间的包覆角　织物与磨辊之间的包覆角越大，则织物与磨辊接触面积越大，在其他条件相同的情况下，磨绒效果也越好。适当控制织物与磨辊之间的包覆角是控制磨绒工艺的关键所在。织物结构不同、磨辊新旧不同需要选择不同的磨绒工艺参数。一般，可通过调节布面压辊的压力来调节包覆角的大小，通常采用新磨辊时，压辊压力一般在 15 ~ 20kg，采用旧磨辊时，压辊压力一般在 50 ~ 60kg。如压辊压力太大，包覆角也大，起绒效果虽好，但织物断裂强力损失太大，容易产生断布现象。

6. 磨辊转速及磨辊组合状况　磨辊转速快，开动只数多，则起绒效果好。一般正转与反转的转速相差不多，正转与反转间隔均匀，磨绒时正、反两个方面的磨削力均匀时，布面起绒密而均匀。

7. 磨粒的目数　磨辊上磨粒的目数越高，磨出的茸毛越短、细、均匀，且强力损伤小。磨粒的目数须根据织物的厚薄和所磨织物的要求而定，一般粗厚织物所用磨粒的目数要小一些，细薄织物所用磨粒的目数相应大一些。磨粒细，起绒密而均匀，布面不容易磨损，但磨绒时的磨削力相应会小一些。如坚固呢等厚重织物可用 80 目磨粒，纱卡类中厚织物可用 100 ~ 150 目磨粒，府绸、细布类轻薄织物可用 180 ~ 240 目磨粒，丝绸可用 280 ~ 320 目磨粒。磨辊在使用一段时间后，包在其上的磨粒左右会出现磨损不一的现象，会直接影响到布面左、中、右的色差，应及时检查和调整进布位置或更新磨粒。磨辊在正常使用时，每生产 2 ~ 3 万米布后需及时更换磨粒。

第三节　磨砂绸的设计与生产

磨砂绸是采用特种复合原料，经过特殊的织造、后整理工艺加工而成，具有手感柔软、风格粗犷、悬垂性好、排湿透气性优异、洗涤免烫等优点，是秋冬服装的理想面料。

一、产品设计思路

磨砂绸是利用高收缩性能的POY（预取向丝）与低收缩性能的DTY（拉伸变形丝）并网加捻形成有异收缩性能的混纤丝经织造、整理加工而得的织物。其在后整理过程中，由于收缩率不同，收缩率小的DTY丝屈曲而浮在织物表面，经磨绒后织物手感丰满、外观蓬松，具有光泽柔和、悬垂性和柔软性好的优点。另外，由于POY与DTY染色时的上染速率不同，两种纤维会有色花现象，可形成外观粗犷的花色效果。

二、织物规格设计

表4-2为磨砂绸的织物规格表，采用五枚缎纹做基础组织，以获得丝绸的光泽和手感。

表4-2　织物规格设计

项　目	参　数	项　目	参　数
经丝线密度［dtex（旦）］	83（75）/36f的DTY	织物经密（根/10cm）	675
纬丝线密度［dtex（旦）］	200（180）复合丝	织物纬密（根/10cm）	340
纬丝捻度（捻/10cm）	50	织物组织	五枚缎纹
筘号（齿/cm）	13.5	上机幅宽（cm）	168.9
穿入数（根）	5, 10片顺穿		

三、生产工艺流程设计

经：原料检验→整经→浆丝→并轴→穿综、筘┐
　　　　　　　　　　　　　　　　　　　　├→织造→坯布检验→精练→预定
纬：原料检验→并网→倍捻→真空定形→倒筒┘

形→磨绒→碱减量→染色、定形→成品检验→成品

四、工艺参数设计

1. 并网工艺参数　气压为$49×10^4$Pa，张力为0.1cN/dtex，牵伸倍数为0.99。

2. 整经工艺参数　整经张力为0.15cN/dtex，整经线速度为250m/min。

3. 浆丝工艺参数　浆丝退解张力为0.2cN/dtex，浆丝卷取张力为0.25cN/dtex，上浆率为6.5%，浆丝线速为180m/min，浆丝伸长率为0.45%，并轴退解张力为0.3cN/dtex。

4. 倍捻工艺参数　锭速为12000r/min，卷取张力为0.25cN/dtex。

5. 真空定形工艺参数　第一次真空定形时间为10min，温度为50℃，气压为$14.5×10^4$Pa，保温30min；第二次真空定形时间为10min，温度为60℃，气压为$14.5×10^4$Pa，保温25min。

6. 织造工艺参数　表4-3为磨砂绸坯布的织造工艺参数。

表4-3　织造工艺参数

织机类型	开口时间（°）	梭口高度（mm）	上机张力（cN/dtex）	织机转速（r/min）
喷水织机	330	65	0.4	500

五、生产技术要点

1. 并网　宜采用低网络度进行并网，以利于后整理中纤维的收缩和外浮。

2. 浆丝　浆丝的目的是使纤维之间渗入浆液，在丝表面形成浆膜，使丝条光滑耐磨，便于形成良好的梭口。在浆丝过程中，各加工区里丝线的张力必须符合工艺要求，否则会影响上浆率和增加经丝断头，造成织造效率下降。

为了达到合理的浆丝伸长和形成有效的锥形张力，要保证张力检测的精度，定期在运转过程中测量实际卷绕直径，检测显示直径与实际测量直径是否相同，确保张力控制的精度，如直径显示与实际测量有偏差，可调节主电路板MC上的运转直径电位器，消除直径检测的偏差。此外，还要经常检查机械传动、制动压力等可能影响浆丝张力的机械部件。

3. 倍捻　因倍捻机转速很快，易出现轴承磨损、倍捻及假捻锭子与传动带接触不良等现象，而造成捻丝捻度的偏差，使布面产生间断绉效不匀以及手感未能达到预期目标的现象，对产品质量影响较大。生产时，应对各锭假捻器压力弹簧进行调试，使各假捻锭子与传动皮带的接触压力接近；更换表面光滑及磨损严重、直径变小的假捻导轮，用频闪仪逐锭测出其假捻针的转速，对转速有偏差的锭位，按照上述方法再进一步调整，直到各锭转速基本相同。

4. 织造　提高织造效率，首先要有良好的开口。除经丝张力不匀，经轴有毛丝、长结等因素外，织机运行参数不当也将直接影响正常投纬。因此，要调整好喷嘴喷射的状态，使喷嘴位于织口1/2偏上位置，并调整好水泵压力和水量，使水达到一定的射流速度，方能正常引纬。增加喷嘴的进水压力，可提高喷嘴出水的喷射速度，但是出水速度过高，水喷出喷嘴一定距离后，容易出现"前拥后挤"现象，造成纬向织疵。同时，还应调整好夹纬器开闭时间及飞行角，飞行角过小，会造成测长不稳定，呈现"长短纬"病疵，飞行角过大，自由飞行时间长，会造成缩纬和残留丝切割不良病疵，同时不能正常配合储纬器储纬，使下一次投纬发生紊乱，影响织造效率。

5. 精练　精练可去除坯布上的各种油污杂质，同时，由于精练温度较高，可使高收缩丝开始收缩。当精练温度为90℃、车速为30~40m/min时，精练工艺配方为：NaOH 5g/L，去油渗透剂2g/L，洗涤剂1.5g/L。

6. 预定形　预定形可减少坯布折皱，还可起到防止收缩量过大和达到布幅统一的作用。定形车速定为40m/min，定形温度为125~135℃。

7. 碱减量　碱减量处理可使纤维表面产生溶蚀，减小纤维细度，使织物光泽柔和、质地柔软。碱减量采用二浸二轧工艺，温度为110℃，速度为30m/min，减量率为10%~15%，碱液浓度为14.35%~18.71%。

8. 染色和定形　对异收缩丝坯布，可采用分散染料染色，染料用量为织物重量的2%。

定形可稳定织物尺寸，并使织物蓬松，达到较好的手感。定形车速为 45m/min，温度为 150℃，超喂 8% ~ 10%。

第四节　静电植绒织物的设计与生产

一、静电植绒原理

静电技术在纺织行业应用十分广泛，静电植绒就是将静电技术应用于织物生产，并使织物获得绒面效应的一种起绒加工工艺。基本原理是经过电着剂处理后的绒毛，在电场作用下发生极化，形成电极性，带电绒毛在电场中飞翔，由于电场力的作用，原来紊乱无序的绒毛绕电场方向转动，并最终平行于电力线方向，使绒毛作直立定向运动，依靠电场力而垂直植入涂有黏合剂的基材表面，形成良好的具有绒感外观特征。植绒半成品经过高温熔烘成型及相应的后整理加工，形成风格独特的植绒产品。图 4-3 为下降法静电植绒原理示意图，将基材置于静电场内，绒毛在高压发生器产生的电场中转动，并直立于极

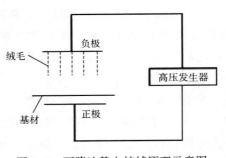

图 4-3　下降法静电植绒原理示意图

板间，依靠电场力作用下降后垂直植入基材中，通过黏合剂将绒毛与基材黏合，形成静电植绒织物。

植绒产品具有豪华、高贵、光泽柔和、手感柔软、立体感强；又因工艺简单、生产效率高、成本低、适应面广，其产品广泛应用于服装和装饰用纺织品上。

二、静电植绒织物的加工工艺

对于不同的应用领域，植绒所用的基底材料千差万别，绒毛品种各异，设备也不尽相同，但其生产加工过程是类似的。

1. 加工工艺流程　在静电植绒前，需要对绒毛进行预处理，以适应后续植绒的要求。绒毛制备的质量会直接影响植绒产品的质量，通常绒毛制备工艺流程如下：

丝束浸润→切割→染色→水洗→电着处理→水洗→烘干→过筛

静电植绒的工艺流程为：

基布→涂黏合剂→静电植绒→预烘（100 ℃，10min）→焙烘（150 ℃，5min）→刷毛→后整理→产品

为了获得良好的外观，常见的后整理工序主要有喷花、轧花、砂洗、烘干等，还可以根据产品要求增减相关工序。

2. 关键工艺参数　静电植绒产品的质量主要取决于原料、工艺和后整理加工。绒毛的选

择、制备及电着处理成为影响植绒产品品质质量的第一要素。只有长度和细度均匀、比例适当、含水量适合、染色均匀、飞升分散性好、具有一定导电性能的绒毛才能生产出高品质的产品。黏合剂的品种、黏度直接关系到植绒牢度和效果，因此必须严格控制黏合剂的黏度、上浆量，使之处于理想状态。

植绒后焙烘的目的是使绒毛、黏合剂和基底布牢固结合，过高的焙烘温度和太长的时间会使黏合剂老化；温度和时间不够又固化不良，降低植绒产品的耐磨牢度，因此，焙烘温度和时间的控制对植绒牢度异常重要。后加工整理不但可提高产品的附加值，而且可赋予植绒产品各种特殊的功能，扩大其应用领域。

（1）植绒参数。植绒的关键是外加电压和极板间距离的控制。在极板距离一定的条件下，外加电压越大，植绒密度就会越大，因为随着电压的增大，电场强度变大，绒毛受到的合外力就会增大。但当电压达到一定数值时，绒毛就会产生电火花，甚至起火。所以必须严格控制两极板之间的电压，在保证安全的前提下，适量提高外在电压。

当外加电压一定时，植绒密度随着极距的减小而增大，因为随着极板间距的减小，电场强度增大，绒毛受到的合外力就增大，植绒密度也相应地增加。但当极板距离减小到一定数值时，植绒密度变化很小，因为此时会产生空气电离现象，植入的绒毛量受到电场强度的影响也很小。

（2）植绒产品的材料。静电植绒产品的主要材料有绒毛、基材和黏合剂三大类，它们是决定植绒产品性能和质量的关键因素。

①植绒绒毛。植绒绒毛是丝束经过割绒机切割或粉碎机粉碎后，经过一系列前处理、染色、电着处理等制备而成，它是静电植绒产品的关键原料。静电植绒选用的绒毛应根据静电植绒产品所要求的外观、服用或使用性能、风格和质量要求来决定。从理论上讲，各种纤维都可以制成静电植绒绒毛，如棉纤维、麻纤维、碳纤维等。但实际上，受到加工性、经济性、实用性等的限制，目前市场上大部分绒毛原料还是黏胶纤维和锦纶。表4-4为常见绒毛原料等性能指标。

表4-4 绒毛的性能考核指标

绒毛类型	锦纶	黏胶纤维	改性涤纶
含水率（%）	3～10	12～25	0.5～2
表面电阻（Ω）	$10^6～10^8$	$10^6～10^7$	$10^7～10^9$
比电阻（Ω/cm^2）	$10^7～10^9$	$10^6～10^8$	$10^8～10^9$
弯曲率（%）	≤2	≤20	≤10
飞升性（s）	≤30	≤30	≤30
分散性	绒毛长度（mm）≤线密度（dtex）×0.35时，残留百分率≤5% 线密度（dtex）×0.35<绒毛长度（mm）≤线密度（dtex）×0.47时，残留百分率≤15% 绒毛长度（mm）>线密度（dtex）×0.47时，残留百分率≤60%		

②黏合剂。静电植绒中对黏合剂的选择要求很高，应具有足够好的黏合力、稳定性、耐气候性、耐洗涤性；黏合剂成膜性差，方便植绒；黏度适中，以利基布喷、涂、刮；能适度调整黏度，使用方便；无毒无害，不易燃烧，性能稳定可靠。目前，常选用自交联型丙烯酸酯乳作为黏合剂。

植绒过程中，黏合剂的涂覆量对植绒密度和植绒牢度的影响都很大。植绒牢度和植绒密度随黏合剂涂覆量的增加而增加，但如果黏合剂的涂覆量过大，植绒成品的手感较差。因此在保证植绒牢度和密度的前提下，应尽可能降低黏合剂的涂覆量。

③基材。静电植绒的基材主要根据产品而定，可以是普通织物、陶瓷、金属等，通常情况下，针织物、机织物以及非织造布等都可作为静电植绒的基布。基布的选择需要符合以下条件：经、纬密足够大，表面平整，无疵点；耐高温，色牢度足够好，在预烘和焙烘后不变色；伸缩性足够好；颜色和绒毛色调相近等。

目前，我国的静电植绒产品比较单一，档次较低，主要用在装饰织物上。研究基布、绒毛品种、电着剂、黏合剂及对植绒工艺、设备的影响，开发高档植绒织物是静电植绒织物研究的重要内容。同时，植绒织物的后整理技术的开发是提升产品功能、个性化的一项重要工作，例如，可以通过植绒布的匹染、多套色印花、多色植绒、热转移植绒、轧花等加工提高产品的外观品质，还可通过阻燃、防水、拒油、抗菌、消音吸波、抗辐射等功能性整理过程，赋予植绒织物独特的性能。

☞ 思考题

1. 什么是绒织物？该织物有何特点？
2. 常见的绒类织物的起绒原理有哪些？请举例说明。
3. 什么是磨绒织物？该织物有何特点？
4. 磨绒的工艺原理是什么？
5. 现有的磨绒机械有哪些类型？各有何特点？
6. 试分析磨绒工艺配置的位置对织物有何影响？
7. 试分析被用于磨绒加工的坯织物的组织结构参数对磨绒效果的影响及原因。
8. 试分析磨绒工艺参数对磨绒织物的影响。
9. 什么是静电植绒织物？该织物有何特点？
10. 静电植绒的原理是什么？静电植绒的关键工艺有哪些？

第五章　新型天然纤维织物的设计与生产

第一节　概　述

随着纺织科技的不断发展以及"绿色、生态、环保"等新概念的引入，人们对纺织品性能的要求越来越高，天然纤维以其优良的性能越来越受到重视。

采用棉、毛、丝、麻等天然纤维开发生产纺织品已有几千年的历史，由于其性能上的某些不足，受到一定限制。因此，对传统的天然纤维进行各种改性得到各种新型天然纤维就应运而生。各种新型天然纤维，基本保持了原有纤维的优良特点及性能，同时针对原有某些性能不足进行了改性，保持了原有纤维天然、环保等优势。

各种新型天然纤维是在原天然纤维的基础上进行改变的，因此分类方式与天然纤维相近。包括新型棉纤维、新型麻纤维、新型毛纤维和新型丝纤维。

一、新型棉纤维

新型棉纤维主要包括天然有机棉、彩色棉、木棉、转基因棉（兔毛棉）、无土育苗棉等。

1. 天然有机棉　种植过程中只施有机肥，对棉铃虫实行生态防治，尽量少用或不用农药和化肥，以保证收获的棉花是不含毒害物质的绿色有机棉，符合人们保护生态环境，可持续发展的要求。

2. 彩色棉　彩色棉不用染色，绿色环保。目前，主要有红、黄、绿、棕、灰、紫等天然彩色，比较成熟的是棕色和绿色，主要性能接近白棉，但强力、弹性、整齐度等性能均比白棉差。目前，种植和生产技术已经比较成熟，在服装面料中应用较多。

3. 转基因棉　将外源基因转入到棉花受体，并得到稳定的遗传性能，从而定向地培育出的棉花即为转基因棉。在棉花基因工程研究中应用较多的基因为抗虫基因，此外，抗除草剂基因、雄性不育基因、抗病（黄萎病等）基因、聚酯纤维（化纤芯）基因、色素基因以及抗脱落基因正在研究或开始利用。在美国已获得了转化纤芯基因棉、蓝色基因棉、抗旱的转基因棉株。同时抗盐、抗涝、抗高低温等基因的分离、克隆和转化工作也正在进行之中。

转基因棉中，角蛋白转基因棉属世界优质棉中的极品，它将动物角蛋白植入棉花，使棉纤维具有动物毛的光亮、柔软、富有弹性等优点。目前，研究比较成熟的有兔毛棉，采用了兔毛角蛋白基因，纤维具有长度长、整齐度好、光泽、柔软、弹性好的特点。另外，角蛋白棉纤维品质好，如有的品种主体长度达 32mm，比强度在 25cN/tex 之上。角蛋白棉制品呈现透湿、透气性能好、手感滑爽等特性，具有广泛的应用前景。

4. 无土育苗棉　在工厂化无土育苗后，将棉田移栽到大田生长的棉花。由于起苗快、促发早、抗病害、成活率高，产量可提高 20%。棉花的统一供种解决了棉花品种多、乱、杂，以及种子市场混乱、不易管理的问题，棉花的产量、质量均有提高。

二、新型麻纤维

1. 黄麻、红麻、大麻

（1）黄麻。将原麻去青、轧压、脱胶制成，天然截面中空，具有耐磨、吸湿散湿快、抑菌防霉、可降解等特性。适宜开发针织外套与休闲服、汽车内饰、地毯等。

（2）红麻。红麻纤维呈银白色，有光泽，纤维强力大、吸湿性强、散水散热快、耐腐蚀、耐磨损、可生物降解，但红麻纤维粗糙、硬挺，可纺性差，一般纺纱线密度为333.3~666.7tex（1.5~3公支），最多也不超过100tex（10公支），只能采用粗特稀织，因此是生产麻袋、麻布、绳索、粗帆布和地毯底布的主要原料。

（3）大麻。又称汉麻，是取大麻韧皮经脱胶加工而成的纤维素纤维。我国的大麻品质优良，产量居世界首位。大麻纤维分子的聚合度较小，纤维中腔较大，表面粗糙，纵向有许多裂隙和孔洞，并与中腔相连，因此具有卓越的吸湿透气性能。大麻纤维横截面比苎麻、亚麻、棉、毛都复杂，中腔常与外形不一。大麻纤维织物，具有优良的防紫外线辐射功能。同时，大麻纤维对多种细菌和霉菌具有明显的杀灭、抑制作用，是典型的绿色保健纤维。

2. 罗布麻 罗布麻是我国独有的一种麻纤维，属韧皮纤维。纤维细长而有光泽，呈非常松散的纤维束，个别纤维单独存在。罗布麻单纤维是一种两端封闭、中间有胞腔、中部粗而两端细的细胞状物体，截面呈明显不规则的腰子形，中腔较小，纤维纵向无扭转，表面有许多竖纹并有横节存在，纤维洁白，除了具有一般麻类纤维的吸湿、透气、透湿性好、强力高等共同特性外，还具有丝一般的良好的手感，耐湿抗腐。纤维还含氨基酸，具有抑菌保健，对高血压、平喘、降血脂等有一定功效，有良好的保健作用。

3. 竹原纤维 将原竹去青、轧压、脱胶制成，具有天然的中空截面。竹原纤维具有吸湿、透气、耐磨、长久抗菌、抑菌、防紫外线等优良特性，属绿色环保型纤维，多用于服装、家纺用纺织品中。

4. 菠萝纤维（凤梨麻） 菠萝纤维是从菠萝叶片中提取的纤维，表面粗糙，有纵向缝隙和孔洞，横向有枝节，无天然扭曲。单纤维细胞呈圆筒形，两端尖，表面光滑，有线状中腔。菠萝纤维外观洁白，柔软爽滑，手感如蚕丝，故又有菠萝丝的称谓。菠萝纤维的化学组成与亚麻、黄麻类似，但纤维素含量较低，半纤维素和木质素含量偏高，纤维粗硬，伸长小，弹性差，吸湿放湿快。

5. 桑皮纤维 桑条经剥皮机处理成桑皮，桑皮经过酶处理，水洗，烘干，即可得到能用于纺织的桑皮纤维。桑皮纤维的主要成分为纤维素和果胶，其中纤维素占总量的60%，果胶占30%，还含有少量半纤维素和木质素。桑皮纤维平均长度为21~32mm，线密度为3.25~4.0dtex，断裂强度为3.5~5.1cN/dtex，断裂伸长率4%~12%，标准状态下回潮率为9%~10%。桑皮纤维表面分布有直径为0.5~1μm的原纤型微纤维，横截面有中腔，无缝隙、皮芯结构存在。

6. 香蕉纤维 香蕉纤维属韧皮纤维类，具有一般麻类纤维的特点，如强度高、伸长小、回潮率大、吸湿放湿快、纤维粗硬、初始模量高等。香蕉纤维主要是由纤维素、半纤维素和木质素组成，其纤维素含量相对亚麻和黄麻较低，半纤维素与木质素含量较高，故纤维的光泽、柔软性、弹性和可纺性等均比亚麻和黄麻差。香蕉纤维可在黄麻纺纱系统上进行纺纱。

三、新型毛纤维

新型毛纤维主要包括两类，一类是新的毛种的应用开发，如羊驼毛、骆马毛、骆驼毛、羽绒、羽毛、狗毛等；另一类是对传统羊毛进行改性，如拉细羊毛、丝光羊毛等。

拉细羊毛是将羊毛毛条通过预处理，打开羊毛大分子链之间的交链，然后在一定湿热条件下拉伸细化，最后通过定形使纤维大分子间的交链在新的位置结合，实现羊毛纤维的变细变长，纤维细化后可获得羊绒的主要特点。

四、新型丝纤维

新型丝纤维主要包括天然野蚕丝的应用和对原有家蚕丝进行改性两类。目前，研究较多的是天蚕丝、改性彩色丝和蜘蛛丝等。

1. 天蚕丝　天蚕又称日本柞蚕、山蚕，成熟时吐出的丝是绿色的。天蚕适于生长在气温较温暖的半湿润地区，但也能适应寒冷气候，主要产于中国的黑龙江省、日本、朝鲜和俄罗斯的乌苏里等地区。

2. 基因工程彩色蚕丝　利用染色体技术把需要的基因组合输入家蚕体内，使白蚕能吐出五彩丝。目前，我国已选育出天然彩色茧实用蚕品种系列，后续的开发应用及完善正在进行中。

3. 蜘蛛丝　蜘蛛丝是蜘蛛由丝疣处吐出的一种主要由甘氨酸、丙氨酸及小部分丝氨酸组成的黏性蛋白质丝。蜘蛛丝因同时具有规则和不规则的蛋白质分子链而具有极高的弹性和强度。蜘蛛丝的强度与蚕丝相比具有非常明显的优势，蜘蛛丝纤维与强度最高的碳纤维及高强合纤 Aramid、Kevlar 等强度相接近，但它的韧性明显优于上述几种纤维。因此，蜘蛛丝纤维在国防、军事（防弹衣）、建筑等领域具有广阔应用前景。由于蜘蛛具有同类相食的个性，无法像家蚕一样高密度养殖，因此从天然蜘蛛中取得蛛丝产量很有限，但使用基因工程手段人工合成蜘蛛丝蛋白有望形成突破。

第二节　新型天然纤维织物的设计与生产

一、彩棉纤维织物的设计与生产

（一）彩棉的性能特点

1. 形态结构及主要成分　彩棉的形态结构与白棉基本相同。以棕色棉为例，纤维的纵向呈细长不规则转曲的扁平状体，中部较粗，根部稍细于中部，梢部更细；成熟度好的纤维纵向呈转曲的带状，且转曲数较多；成熟度较差的纤维呈薄带状，且只有很少的转曲数。横截面呈腰圆形，且有中腔，色彩呈片状，主要分布在纤维次生胞壁内；成熟度好的纤维截面比较圆润，胞腔较小，成熟度差的纤维截面扁平，中腔较大。

彩棉纤维与白棉纤维在物质组成上有较大差异。白棉（细绒棉）纤维素含量占95%左右，棕棉纤维素约占86%，绿棉纤维素约占82%。白棉（细绒棉）含纤维素伴生物5%左右，其中脂肪占1%左右；棕棉含纤维素伴生物14%左右，其中脂肪和木素（木素由木脂素和木质素组成）占10%左右；绿棉含纤维素伴生物18%左右，其中脂肪和木脂素占14%左右。纤维素伴生物包括脂肪和蜡脂、果胶物质、蛋白质和其他含氮的化合物、糖类物质、灰分。

2. 品质指标　彩棉纤维的长度偏短，强度偏低，马克隆值高低差异大，整齐度较差，短绒含量高，棉结高低不一致；彩棉因纤维色素不稳定，外观色泽不均匀，日晒后色泽会变淡或褪色，水洗后色泽变深，部分彩色棉出现有色、白色和中间色纤维。

目前，国内开发的彩棉及白棉主要物理指标见表5-1。

表5-1　国产彩棉和白棉的主要物理指标

物理指标	绿色	褐色	棕色	白色
2.5%跨距长度（mm）	21~25	26~27	20~23	28~31
强度（cN/dtex）	1.6~1.7	1.8~1.9	1.4~1.6	1.9~2.3
马克隆值	3.0~6.0	3.0~6.0	3.0~6.0	3.7~5.0
整齐度（%）	45~47	45~48	44~47	49~52
短绒率（%）	15~20	12~17	15~30	≤12
棉结（粒/g）	100~150	100~170	120~200	80~200
衣分率（%）	20	27~30	28~30	39~41

3. 其他性能　彩棉的色彩来源于天然色素，遇酸、碱颜色会发生变化。在穿着或使用初期经洗涤、汗渍、日晒后颜色会有所变化，这是一种光化可逆性变化。天然彩棉织物的耐皂洗色牢度和耐汗渍色牢度较差，光照对棕色天然彩棉影响不大，但对绿色天然彩棉色素影响较大。天然彩棉坯布经后整理（如水洗、丝光、烧毛等）后颜色也会有所变化，这是天然彩棉特性的正常反应，与印染品的掉色、褪色有本质的区别。

与普通白棉类似，彩棉的回潮率较高，不起静电，不起球，吸湿透气性好。纤维弹性较差，织物洗涤后有一定缩水现象，需要熨烫。

彩棉纤维织物通常在加工中不使用化学物质处理，以保留天然纤维的特点，其表面有一种朦胧的视觉效果，鲜亮度不及印染面料制作的服装。

（二）彩棉产品的设计要点

彩棉产品由于其突出的天然环保性，特别适合开发与皮肤直接接触的产品，如家居服、内衣、衬衣、T恤、裤子、浴巾、毯子、毛巾被等。产品规格设计与普通白棉产品类似，应根据品种风格而定，可采用不同色彩的彩棉、彩棉和白棉、彩棉和其他纤维配置花型，并配合不同组织得到丰富多彩的外观。

（三）彩棉纱线和织物生产工艺要点

1. 纺纱工艺要点　由于彩色棉纤维长度偏短、强度偏低、成熟度差异大、整齐度较差、短绒含量较高，因此，应选用精梳工艺或半精梳工艺，并对其纺纱工艺作适当的调整。

天然彩棉纺纱工序的主要技术措施为：开清棉工序中各机械打手速度应比白棉低些，适当降低抓棉小车的抓取量和缩短打手伸出肋条的长度，减少对彩棉纤维的损伤；梳棉中适当降低锡林、刺辊的速度，缩短大漏底弧长，加大漏底入口与道夫的隔距，使道夫能正常抓取并及时转移；由于彩棉纤维较短，短绒较多，应适当调整精梳落棉隔距，控制落棉率；并条中要减小后区牵伸倍数，并条隔距配置大小要适应所加工彩棉纤维的长度，并条机的罗拉速度要稍低；粗纱工序采用后区大隔距、集中前区牵伸、捻系数偏大掌握的工艺；细纱工序采用重加压，同时加大捻系数来提高成纱质量。由于彩棉的物理指标与白棉接近，但长度、强度略低于白棉，故成纱质量略低于白棉。

2. 织造工艺要点　根据彩棉纱线棉结杂质较多，强力偏低等性能。络筒时应最大限度地利用电子清纱器清除粗节、细节和大棉结，同时适当降低车速，以减少断头和毛羽的产生；整经采用合适的张力圈重量配置，分层分排配置张力圈，边纱较重；浆纱时适当提高上浆率，使纱线光滑，毛羽伏贴，兼顾渗透和被覆，增加纱线强力、耐磨性，以提高织造开口清晰度；织造采用较低的后梁，中开口、适当的上机张力，以减少断头率。

3. 后整理工艺要点　常用的彩棉后整理工艺流程为：

彩棉坯布→预处理→酶煮练（果胶酶等）→净洗→光洁整理（纤维素酶）→失活净洗→脱水→烘干→轧光定形→缝制→成品

由于彩棉色泽对酸碱有一定的敏感性，特别是不耐酸，故在后整理过程中，宜选用生物淀粉酶与碱性果胶酶混合进行退浆煮练，水洗后采用纤维素酶抛光工艺，效果较好。也可采用环保型弹性体硅油柔软技术和分子结构中不带甲醛的防皱整理剂处理彩棉织物，以达到良好的柔软度和一定的防皱效果。不宜采用传统退浆、漂白、丝光等工艺。丝光或轧碱堆置会使色光变化，影响彩棉的天然色泽，同时易出现折印、堆置档等；彩棉产品一般不进行烧毛，因烧毛易产生黑条、黑档，后加工过程中不易去除。

（四）彩棉产品存在的问题

目前，天然彩色棉由于色谱比较单调，力学性能不如白棉，纺高支纱有一定难度，终端加工问题较多，存在着变色、褪色、掉色、沾色问题。如何使彩色棉色素稳定、色彩鲜艳而丰富、物理指标提高是目前研究较多的问题。

二、大麻纤维织物的设计与生产

（一）大麻纤维的性能

大麻系桑科，韧皮植物纤维，一年生草本植物，俗称汉麻、线麻、魁麻等，品种多达150个左右。大麻种植对气候和土壤的要求不高，具有很好的生态适应性与生态保护作用。近年来随着脱胶技术的发展，大麻纤维的研究和批量化生产有了明显突破。大麻纤维和苎麻、亚麻的成分及部分性能对比见表5-2。

表5-2 麻类纤维成分及部分性能比较

项目	大麻	苎麻	亚麻
断裂强度（cN/dtex）	8.92	7.61	5.80
断裂伸长率（%）	4.83	3.76	3.73
杨氏模量（cN/dtex）	184.10	200.63	155.50
断裂功（cN/cm）	1.42	0.950	2.804
脂质（%）	1.02	0.538	1.96
水溶物（%）	12.83	7.349	5.87
果胶物质（%）	6.84	4.043	3.64
半纤维素（%）	18.46	13.287	17.34
木质素（%）	6.38	1.192	9.48
纤维素（%）	54.47	73.591	61.71
灰分（%）	4.61	3.532	2.06

1. 吸放湿性能 大麻纤维中腔较大，约占横截面积的 1/3～1/2，表面分布着许多裂纹，深至细胞中腔，从而产生优异的毛细效应，纤维分子上含有亲水性基团，因此具备优异的吸湿、排汗性能，汉麻纤维的吸湿速率是棉纤维的 1.6 倍，放湿速率是棉纤维的 1.9 倍。一般环境条件下，汉麻制品回潮率在 12% 左右，空气湿度达 95% 时，含水率达 30% 左右。

2. 无刺痒感 大麻纤维细度较细，单纤维线密度在 0.25tex 以下，仅为苎麻的 1/3，接近于棉，且纤维细胞两端为钝圆，因此大麻纺织品柔软舒适，手感滑爽细腻，无需特别处理就可避免其他麻纺织产品的刺痒感和粗糙度。

3. 抗静电性能 由于大麻纤维的吸湿性能很好，暴露在空气中的大麻纺织品，虽含水率高达 30%，但手感并不觉得潮湿，故大麻纺织品能轻易地避免静电聚积，也不会因摩擦引起静电、起球以及吸附灰尘。

4. 耐热、耐晒和耐腐蚀性 大麻纤维的耐热性能较好，可耐 370℃ 的高温，耐日晒牢度、耐海水腐蚀等性能均良好，坚牢耐用。因此，大麻纺织品特别适宜作炼钢、防晒及各种特殊功能的工作服，也可作太阳伞、露营帐篷、渔网、绳索、汽车坐垫、内衬材料等。

5. 防紫外线辐射功能 因大麻的横截面为不规则的多边形、腰圆形或多角形等，中腔呈线形或椭圆形，分子结构中有螺旋线纹，较松散，所以大麻纤维及制品对音波、光波有良好的消散作用。当紫外照射到纤维上时，一部分形成多层折射被吸收，大部分形成漫反射，使大麻织物不仅看上去光泽柔和，且有天然的防紫外线辐射功能，同时具有独特的消音吸波功能。

6. 防霉抗菌保健功能 大麻纤维细胞的中腔较大，含氧气量较多，使在无氧条件下才能生存的厌氧菌无法生存，纤维中存在的大麻酚类物质也具有明显的抑菌作用。

7. 生态性 大麻生命力非常强，在种植期间无需杀虫剂和肥料，不会造成土地污染，生态环境良好，具有生物降解性，且大麻种植收获期较短，往往一亩地可收获两到三倍于棉花的大麻纤维。

（二）大麻纤维织物的设计与生产

1. 产品设计要点

（1）原料配置。大麻纤维与合成纤维的混纺使得织物在具备了吸湿、排汗抗菌等功能外还赋予柔软的手感；大麻与粘胶交织、大麻和真丝交织等，融合丝麻、黏麻的风格，滑爽、光洁，自然飘逸；选择弹性纤维为芯纺制大麻包芯纱、包缠纱，可开发设计弹性织物，提高舒适性；加入超细纤维与大麻混纺，可改善织物的柔软度、吸湿透气和弹性；采用赛络纺、赛络菲尔纺和紧密纺等新型纺纱技术加工来提高纱线强力、纱支，减少毛羽。

（2）组织结构与花型设计。可通过各类组织的配合呈现格子效应、起绉效应等，使获得独特的布面风格；在纬密变化的基础上配合组织变化，再配合花筘穿法，可形成条状或格子状的织物外观；通过不同纱线特数、捻向的配置，使表面出现厚薄差异、色泽差异，得到特殊的外观效应；通过纱线捻向不同、采用强捻纱配置、或配合织物组织，可以得到各种起绉效应；采用双层与多层织物的设计，形成正反面不同效果，如大麻天丝双层织物，使双层织物里层的大麻抗霉抑菌、吸湿透气，织物表层的天丝色泽亮丽，手感柔软滑爽。为了突出麻类织物粗犷风格，可采用网状、圈圈类花型设计，在组织结构和纱线上可采用如蜂巢、网格组织，选择花式纱等。

利用大麻散纤维染色后纺纱织造，可在织物表面形成色彩或隐或现的朦胧效果，并配合变化条纹设计可增添色彩感和层次感；利用配色模纹，通过色纱的排列与织物组织的配合，得到不同色彩、不同花型的配色模纹外观等；也可采用印花和绣花等工艺，得到丰富的外观色彩和花型。

2. 纺织工艺要点 大麻纤维的纺纱方式有干法纺纱、湿法纺纱和绢纺等。

（1）大麻湿纺工艺路线。大麻湿纺工艺路线采用粗纱煮练湿法纺纱，所使用的原料为经过一定工艺处理的大麻打成麻。打成麻的工艺流程为：

大麻原茎→选茎→束捆→温水浸渍→干燥→养生→碎茎→打麻→打成麻→加湿养生→分束→栉梳→养生→成条→并条（五道）→粗纱→粗纱煮漂→湿纺细纱→烘干→络筒

大麻湿纺工艺以生产纯麻纱为主，生产的大麻纱条干均匀光滑、毛羽少、强力高，且工艺流程短，制成率较高。

（2）大麻干纺工艺路线。大麻干纺工艺是将原麻先行脱胶，提取麻皮中的纤维后再进行梳理和纺纱，因此适合所有大麻品种。脱胶后获得的大麻纤维称之为大麻精干麻，经过进一步梳理后将原纤维分离为长纤维和落麻。其工艺流程为：

原麻浸酸→碱煮→拷麻→漂酸洗→抖麻→给油→软麻→大切（小切）→圆梳（二道圆梳）→清棉→梳棉→并条→粗纱→细纱→络筒

随着线密度的降低，含麻比应随之降低，生产工艺无需作大的改动。

大麻与棉的混纺纱可采用转杯纺工艺路线，棉纤维具有天然卷曲、弹性较强、纤维之间抱合力较好，在大麻落麻中可配少量比例的棉纤维，可弥补大麻纤维纺纱生产中存在的不足。也可以采用赛络纺、赛络菲尔纺纺制大麻纱。

（3）绢纺工艺路线。大麻采用绢纺工艺设备纺纱，其工艺流程为：

排麻→延展→制条→并条→粗纱→细纱→络筒

精梳后的麻条将更有利于大麻与丝、羊毛等高档纤维的混纺，采用条混的方法，为使混合均匀，混并的道数一般在4道或5道。

（4）织造工艺。浆纱过程以减少毛羽为主，较细的纱线要兼顾增加强力；织造时车间湿度可适当增加，减少毛羽，增加大麻纱线的柔韧性，降低断头。

3. 染整工艺要点 大麻纤维加工中因单细胞有大量极短纤维，果胶质不宜彻底去除，使得麻纤维除了被部分胶质包裹外，其微细结构较致密，光泽差，所以染深色和亮色难，甚至染色的均匀度也很差。为了改善纤维的染色性能，国外采用酶处理方法，国内采用阳离子变性方法。用阳离子改性剂与纤维素大分子上的羟基发生反应，引入阳离子染料，对阴离子具有较强的吸附能力，从而提高染料利用率，得色浓艳，染色牢度也符合标准。

大麻织物易产生折皱、易缩水，采用碱丝光或液氨整理可解决这一问题。经过液氨整理后的大麻纤维，溶胀均匀，收缩定形，大大减少了纤维内应力，缩水性也有所改善，织物表面光泽度、手感柔软度均优于碱处理工艺。

三、罗布麻纤维织物的设计与生产

（一）罗布麻纤维的主要性能

罗布麻单纤维是一种两端封闭、中间有胞腔、中部粗、两端细的细胞状物体。纤维纵向无扭转，截面呈明显不规则的腰子形，中腔较小；其内部分子结构紧密，纤维大分子在结晶区中排列较整齐，具有较高的结晶度和取向度。罗布麻纤维的细度、光泽、抗腐蚀能力均优于其他麻类纤维，纤维长度比亚麻等纤维长，细度比苎麻细，整齐度差，弯曲少，可以采用单纤维纺纱。

罗布麻具有与棉相当而比苎麻、亚麻低的强度，初始模量很高，延伸率很小，这些性能与苎麻纤维接近。罗布麻具有很好的吸放湿性能，标准状态下回潮率为7%左右，纤维放湿速度快，因此它和别的麻纤维一样也特别适合于做夏季服装。

（二）罗布麻织物的设计与生产

1. 罗布麻产品设计特点 罗布麻织物组织以平纹为主，也可配置变化或联合组织，如经重平、纬重平、以斜纹形成的条子等；为了突出麻的风格，还可采用绉组织，使织物表面出现绉效应；而采用色条加变化组织则可使织物表面更加活泼。

2. 纺织染工艺要点

（1）纺纱工艺要点。罗布麻纤维细度虽细，但其细度不匀率较大，且纤维长度较短，长度差异较大，纤维伸长小，刚度大，硬挺，容易影响成纱质量。为改善成纱质量，可采用新型纺纱技术，在转杯纺纱机上纺制罗布麻/棉混纺纱。纺纱时应注意以下五点：

①适当增加成纱捻度。因为麻纤维刚度大，初始模量大，纤维粗而硬，抗弯抗扭力矩大，卷绕性能差，所以成纱捻系数配置要适当加大，采用比纯棉本色转杯纱标准大10%左右的捻系数，以提高成纱强力，减少断头。

②卷绕至导出罗拉之间的张力要合理配置，偏小掌握，达到既有良好的成形又能减少断头的效果。

③如果麻棉纤维分梳不足，就会在纱条上增加粗节，分梳太强又会损伤纤维。因此，分梳辊速度可优选为6500r/min。

④加强纺纱杯的清洁工作，及时清除纺纱器凝聚槽中的积灰，以保证纺纱正常进行。

⑤罗布麻纤维吸湿快，散湿也快，对车间温湿度变化非常敏感，纺前罗布麻回潮率要保持在12%左右。转杯纺车间温度应控制在20~25℃，相对湿度应控制在65%~70%，以有效提高纤维的可纺性。

（2）织造工艺要点。

①由于罗布麻纤维长度短，长度整齐度差，纤维抱合力差，从而导致罗布麻的混纺纱条干均匀度较差，单纱强力低，故络筒、整经等工序的张力应偏小掌握，车速偏低掌握。导纱路线要光滑，以减少毛羽产生。

②浆纱时应侧重于浆液的黏附和被覆，使毛羽贴伏，同时有一定的浸透性；浆料可采用PVA、聚磷酸酯淀粉、丙烯酸酯等或三者的组合浆料。调浆时应以高浓低黏、黏度稳定、渗透性好为佳。

③由于纱线毛羽多，上浆后若空气过干会引起纱线上的浆膜脆性增强，使纱线受到综丝、钢筘摩擦时容易出现二次毛羽和断经，故织造车间相对湿度应在80%以上。上机工艺参数可参考棉织物确定，织机速度应比同品种棉织物低。为了防止上层经纱松弛，减少经纱断头，可采用较低的后梁高度。另外，因麻纱延伸率小，在保证梭口清晰及具有良好打纬的前提下，应采用较小的上机张力。

（3）染整工艺要点。为进一步脱去罗布麻纤维中的果胶，需要对纱线进行煮练。煮练工艺中碱的用量较纯棉纱线多些，从而促使部分纤维变性，使麻纤维结晶度降低、无定形区增加，进而提高纱线的白度、织物的柔软性及染色的吸色性。

罗布麻棉混纺纱原纱的白度不够，将影响到织物的柔软性和染色效果，所以在织造前必须对原纱进行漂白，一般采用氧漂。由于麻纤维结晶度、取向度较高，染色着色率低，匀染性差，宜采用活性染料，在工艺上与纯棉织物略有不同，减少促染剂用量，提高染色温度。染色时，宜采用先染色、后固色的染色方法。

四、竹原纤维织物的设计与生产

（一）竹原纤维的主要性能

竹原纤维也称原生竹纤维，采用毛竹或慈竹为原料，将天然竹竿锯成所需长度，然后经机械、物理方法，通过浸煮、软化等多道工序，去除竹子中的木质素、多戊糖、竹粉、果胶等杂质，从竹材中直接提取的原生纤维。其力学性能见表5-3。

表5-3　竹原纤维的力学性能

性能	数值	性能	数值
线密度［dtex（公支）］	5.00~8.33（1200~2000）	平均断裂伸长率（%）	5.32
平均线密度（dtex）	6.1	断裂伸长方差（%）	1.33
纤维直径变异系数 CV（%）	44.93	初始模量（N/tex）	15.65
平均断裂强度（cN/tex）	4.29	回潮率（%）	11.64
断裂强度方差（%）	22.9	保水率（%）	34.93

1. 力学性能　竹原纤维属高强低伸型纤维，断裂强度与苎麻纤维相当，高于棉纤维；断裂伸长率低于苎麻纤维和棉纤维；初始模量低于苎麻纤维而高于棉纤维，刚度较大，但低于苎麻纤维。

2. 吸湿、透气性能　竹原纤维纵向有横节，粗细分布很不均匀，纤维表面有无数微细凹槽，横向为不规则的椭圆形、腰圆形等，内有中腔，横截面上布满了大大小小的孔隙，边缘有裂纹，与苎麻纤维的截面很相似。竹原纤维的这些孔隙、凹槽与裂纹，犹如毛细管，可以在瞬间吸收和蒸发水分，故又被称为"会呼吸的纤维"，用其制成的产品吸湿性强、透气性好，有清凉感。

3. 抗菌性能　竹原纤维天然具有较强的抗菌和杀菌作用。由于竹原纤维中含有叶绿素铜钠，因而具有良好的除臭作用，实验表明，竹原纤维织物对氨气的除臭率为70%~72%，对酸臭的除臭率达到93%~95%。另外，叶绿素铜钠是安全、优良的紫外线吸收剂，因而竹原纤维织物具有良好的防紫外线功效。

4. 耐化学药剂性能　竹原纤维的化学性能与其他纤维素纤维相似，耐碱不耐酸。在稀碱中极为稳定，在浓碱作用下，纤维能膨润，生成碱纤维素。若在稀酸液的中和下，可恢复成纤维素，但其晶体结构发生了变化，物理机械性能也会产生相应的变化，导致断裂强度下降，而断裂伸长率有所提高。竹原纤维在强无机酸作用下分解，最终会分解成 α-葡萄糖，可溶于浓的硫酸、盐酸、磷酸等强酸中。

（二）竹原纤维的初加工

竹原纤维初加工是指从竹子中提取可供纺纱用纤维的过程，其本质就是脱胶。竹原纤维的初加工大致可分为前处理工序、分解工序、成形工序和后处理工序。

前处理工序：整料→制竹→浸泡

分解工序：蒸煮→水洗→分丝

成形工序：蒸煮分丝→还原脱水→软化

后处理工序：干燥→梳理→筛选

（三）竹原纤维产品的设计与生产

竹原纤维可纯纺，也可与羊毛、棉或彩色棉、绢丝、苎麻、涤纶、Tencel、Modal、大豆蛋白纤维、粘胶纤维等纤维混纺，用于机织或针织，生产各种规格的机织面料和针织面料及其服装。

1. 纺纱工艺要点

（1）梳理前准备。由于竹原纤维刚度较大，容易使纱条松散，毛羽增加，条干不匀，断头增加，细纱品质下降，因此竹原纤维经过初加工后还不具备直接进入纺纱系统进行纺纱的能力，仍需做一些准备工作。首先通过数对沟槽罗拉对竹原纤维施加作用来增加其柔软度和松散度，经过机械柔软处理后，竹原纤维的柔软度得到一定提高，相互间也有一定程度的松解和分离，在梳理前还要进行适当地给油，以增加纤维的柔软度和润滑性能，在一定范围里能够减少纤维间的摩擦因数，改善纤维的表面性能。

（2）梳理。经过前道处理后的竹原纤维必须先经过开松。竹原纤维刚度较大，硬度较高，开松时要尽量降低打击力度，适当增加作用时间。如果要纺低特纱，对成纱质量要求比较高时，开松工艺也可做适当调整，以满足实际生产的需求。经过开松作用的纤维多呈束状，所以要梳理使其分离成单纤维状态，梳理时，原料中残留的部分杂质和疵点也得到进一步去除，梳理的好坏将直接影响后道牵伸的成纱强力和条干均匀度等。由于竹原纤维是纯天然纤维，纺纱要求比较高，需要通过精梳来进一步提高纤维的伸直度、平行度、分离度等。

（3）并条。采用并合方法可提高条子的中、长片段的均匀度，提高纤维的伸直度和分离度，使纤维充分混合。并条的工艺道数要根据纤维的性能来定，由于竹原纤维较硬，因而宜采用低速度、轻定量、重加压，较多并合道数，以提高条干均匀度和光洁度，同时加入专用油剂，以提高条子的可纺性和纱线的抱合力。

（4）粗纱与细纱。宜采用低速度、轻定量喂入，捻系数偏大掌握，根据成纱质量要求可采用三道或四道粗纱工艺。为提高竹原纤维纱线的条干均匀度，降低强力不匀和断头率，竹原纤维的细纱工艺宜采用低速度、较小的牵伸倍数、适宜的压力和罗拉隔距等，以减少毛羽，降低断头，提高条干均匀度，降低强力不匀率。

2. 织造工艺要点

（1）络筒。以清除粗节、杂质为主，采用低速度、少增毛羽的工艺原则，适当降低纱线张力，保证纱线通道光滑。

（2）整经。由于竹原纤维纱线毛羽偏多，整经宜采用低速度、轻加压、匀张力的工艺配置原则，保证经纱排列与张力均匀，避免因毛羽纠缠而造成断头。

（3）浆纱。根据竹原纤维纱线强力高、毛羽较长、弹性差的特点，在浆料选择上以高浓低黏为原则，浆纱配方必须保证浆膜的硬度和耐磨度，上浆采用重被覆、减摩擦为主，增强与保伸并重的"高浓、低黏、保弹性、保浆膜"的工艺路线。

（4）织造。根据竹原纤维纱线特点，通常采用"中张力、大开口、迟引纬"的工艺原则，以减少由于纱线间的摩擦及粘连所造成的开口不清、断经、断纬等现象。织机速度不宜过高，车间温湿度以偏大掌握为宜。

3. 染整工艺要点　竹原纤维织物的染整工艺比较复杂，不同品种、不同规格的染整工艺不同；即使相同品种，风格要求不同，染整工艺、化学助剂也有较大的区别，以保证客户的质量要求。染整工艺流程：

烧毛→退煮→漂白→酶处理→染色→拉幅→预缩

（1）烧毛。由于竹原纤维织物表面毛羽多而密，为使成品面料表面光洁，色泽均匀，必须经过烧毛处理，且要两对火口加强烧毛。烧毛时要两对毛刷正反刷毛，适当使用刮刀，火口上方不宜使用凉水辊，可实行透烧，以保证烧毛质量。

（2）酶处理。酶处理是利用酶的催化降解作用，使纤维发生部分水解作用，致使纤维变细，刚性降低，从而达到增强织物的柔软度及悬垂度，改善织物服用性能的目的。在制定酶处理工艺时，为保证织物强力不过度受损，必须掌握好酶制剂的活力，严格控制其用量、处理时间、浴比、温度及 pH 值，并及时使酶"失活"。竹原纤维织物经过酶处理后，一方面纤维分子无定形区的部分水解使结晶区之间的空隙变大；另一方面，结晶区分子的部分水解使结晶区尺寸变小。因此，在受到外力作用时，结晶区之间较容易产生相对运动，导致纤维的抗弯能力降低，刚度减弱，从而使织物服用性能得到改善。

第三节　新型天然纤维织物的设计与生产实例

一、彩棉渐变条三层婴幼儿服装面料

1. 设计思路　采用彩棉和本白棉开发一种彩棉渐变条三层织物，织物较厚实、蓬松，具有较好的保暖性、柔软亲肤、很好的吸汗性和透气性，适宜用作婴幼儿服装面料和宝宝包被等。

2. 织物设计

（1）纱线设计。织物表层经纱采用 14.6tex 的本白棉纱与棕色棉/本白棉（70/30）混纺纱，通过纱线排列在表面形成纵向渐变条纹；织物里层经纱全部为 14.6tex 的棕色棉/本白棉（70/30）混纺纱；织物中间层选用配棉级别稍低的 14.6tex 本白棉纱，纬纱选用 36.4tex×2 本白棉股线。

（2）色经排列设计。（1A1B1A1B1C）×14+（4A1C）×14+（1A1B1A1B1C）×14+4A1C+3A1B1C + 1A1B1A1B1C + 1A1B2A1C + 4A1C +（1A1B1A1B1C）× 2 + 4A1C + 3A1B1C + 1A1B1A1B1C+1A1B2A1C+4A1C+（1A1B1A1B1C）×2+4A1C+3A1B1C。其中：A 为 14.6tex 的棕色棉/本白棉（70/30）混纺纱，B 为 14.6tex 表层本白棉纱，C 为 14.6tex 中间层本白棉纱。

（3）织物结构设计。织物经密 590 根/10cm，其中表层和里层经密均为 236 根/10cm，中间层经密 118 根/10cm；纬纱密度 394 根/10cm，其中表层和里层均为 157.5 根/10cm，中间层 79 根/10cm。织物幅宽 150cm，整理幅缩率 6.5%，整理长缩率 4%，织物下机长缩率 1.2%，纬纱织缩率 4.1%，经纱织缩率 4.4%，总经根数 8848 根，地组织每筘 5 入，边组织每筘 3 入。织物组织图见图 5-1。

3. 生产工艺要点

（1）络筒。采用 TS008 型高速络筒机，配置空气捻接器。混纺纱中由于棕色棉纤维长度较短，条干较差，要选用较低的络筒速度。混纺纱络筒速度设为 700m/min，本白棉纱络筒速

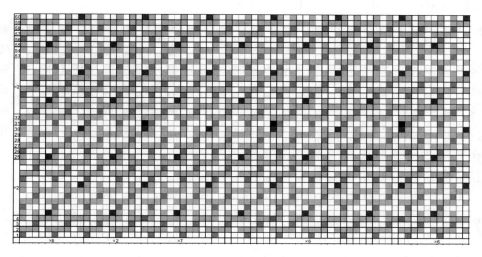

图 5-1　织物组织图

度设为 840m/min，张力圈质量为 11g。

（2）整经。选用 GA124H 型分批整经机，筒子架容量 720 只，整经速度 700m/min。配轴时，不同纱线配置在不同轴上，并要适当控制张力，保证纱线通道光洁无异物，以减少纱线毛羽的产生。

（3）浆纱。选用 ASG365E-S 型浆纱机。浆料配方以全淀粉为主，其中变性淀粉 70%，AS-02 浆料 30%。采用高温上浆，浸透、被覆并重，浆槽温度 95℃，双浸双压，压浆辊压力前重后轻，前压浆辊压力 18kN，后压浆辊压力 12kN。上浆率控制在 9%~10% 之间，回潮率控制在（7±0.5）%，车速控制在 50~55m/min。上浆落轴时，各层间用分绞线分开。

（4）织造。采用 GA718 型喷气织机织造，车速 520r/min，电子多臂开口机构。采用中开口，开口时间 310°，中后梁刻度为 -1，减少上下层经纱的张力差异，防止上层经纱下沉，上机张力为 1800N。停经架移至最后位置，将后部梭口延长，减少经纱的断头。纬纱始飞行角为 92°，到达角控制在 225°。

二、大麻混纺抗菌防臭凉爽衬衫面料

1. 设计思路　采用大麻、精梳棉、竹浆纤维通过混纺交织，开发高档薄爽衬衫面料，兼具棉的柔软细腻，麻的滑爽、吸湿排汗、抗菌防臭、防紫外线，竹的抗菌卫生、透气有清凉感等服用性能。

2. 纱线设计　经纱采用 14.6tex 精梳棉/竹浆/大麻（40/40/20）混纺纱，纬纱采用 14.6tex 纯大麻纱。

3. 织物结构设计　设计平纹地经浮长的平纹地小提花组织，边组织采用 $\frac{2}{2}$ 纬重平。组织图见图 5-2。

织物幅宽 160cm，经密 433 根/10cm，纬密 299 根/10cm。经向紧度 61.9%，纬向紧度 42.7%，总紧度为 78.2%。边纱根数 32×2 根，总经根数 6960 根，筘号 206.5 齿/10cm，地组织每筘穿入数为 2 根、边组织每筘穿入数为 4 根。

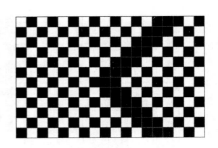

图 5-2　织物组织图

4. 生产工艺要点

（1）络筒。采用 1332M 型络筒机。络筒的难点是纯大麻纬纱，大麻纤维较短，成纱强力较低，生产过程中容易磨毛和碰断，因此络筒要采用 "中等偏小张力、低速度" 的工艺原则，通道要保持光滑，纱线卷绕密度不能过大。络筒速度 630m/min，络筒张力（10.5±0.5）cN，卷绕密度 0.42~0.45g/cm³，结头类型为自紧结。

（2）整经。选用 CGGA114-1800 型整经机，工艺参数配置以较大张力、均匀卷绕、均匀排列为原则，尽量降低整经断头。在中低速、低湿的条件下整经，保证经轴卷绕平整，软硬一致。采取张力分段控制方法，做到张力、排列、卷绕三均匀，尽可能采取多头少轴工艺，车速不宜过快。整经车速和卷绕密度分别确定为 550m/min、0.46~0.50g/cm³。

（3）浆纱。采用 GA332-2000 型浆纱机浆纱。综合考虑棉、竹浆纤维和大麻纤维的性能特点，混纺纱浆纱的目的以减摩、保伸、贴伏毛羽为主，增强为辅。上浆采用 "高浓度、中高上浆、中黏度、重被覆、贴伏毛羽、低回潮、小伸长、轻加压" 的工艺路线。

浆料配方：JS-PVA 30kg，CMC 4kg，Q-918J 40kg，磷酸淀粉酯 45kg，抗静电剂 2kg，蜡片 3kg，润滑剂 14kg，含固量 12%。浆纱工艺参数设定如下：卷绕张力 1800N，托纱张力 1400N，上层退绕张力 250N，下层退绕张力 300N，预压辊压力 8000N，主压辊压力 14000N，预烘筒温度 100℃，主烘筒温度 95℃，浆槽温度（90±2）℃，回潮率（8.5±0.5）%，上浆率（13.0±0.5）%，伸长率<1.0%。

（4）织造。使用 GA747 型剑杆织机织制。采用 "低车速、小张力、早开口、迟引纬" 的上机工艺，以降低断头率，提高效率。后梁高度为 100mm，停经架高度为 60mm。车间温度控制在 26~30℃，相对湿度控制在 78%~82%。由于大麻纬纱较硬，毛羽也较多，为了保证顺利引纬，对大麻纬纱用双氨基硅油 HW 浸泡，让纱体变软后进行引纬。

三、超高分子量聚乙烯/罗布麻交织凉席面料

1. 设计思路　利用罗布麻纤维的远红外功能和超高分子量聚乙烯纤维耐磨性好、低导电性等性能，开发具有天然抑菌、防霉、去异味、触感凉爽等凉席面料。

2. 织物设计　经纱线密度为 73.8tex×2 超高分子量聚乙烯股线，纬纱为 97.2tex×2 罗布麻股线，经密为 120 根/10cm，纬密为 80 根/10cm，成品幅宽 225cm，成品面密度为 370g/m²。组织为芦席斜纹组织，其基础组织为 $\frac{2}{2}$ 加强斜纹、同一方向斜纹线为 3 条。

3. 生产工艺要点　并线采用 FA721 型普通捻线机，车速 13000r/min。超高分子量聚乙烯

短纤纱合股并捻，捻度为 9 捻/cm；罗布麻纤维纱线合股并捻，捻度为 7 捻/cm。

选用国产 G122-2800 型分条整经机，条带卷绕速度为 300m/min，倒轴速度为 50m/min。采用张力盘式张力器，分区段配置整经张力，其张力调节范围在 15~25cN，织轴卷绕密度为 0.48g/cm³。配条工艺为 540 根/条×5 条。

选用意大利天马 11E-280 型阔幅剑杆织机织制。进剑时间 57°，退剑时间 294°，剑头钳口夹持力为 40cN，车速为 300r/min，开口时间为 320°，上机张力为 10kN，梭口高度为 40mm，后梁高度为 5cm 档。

四、羊毛/驼绒、桑蚕丝花呢

羊毛、驼绒和桑蚕丝都属于天然蛋白质纤维，选择此三种原料合理搭配，取长补短，开发呢面光滑匀净、纹路清晰饱满、手感滑爽的高档薄花呢产品。

1. 产品设计　为了便于纱线纺制，充分考虑羊毛、驼绒和桑蚕丝这三种纤维的细度、长度及品质指标。羊毛选配高品质 70 支羊毛或者拉细羊毛，纤维直径 20μm 或以下，纤维长度 80mm 左右。在驼绒原料的选择上，要考虑与羊毛的匹配，选择高品质 70 支驼绒，平均细度 18μm 左右，平均长度 50mm 左右。桑蚕茧选择加工长度 75cm，细度 77.78dtex（70 旦）。

高档薄花呢类对用纱有较高的品质要求，尤其对线密度、捻度及捻向等参数要进行合理选择，否则会影响最终产品的性能与外观。经、纬纱均采用 75% 的 70 支羊毛、18% 的 70 支驼绒与 7% 的 77.78dtex（70 旦）桑蚕丝，毛驼丝混纺纱线密度为 19.23tex×2，单纱 Z 捻、捻系数为 90；股线 S 捻、捻系数为 150。成品规格为：经密 276 根/10cm、纬密 212 根/10cm，组织采用 $\frac{2}{2}$ 右斜纹，幅宽 149cm。

2. 生产工艺要点　纺纱采用半精纺工艺技术，紧密纺单纱后经倍捻成股线。由于纱线为精梳毛纱线，捻度较大，在络筒前要进行蒸纱定捻。络筒时遵循"中速度、小张力、小伸长、匀卷绕"的工艺原则。采用分条整经生产工艺，分区段合理配置整经张力，整经速度不宜过快，以减少纱线的伸长和弹性损失，保证片纱张力均匀和织轴表面平整。采用剑杆织机进行织造，为减少开口不清，易产生蛛网、跳花等织疵，适当加大开口和上机张力，推迟开口时间，降低后梁，车速不宜过快，以提高织造效率和坯呢质量，使织物纹路达到"匀、深、直、清"的效果。

五、丝光羊毛/大麻精纺面料

1. 设计思路　采用丝光羊毛与毛型大麻纤维混纺开发夏季衬衣面料，手感柔软舒适、色泽柔和，布面既具有传统精纺毛织物的风格，又具有大麻纤维滑爽粗犷的特殊效果。

2. 织物规格设计　经纬纱均采用羊毛/大麻（90/10）混纺纱，经纱线密度为 12.5tex×2，纬纱线密度为 20tex。经纱密度 319 根/10cm，纬纱密度为 345 根/10cm，幅宽 153cm，面密度 160.4g/m²，组织采用 $\frac{2}{2}$ 方平。

3. 生产工艺要点

（1）染色。大麻条采用中温型活性染料染色，一浴两步法，先染色后加碱固色，由于活性染料易水解，水解的染料不能发生键合反应，浮色很重，所以加入清洗剂进行清洗。丝光毛条采用兰纳素染料染色，采用冷水起染以提高匀染性，染色温度为98℃，然后冷却至80℃用纯碱固色。大麻条染色工艺曲线如图5-3所示，丝光毛条染色工艺曲线如图5-4所示。

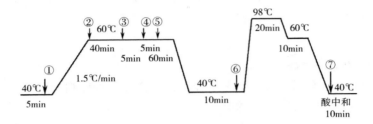

图5-3　大麻条染色工艺曲线

①—阿白格FFC、米勒兰Q、染料　②—元明粉　③④⑤—纯碱（分3次加入）　⑥—清洗剂203　⑦—醋酸

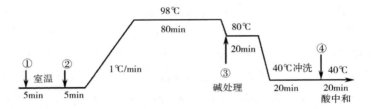

图5-4　丝光毛条染色工艺曲线

①—阿白格FFA、阿白格B、醋酸　②—染料　③—纯碱　④—甲酸

（2）纺纱。条染复精梳工艺流程为：

染色→脱水→复洗烘干→毛球入库→拼毛→混条加油（2次）→针梳（6道）→复精梳→针梳（3道）

纺纱工艺流程为：

混条加油→头道针梳→针梳（2道）→针梳（3道）→粗纱→细纱→络筒→（蒸纱）→并线→倍捻→蒸纱

混条后大麻纤维的黏并、弯钩现象比较严重，故复精梳前安排6道针梳。由于丝光羊毛和大麻的抱合力较差，故将复精梳工序中的落毛隔距调整至28mm，并增加条重和出条卷曲，且复精梳后及前纺的3道针梳均采用小张力，车速控制在100m/min。

（3）织造。采用剑杆织机织制，工艺流程为：

分条整经（上蜡）→穿综→穿筘→织造→坯布检验

（4）后整理。工艺流程为：

烧毛→平洗→双箱烘干→中检→熟修→连蒸→罐蒸→预缩

双箱烘干时加入柔软剂UST（50g/L）、抗静电剂（5g/L）、醋酸（1g/L），为了控制成品布幅宽，采用4% 超喂。

👉 思考题

1. 新型天然纤维主要包括哪些？各有什么特点？
2. 天然彩棉织物的生产工艺要点主要有哪些？
3. 大麻纤维的脱胶技术有哪几种？怎样对大麻织物进行后整理？
4. 罗布麻纤维的主要性能有哪些？加工生产中的要点是什么？
5. 竹原纤维的主要性能是什么？加工步骤包括哪些？各工艺过程的要点是什么？
6. 采用新型天然纤维自行设计一夏季用衬衫面料。

第六章　新型再生纤维素纤维织物的设计与生产

第一节　概　述

一、再生纤维素纤维的开发与生产

再生纤维素纤维的生产方法主要有两种，一种是以黏胶纤维为代表的传统生产工艺法，另一种是采用新型溶剂溶解的生产方法。新型溶剂生产法能够减少环境污染，因此，目前一些新型的再生纤维素纤维采用此法生产。

1. 黏胶纤维　是再生纤维素纤维中产量最大的品种，其产量在再生纤维素纤维中占据绝对优势。由于黏胶纤维生产时的污染等问题，西方发达国家正逐步减少采用传统工艺生产黏胶纤维。亚洲地区，韩国于 1994 年停止了黏胶纤维的生产。日本 2001 年停止了黏胶长丝的生产，黏胶短纤维生产也大幅下降。目前，全世界黏胶纤维生产能力的增长主要集中在中国。

2. Modal 纤维　Modal 纤维在欧洲各国及澳大利亚、日本均有生产。目前，国内市场上出现的 Modal 纤维，主要来自兰精（Lenzing）公司。该产品以山毛榉木浆粕为原料制成，采用的仍是高湿模量黏胶纤维的制造工艺。Modal 纤维价格低于 Tencel 纤维，因此在市场上获得了广泛认可。我国 Modal 纤维的用量已超过了 Tencel 纤维。

3. Polynosic 纤维　Polynosic 纤维最早由日本于 20 世纪 50 年代开发成功，称为"虎木棉"。在欧洲实现了商业化生产，我国在 20 世纪 60 年代生产的富强纤维即属同一类型。与 Modal 纤维相比，Polynosic 纤维具有更高的结晶度和断裂强度，耐碱性好，但不耐疲劳，钩结强度相对较低。2000 年，我国丹东化纤集团引进日本东洋纺公司的生产技术，于 2004 年正式实现了 Polynosic 纤维的国产化，商品名称为 Richcel（丽赛），是我国最早自行生产的高档再生纤维素纤维。

4. 再生竹纤维　以竹子为原料生产的竹纤维分为原生竹纤维和再生竹纤维两类。再生竹纤维是近年来我国自行研发成功的一种再生纤维素纤维，目前市场上有天竹、云竹等名称。由于竹子具有良好的抗菌性，在生长过程中无虫蛀、无腐烂、无需使用任何农药，因此，以竹浆为原料制成的再生纤维素纤维只要工艺合理，能保留一定的有效抗菌成分"竹醌"，就能体现出良好的抗菌性能，这是再生竹纤维区别于其他各种再生纤维素纤维的最大特点。

5. 再生麻纤维　再生麻纤维（麻材黏胶纤维）是我国自主开发生产的产品，我国是世界产麻大国，麻资源非常丰富，再生麻纤维的问世扩大了纤维素纤维生产的原料来源，为麻类作物的综合利用找到了新的途径。河北吉藁化纤有限公司于 2004 年 9 月推出了一种新的再生纤维素纤维——圣麻，实现了以麻类植物为原料的再生纤维素纤维的生产，并获得了专利生产技术。由于保留了天然麻中的抗菌物质，因此以麻为原料的再生麻纤维也具有一定的抗菌效果。

6. Tencel 纤维 Tencel 纤维是一种全新的精制纤维素纤维，它的正式学名为 Lyocell，Tencel 是考陶尔兹公司独家注册的商标名，在我国注册中文名为天丝。Tencel 纤维是采用溶剂直接溶解的方法生产的再生纤维素纤维，生产时将木浆溶于 NMMO 体系，不经化学反应，用喷湿法工艺得到的新一代再生纤维素纤维。Tencel 纤维于 20 世纪 90 年代中期进入中国市场，20 世纪 90 年代后期我国开始了 Tencel 纤维的生产研究，与国外进行研究合作，2006 年 2 月开发成功。

二、新型再生纤维素纤维的结构与性能特点

各种不同的再生纤维素纤维性能上存在着差异，表 6-1 为几种再生纤维素、棉和涤纶的力学性能比较。

表 6-1　再生纤维素纤维及棉、涤纶的力学性能指标

项目	Tencel	Modal	Richcel	竹纤维	圣麻纤维	黏胶纤维	高湿模量黏胶纤维	棉	涤纶
干强（cN/dtex）	4.0~4.2	3.4~3.6	3.4~4.2	2.5~3.0	2.5~2.52	2.2~2.6	3.4~3.6	1.8~4.4	4.2~5.2
湿强（cN/dtex）	3.4~3.6	2.0~2.2	2.5~3.4	1.2~1.7	1.3	1.0~1.6	1.9~2.1	2.1~5.3	4.2~5.2
干伸长（%）	13~16	13~15	10~13	17~22	24	22~25	13~15	3~10	30~40
湿伸长（%）	16~18	14~16	13~15	20~25	25.5	21~29	13~15	9~14	30~40
相对湿强	85	60	70	50~60	50~55	50~60	65~70	105	100
钩结强度（cN/dtex）	2.0	0.8	0.7	1.23	1.23	0.7		2.0~2.6	3.2~4.0
原纤化等级	4	1	3			1		2	
水膨润度（%）	67	63	60			90		40	
结晶度（%）	50	45~50	45~50	40	40	30	60		
回潮率（%）	11.5	12.5	13	13	13	13	12.5	8.5	0.4
吸水率（%）	60~70	60~70		75	110	75		50	
水中膨润度（%）	67	70	60			90		45	3

第二节　新型再生纤维素纤维织物的主要结构参数设计

一、原料选择

（一）Tencel 纤维的原料选择及混纺比确定

1. Tencel 纤维主要品质特征 Tencel 纤维的长度有棉型、毛型、中长型三种，截面形状有圆形与异形。用于棉型织物设计与生产时，较多选用长度为 38mm 的 Tencel 纤维，线密度多为 1.1~1.7dtex；用于精梳毛织物设计与生产时，较多地选用毛型 Tencel 纤维，长度 90mm、线密度 2.4dtex（2.2旦）；用于非织造布生产加工的 Tencel 纤维的线密度可选用

1.67~3.33dtex，长度可选用30~51mm，并可将Tencel纤维与同规格的涤纶、黏胶纤维进行混料来生产非织造织物。

2. 混纺比的确定 Tencel纤维的强伸性非常适合与其他纤维混纺（无论是纤维素纤维还是合成纤维）。目前，Tencel纤维与棉、亚麻、苎麻、绢丝、羊毛、羊绒、涤纶、腈纶、黏胶纤维、大豆蛋白纤维、竹浆纤维、珍珠纤维、牛奶纤维、聚乳酸纤维、竹炭纤维等混纺纱已被成功开发出来。

一般Tencel纤维的混纺比例为10%~70%，应考虑最终产品的风格要求，根据不同品种需求作出相应调整。

（二）Modal纤维的原料选择及混纺比确定

1. Modal纤维主要品质特征 目前国内使用的Modal纤维主要规格见表6-2。

表6-2　Modal纤维主要规格

纤维长度（mm）	纤维线密度（dtex）	纤维长度（mm）	纤维线密度（dtex）
32	1.0，1.3，1.7	90	3.3
38	1.0，1.3，1.7	100	3.3
40	1.0，1.3，1.7	120	5.5
50	1.7，3.3	127	5.5
60	3.3		

上述Modal纤维有本白色、有光、无光，还有小部分纺前着色纤维。市场上除了上述Modal纤维规格外，还有超细Modal纤维，线密度在0.3~1.0dtex之间，还有新型的具有抗菌功能的Modal纤维。

2. 混纺比的确定 Modal纤维可以纯纺，也可以与其他纤维混纺、复合纺，可用传统环锭纺纱加工，也可用转杯纺、紧密纺、赛络纺等新型纺纱方法加工。目前，已生产的Modal纤维纱线的混纺比范围在10%~90%。

（三）Richcel纤维的原料选择及混纺比确定

1. Richcel纤维主要品质特征 Richcel纤维是一种高湿模量纤维，具有断裂强度高、断裂伸长小，吸水率低，尺寸稳定性好，湿态模量高，耐碱性较好等特征，可以经受丝光处理，但钩结强度和耐磨性稍差。目前，该纤维的线密度范围为1.11~5.56dtex，纤维长度为38~100mm，分为棉型、毛型、中长型。

2. 混纺比的确定 Richcel纤维可以纯纺、混纺、复合纺，目前已经面世的产品有Richcel纤维的纯纺纱，有与棉、亚麻、大麻、羊毛、羊绒、大豆蛋白纤维、涤纶、普通黏胶纤维、玉米纤维等的混纺纱，有与天丝、PTT等的复合纱。一般，Richcel纤维混纺纱线的混纺比为20%~70%。

（四）圣麻纤维的原料选择及混纺比的确定

1. 圣麻纤维主要品质特征 圣麻纤维主要有棉型、毛型、中长型三种，其线密度在

1.32~5.5dtex，长度为 20~76mm。棉型圣麻纤维的线密度一般为 1.32~1.67dtex，长度为 32~38mm；毛型圣麻纤维的线密度为 2.2dtex，长度为 76~114mm；中长型圣麻纤维的长度为 51~76mm。

2. 混纺比的确定　圣麻纤维可以纯纺，也可以混纺。圣麻纤维与涤纶混纺时，混纺比在 45%~55%；圣麻纤维与棉混纺时，其混纺比可以控制在 35%~65%之间；圣麻纤维与其他纤维混纺时，其混纺比一般在 20%~65%之间。

（五）竹浆纤维的原料选择及混纺比的确定

1. 竹浆纤维主要品质特征　竹浆纤维有短纤维和长丝纤维。短纤维有棉型、毛型、中长型，可在棉纺设备上、毛纺设备上进行纺纱加工。其短纤维主要规格有 1.33dtex×38mm、1.67dtex×38mm、2.22dtex×51mm、2.78dtex×51mm 等。

2. 混纺比的确定　竹浆纤维可以纯纺，也可以与其他纤维混纺。目前市场上所生产的竹浆混纺纱线的混纺比从 10%~100%都有，但是混纺比在 50%~100%之间者较多。经过研究证明，竹浆纤维的混纺比在 70%以上时具有明显的抑菌效果。

二、纱线设计

（一）Tencel 纤维的纱线设计

1. 线密度　在确定纱线线密度时，应综合考虑织物的重量、风格要求及所选用的织物组织等因素。棉型纱线为 5.83~83.29tex、毛型纱线为 11.36~36.44tex 都已成功被开发。

2. 捻度　设计纱线捻度时，主要考虑织物的风格，但需要指出的是，Tencel 纤维纱线的伸长率低，不宜复捻。如需复捻，则总捻系数宜控制在 7 以内，否则易产生断头。

3. 纺纱方法　有环锭纺纱、转杯纺纱、喷气纺纱等方法，近年来，人们试图用新的纺纱方法（如紧密纺、赛络纺等）来纺制 Tencel 纤维纱线。

4. 品种　用 Tencel 纤维纺纱加工的纱线品种见表 6-3。

表 6-3　Tencel 纤维常见纱线品种

纱线类别及加工方法		纱线线密度（tex）
纱线类别	棉型纱	58.3，29.15，19.43，14.58，11.66，10.1，9.717，7.288，5.83
	毛型纱	11.36，17.55，24.29，36.44
加工方法	转杯纺纱	83.29，58.3，36.44，29.15
	喷气纺纱	14.06，18，19.5
新型纱线开发		复合结构纱线及新型纺纱方法（紧密纺、赛络纺）所纺纱线

（二）Modal 纤维的纱线设计

1. 线密度　Modal 纤维在性能上接近于 Tencel 纤维，但由于其价格上的优势，在国内市场上的使用量已超过了 Tencel 纤维。Modal 纤维的线密度在 0.3~5.5dtex，适合于开发各种线密度的纱线。目前，市场上开发的 Modal 纤维纱线，主要以中偏细特纱为主，线密度范围在

3~58.3tex。

2. 纱线结构及捻度 Modal纤维可以开发普通的纱线，也可以用来开发竹节纱等各种花式纱线、花色纱线及复合结构纱线。Modal纤维蓬松、光滑、卷曲不稳定，纤维之间抱合力较差，容易产生毛羽和粗细节，在纱线设计和生产时，捻系数应中偏大掌握。

3. 纺纱方法 传统环锭纱、转杯纺、紧密纺、赛络纺等都可用来加工Modal纤维。

4. 主要品种 目前，市场上生产和销售的Modal纤维纱线见表6-4。

表6-4 Modal纤维纱线主要品种

纱线原料	混纺比（%）	线密度（tex）	纺纱方法	纱线原料	混纺比（%）	线密度（tex）	纺纱方法
Modal/棉	60/40	14.5，9.7	环锭纺	Modal/氨纶		4.44（40旦），4.44（40旦）	环锭纺包芯纱
Modal/棉	65/35	13	环锭纺	Modal/涤纶	80/20	18.2竹节纱	环锭纺
Modal/白棉/黑棉（色纺）	50/37.4/12.6	14.5，29	环锭纺	Modal/棉	40/60	14.5，29	环锭纺
Modal/棉	50/50	18.2	环锭纺	Modal 纯纺		14.5	紧密纺
Modal 纯纺		9.7，11.7，12.1，14.5，18.2，20.8，23.3，27.8	环锭纺	Modal/亚麻	80/20	19.7	紧密纺
Modal 纯纺		19.5，14.5	赛络纺	Modal/毛	50/50	14.3，20.8	环锭纺
Modal/棉	50/50	19.5，14.5	赛络纺	中长腈纶/Modal	70/30	14.8	环锭纺
Modal/细旦涤纶	80/20，70/30，60/40	18.2	环锭纺	Tencel/Modal/珍珠纤维	40/30/30	14.8	赛络纺
Modal/苎麻	70/30	28，18.2	环锭纺	涤/亚麻/Modal	40/40/20	19.7	环锭纺
Modal/涤长丝包芯纱		14.5+3.3	环锭纺	Modal/竹/棉	20/20/60	14.5	环锭纺
Modal/玉米纤维	50/50	14.5	环锭纺	Modal/毛/维纶伴纺	25/60/15	16.2	环锭纺

（三）Richcel纤维的纱线设计

1. 线密度 由于Richcel纤维的强度较高，细度较细，所以适宜纺制细特纱线。目前，已纺制的纱线线密度范围为7.3~58.3tex。

2. 捻度 由于纤维表面比较光滑，易产生毛羽，所以纺纱时捻度可以偏大掌握。

3. 纺纱方法 环锭纺纱、转杯纺纱、喷气纺纱等都可以用来纺制Richcel纤维纱线。由于Richcel纤维表面比较光滑，近年来，开始使用新的纺纱方法如紧密纺、赛络纺来纺制

Richcel 纱线。

4. 品种　目前，已纺制成功的 Richcel 纤维纱线品种见表 6-5。

表 6-5　Richcel（丽赛）纤维纱线品种

纱线原料	混纺比（%）	线密度（tex）	纺纱方法	纱线原料	混纺比（%）	线密度（tex）	纺纱方法
丽赛	100	14.7	环锭纺	丽赛/涤纶	65/35	11.7	环锭纺
丽赛	100	27.8	环锭纺	涤/棉/丽赛	50/30/20	7.3	环锭纺
丽赛	100	18.3	环锭纺	丽赛/亚麻绒	70/30	19.7	环锭纺
丽赛	100	11.85	喷气纺	丽赛/大麻绒	70/30	20.8	环锭纺
丽赛	100	14.6	赛络纺	丽赛/亚麻绒/棕棉/羊毛	50/25/15/10		环锭纺
丽赛/精梳棉	50/50	11.7	环锭纺	PLA/丽赛/驼绒	40/40/20	14.8	环锭纺
丽赛/精梳棉	50/50	18.2	环锭纺	丽赛/PTT/山羊绒	67/25/8	14.8	环锭纺
丽赛/精梳棉	70/30	14.7	赛络纺	丽赛氨纶包芯竹节纱		36.4+7.77（70旦）	环锭纺
丽赛/精梳棉	50/50	14.5	环锭纺	丽赛氨纶包芯纱		48+4.44（40旦）	环锭纺
丽赛/涤纶	60/40	12.3	环锭纺				

（四）圣麻纤维的纱线设计

1. 线密度　圣麻纤维可纯纺 9.5~72tex 的纱线，混纺纺制 7.5~72tex 的纱线。

2. 捻度　圣麻纤维纱线的捻度，主要根据织物风格而定，从工艺上讲，因为圣麻纤维有较小的摩擦系数和抱合力，成纱捻系数应该偏高掌握。

3. 纺纱方法　可以用各种纺纱方法来纺制圣麻纤维及其混纺纱线。

4. 品种　目前，已纺制成功的圣麻纤维纱线品种见表 6-6。

表 6-6　圣麻纤维纱线品种

纱线原料	混纺比（%）	线密度（tex）	纱线原料	混纺比（%）	线密度（tex）
圣麻/Modal/棉	45/30/25	13	圣麻/棉	65/35	7.35
圣麻/天丝/棉	50/30/20	13.1	圣麻/棉	55/45	27.8
圣麻/天丝/竹炭	20/20/60	9.8，14.7	圣麻/棉	60/40	18.5，19.7
圣麻/涤纶/棉	45/35/20	7.3，13.1，18.5	圣麻/棉	50/50	14.7，28
圣麻/涤纶/棉	50/25/25	7.3	圣麻/涤纶	50/50	18.5
圣麻/涤纶/棉	55/25/20	5.9	圣麻/涤纶	55/45	9.7
圣麻/涤纶/棉	50/20/30	4.9	圣麻/Coolplus	65/35	14.6

（五）竹浆纤维的纱线设计

1. 线密度 竹浆纤维纱线的线密度与其混纺比有关，目前国内纯纺的竹浆纤维纱线的线密度最小为9.7tex，线密度范围为9.7~83.3tex；竹浆纤维与其他纤维混纺纱的线密度最小为5.8tex，线密度范围为5.8~83.3tex。

2. 捻度 竹浆纤维纱线的捻度，主要根据织物风格而定，从工艺上讲，竹浆纤维纯纺和混纺纱线相比捻系数要偏大掌握。

3. 纺纱方法 环锭纺、转杯纺、喷气纺、紧密纺、赛络纺等都可用来加工竹浆纤维。

4. 品种 纱线主要品种见表6-7。

表6-7 竹浆纤维纱线品种

纱线原料	混纺比（%）	线密度（tex）	纺纱方法	纱线原料	混纺比（%）	线密度（tex）	纺纱方法
纯竹浆纤维	100	9.7, 13, 14.6, 18.4, 19.5, 27.8, 29.2, 36.8	环锭纺	竹/棉	65/35	19	环锭纺
纯竹浆纤维	100	27.8, 36.8, 58.8, 83.2	转杯纺	竹/棉	50/50	18.4, 27.8, 36.4	环锭纺
纯竹浆纤维	100	18.5	赛络纺	竹/棉	60/40	5.8, 7.2, 9.7, 14.5	环锭纺
竹浆纤维氨纶包芯纱		29.2+4.4	环锭纺	竹/棉	70/30	14.5, 19.5, 21, 42	环锭纺
竹/天丝/棉	70/20/10	9.7	环锭纺	竹/棉	40/60	13	环锭纺
竹/涤	70/30	9.7, 13.1, 19.5, 29.4	环锭纺	竹/FDY包缠纱		14.2+3.3, 18.4+5.56	环锭纺
竹/涤竹节纱	65/35	13.6	环锭纺	竹/Tencel	50/50	14.7, 20.7, 27.8	环锭纺
竹/Coolmax	60/40	14.7, 22.4	环锭纺	竹/棉/莫代尔	30/60/10	11.7	环锭纺
竹/Amicor	55/45	18.5	环锭纺	竹/大麻氨纶包芯纱	45/55	27.8+4.4	环锭纺
竹/Amicor	60/40	19.7, 27.8	环锭纺	竹/毛/羊绒	20/75/5	50	环锭纺

三、织物组织设计

织物组织的设计，应结合生产实际进行合理选择。织物组织的选择主要是根据织物最终用途而定，同时，要最大限度地发挥纤维原料的优良性能，选择能够体现织物性能要求的组织结构。选择时，可以参考以下三个原则。

（1）开发轻薄型面料时，选用的组织多为平纹、斜纹等较为简单的织物组织；生产较厚织物时，可选择双层组织等；生产中等厚度织物时，可选择联合组织、变化组织等。

（2）设计用于内衣及夏装的织物时，应该考虑织物正反面组织点的分布。例如，真丝与涤丝交织的织物，在组织选择时，要注意尽量让真丝纱与皮肤接触，故可选择经面组织或纬面组织（这要看真丝作经丝还是纬丝）。

（3）如果要设计仿麻风格的织物，就要体现麻纤维纱线的条干外观特点，可选用重平等平纹变化组织及绉组织等，以突出麻织物的风格；如果织物外观要求粗狂，则可选择凹凸感强的织物组织；如果要体现织物的细腻外观，则应选择能够增加平整细腻感的织物组织。

四、织物密度设计

再生纤维素织物的密度设计与常规织物的密度设计基本相同，可参照相同线密度纱线的同类产品进行密度设计。

第三节　新型再生纤维素纤维织物的生产工艺与要点

一、Tencel 纤维织物的生产工艺与要点

（一）纺纱工艺与要点

由于 Tencel 纤维的干、湿强力与涤纶相近，其纺织加工性能更接近于合成纤维，故用于合纤的纺织加工方法大都可适用于 Tencel 纤维。

下面以棉型 Tencel 纤维（1.3~1.7dtex，38mm）纯纺工序为例进行说明。

1. 纺纱工艺流程

A002D 型圆盘抓棉机→A036C 型豪猪开棉机→A092A 型双棉箱给棉机→A076C 型单打手成卷机→1181F 型梳棉机→FA311 型并条机（两道）→A454G 型粗纱机→INA 牵伸细纱机→SAVIO 型自动络筒机

（1）原料规格说明。选用产地为美国的 Tencel 纤维，色泽乳白，卷曲数 5.5 个/cm，纤维强度 3.86cN/tex，线密度 1.67dtex（1.5 旦），长度 38mm。

（2）工艺流程说明。Tencel 纤维清洁，无杂质，不需精梳工序，可由梳棉直接并条，节约成本。

2. 纺纱中易出现的问题及解决办法

（1）Tencel 纤维电阻率偏大，棉卷较蓬松易粘卷，生产时应加用材料使粗纱防粘或运用凹凸罗拉防粘，梳棉和并条工序的喇叭口应比纺棉纱时偏大。

（2）Tencel 纤维对温湿度较敏感，不能用皮辊剥棉，否则易缠道夫，应用斩刀剥棉。

（二）织造工艺与要点

1. 准备工序的注意事项　Tencel 纤维的特点及准备工序应注意的事项见表 6-8。

2. 织造工序的注意事项

（1）织机使用情况。生产 Tencel 纤维的织机种类有剑杆织机、喷气织机、片梭织机、有梭织机等；筘幅有 127~150cm、151~190cm、191~320cm，其中筘幅 151~190cm 的织机约占总数的 50%；纬纱以 4~6 色的居多；织机使用最多的是喷气织机，其次是剑杆织机。

（2）织造中易出现的毛病及其解决办法（表 6-9）。

表 6-8　Tencel 纤维特点及准备工序注意事项

Tencel 纤维特点	注　意　事　项
刚性强	1. 容易脱散 （1）避免上油处理（特别是筒子染色时，建议用蜡） （2）使用捻接器时应注意以下三点： ①调整退捻 ②调整接头长度 ③调整加捻时的空气压力 2. 当使用 11.66tex 的纱时，由于成纱截面内的纤维根数较少，成纱强力可能不够，会给后道工序的加工带来不便
使用汽蒸定形会降低染色亲和性	1. 汽蒸时定形温度宜低于 60℃ 为宜 2. 使用汽蒸定形后的纱，最好使用双梭织造，以减小色差 3. 通过蒸化处理，可产生固捻效果
易产生毛羽	1. 尽量避免倒筒 2. 纱运行时要控制纱速，张力要低一些 3. 经常清洁 4. 最好使用双梭织机
伸长率低	整经操作时，要力求经纱张力均匀

表 6-9　织造中易出现的毛病及其解决办法

毛病	解　决　办　法
横档	降低转速，减少断头；减少浆纱断头；随机检验；安装防止横档的装置；正确控制经纱张力；调整回弹量；严格控制温湿度；研究经纱上浆率；缩短停机时间
折皱	安装折皱拉平装置；改善织边装置；采取措施防止卷布时的折皱发生；卷布辊卷得紧一些
边撑疵	使用特定边撑；定期清扫边撑
断纬	纬纱上蜡；使用防止断纬的特种边撑；调整经纱张力；减少纬纱密度
跳纱	采用反织；调节开口定时；研究检测浆料、上浆量
落进电花	安装吹风装置吹走飞花；调整车间温湿度

（三）染整工艺与要点

1. 染整加工中的难点

（1）Tencel 纤维中的纤维素分子原有的晶体未遭破坏，纺丝后形成的超分子结构的结晶度很高，纤维分子的大部分链段处于有序排列中，使无定形区的侧面横向连接少而且弱，容易开裂而形成"原纤"，在湿态及机械摩擦作用下，织物表面会浮现出一层直径仅有 1~4μm 的短茸毛，呈半透明状如"霜白"。

（2）Tencel 纤维的横向溶胀度很大，约 40%，使织物在湿态下变得结构紧绷而僵硬，绳状加工时易产生擦伤、皱痕，而且皱痕一旦形成则不易消失，染色后会更为明显。

2. 染整加工工艺　针对 Tencel 纤维织物的染整加工难点，在加工织物时，可有两大加工方式，一是光面织物的加工工艺，二是起绒织物的加工工艺，两者在加工过程中，具有不同的特点。

（1）光面织物的加工工艺。

前处理→初级原纤化→酶清洗→平幅染色→酶清洗→平幅定形

（2）绒面织物的加工工艺。

前处理→初级原纤化→酶清洗→染色→二次原纤化→定形

3. 染整加工工艺要点

（1）前处理。采用退、煮、漂一步法工艺，双氧水稳定剂 8～11mL/kg，NaOH 40g/kg，精练剂 3～5mL/kg，双氧水 8～15mL/kg。

（2）初级原纤化。Tencel 纤维容易原纤化，对染色造成困难，所以可用纤维素酶清除坯布表面的短纤维。初级原纤化最好在气流喷射染机内进行。

（3）酶处理。酶处理是清除 Tencel 原纤的主要途径，采用的纤维素酶能促使纤维素水解成葡萄糖。实验表明，酸性酶对纤维素作用剧烈，可加速 1,4-纤维素苷键的断裂，时间短，用量低，效果明显，故使用酸性酶较合适。实际操作时要严格控制工艺，特别是温度和酸碱度，最好用缓冲剂调节 pH 值。缓冲剂一般由醋酸—醋酸钠组成。

（4）染色。Tencel 纤维的染色性能好于其他纤维素纤维，但 Tencel 纤维易原纤化，染色时纤维易溶胀，一般采用多活性基团的活性染料来缓解这一现象。多活性基团的活性染料其抗原纤化作用与活性基团在染料分子上的位置、活性基团间距、发色基团的大小和数目、染料分子桥基的弹性、反应基团活性和染料扩散等有关，并且上染的能力还直接受染色深浅的影响。

染色结束后，还需针对产品的最终外观要求采取相应的加工方式。如织物有光洁表面要求时，可采用如下染色后处理工艺：

平幅浸渍树脂→烘燥→焙烘→非绒面成品

为改善织物粗糙的手感，提高织物的耐磨性，树脂整理时可在整理浴液中加入适当的柔软剂。若成品要求有绒面效果时，染色后应进行二次原纤化。值得注意的是二次原纤化和初级原纤化是不同的。

（5）二次原纤化。

①要求具有桃皮绒风格的织物外观。该工艺可在气流喷射染色机或转笼设备中进行，工艺处方为：柔软剂 2%～4%，pH 值 5～6，浴比 1：（5～20），温度 30～40℃，时间 20～30min。

②要求具有砂洗风格的织物外观。工艺流程为：

染色→绳状浸渍树脂→干燥→二次原纤化→定形

干燥时必须将织物含湿率控制在 20% 左右，然后在转笼设备中按桃皮绒风格进行二次原纤化，最后焙烘定形。

4. 染整加工过程中易出现的问题及解决办法

（1）擦伤。擦伤是由于 Tencel 纤维本身吸湿膨胀变硬，在生产中自身相互剧烈摩擦及与设备发生剧烈摩擦所造成的。可通过合理选择加工设备以及合理选择气流机中润滑剂用量、提布辊的速度、装布量、浴比、水温等方法加以解决。

（2）折痕。织物的折痕有两种形式。第一种是因织物之间相互挤压而形成的折痕，一般为鸡爪状或横向的白痕。可通过降低气流机装布量来减少织物之间的挤压，添加润滑剂能减弱折痕程度。同时要注意在织物的存放过程中，湿布要及时烘干，干布（包括坯布）若长时间不用则应打卷后再存放。第二种是因设备原因形成的，多为纵向白痕。处理方法是使用无张力松式烘干机，同时松式烘干还能通过调节超喂量来有效控制面料的缩水率。

（3）色差。在采用活性染料平幅卷染时，宜选择初染率低而移染率高的品种，采用多次加盐、多次加碱的方式来控制色差的产生。

5. 织物桃皮绒风格的实现

（1）第一次原纤化一定要彻底，否则即使后道酶处理彻底了，在二次原纤化时较长的原纤也会再次裂解而出。原纤化的效果与织物中 Tencel 纤维的含量、纱线捻度、织物密度以及织物在气流机中的运转速度、温度、时间、pH 值等成正比，与织物的克重及在气流机中的装布量、浴比、润滑剂用量等因素成反比，另外还与织物的织法有关。生产中要综合考虑以上因素，合理调节。

（2）纤维素酶处理会影响原纤化的效果，而且影响原纤化的因素同样也会影响酶处理的效果，在保证酶处理效果的条件下，还要考虑强力（包括拉断强力和撕破强力）下降因素，要合理掌握酶的用量、处理时间。针对 Tencel 纤维纯纺以及与不同纤维混纺和交织情况，要合理选择使用不同种类型号的纤维素酶。实际生产中还要注意对酶的低温保存，否则酶活力会下降而导致工艺不稳定。

（3）若使用气流机绳状染色，则在染色的同时即可完成二次原纤化；若采用平幅染色，则必须在酶处理后再进行二次原纤化，二次原纤化的温度、时间、pH 值可低于第一次原纤化的工艺条件。

二、Modal 纤维织物的生产工艺与要点

（一）纺纱工艺与要点

Modal 纤维集天然纤维与合成纤维的优点于一身，具有较大的产品开发空间，它可以与天然纤维、化学纤维混纺，也可以纯纺。下面以棉型 Modal 纤维纯纺纱为例进行说明。

1. 纺纱工艺流程

A002D 型抓棉机→ A006B 型混棉机→ A036 型梳针打手开棉机→ A092A 双棉箱给棉机→A076C 型成卷机→ A186D 型梳棉机→ A302 型并条机（两道）→ A454 型粗纱机→FA502 型细纱机

2. 主要工艺参数及技术措施

（1）开清棉。采用"精细抓取、少打击、低速度"的工艺原则，做到精细抓取，混合均

匀。Modal 纤维杂质较少，重在开松，因此 A036 型豪猪开棉机选用梳针打手，减轻纤维损伤。A076C 型成卷机的综合打手速度适当降低，以避免在开清棉过程中纤维揉搓成棉结，棉卷罗拉速度适当降低，以稳定棉卷质量。主要机件的打手速度及转速为：A036C 型打手速度为 390r/min，A076C 型成卷机综合打手速度为 760r/min，A092A 型剥棉打手速度为 400r/min，A092A 型均棉罗拉转速为 300r/min，棉卷罗拉速度为 11.5r/min。

（2）梳棉。梳棉各工艺隔距与纺纯涤纶品种时相似，遵循"轻定量、低速度"的工艺原则。由于 Modal 纤维较蓬松，为使纺出棉网清晰、生条条干均匀，上下压辊与小轧辊之间的加压应尽量减小；隔距较纺棉时适当加大，以减少绕花现象，减少棉结的产生。主要机件速度和有关隔距如下：道夫速度为 17r/min，给棉板—刺辊罗拉隔距为 0.26mm，锡林盖板隔距为 0.28mm、0.25mm、0.025mm、0.25mm、0.28mm，锡林—道夫隔距为 0.10mm。

（3）并条。并条采用"轻定量、慢速度"的工艺原则。牵伸分配要合理，选用头道并条后区牵伸大、二道并条后区牵伸小的工艺，有利于纤维平行伸直。罗拉隔距及摇架加压适当偏大掌握，以减少纺纱过程中的绕花现象，确保在牵伸过程中纤维稳定运动，提高条干均匀度。

（4）粗纱。粗纱采用"轻定量、低速度、大捻系数"的工艺原则，同时控制好粗纱的回潮率，以减弱粗纱中纤维的刚度，减少纤维相互排斥和静电聚集现象。轻定量可减少细纱的总牵伸倍数，减少细纱工序中纤维在牵伸运动中的移动偏差，可改善条干不匀，捻系数大有利于减少毛羽的形成。

（5）细纱。细纱工序采用"较小的后区牵伸、低速度、大捻度、大后区隔距、小钳口隔距、中加压"的工艺原则。要使用软硬适中的软弹涂料胶辊，有利于控制浮游纤维。降低速度可减少离心作用和静电聚集现象对成纱质量造成的影响。车间温度要控制在 25~30℃。

3. 纺纱中应注意的问题

（1）注意纺纱过程中的湿度控制，Modal 纤维回潮率较大，需要进行预开松。

（2）纯纺 Modal 纤维纱，各工序的通道必须定期检查、清洁，以减少棉结的产生。

（3）纯纺 Modal 纤维纱，各工艺参数的配置对成纱质量影响较大，特别是粗纱的速度、粗纱捻系数及细纱速度的合理配置，对改善成纱条干 CV 值、粗节、细节等质量指标较为明显。

（二）织造工艺与要点

以 JC/Modal（50/50）18.2tex×18.2tex，622 根/10cm×315 根/10cm，162.6cm 条格布为例介绍其织部生产工艺。

1. 生产工艺流程

经纱：络筒(村田 No.7-7)→整经(贝宁格 ZC-L)→上浆(卡尔迈耶)→穿(结)经┐
纬纱：络纬(村田 No.7-7)───┘

织造（丰田 JAT610）→坯布整理

2. 生产工艺要点

（1）络筒。Modal 纤维纱强力高、伸长小、条干均匀、杂质少、毛羽多而长，故宜采用

"低速度、小张力、大隔距"的络筒工艺。络筒速度必须控制在 1000m/min 以内，以减少摩擦和伸长，Modal 纤维纱身光滑，宜采用空气捻接器接头或自紧结。络筒工艺参数为：络纱张力 9~10 档，络筒线速度为 950m/min。

（2）整经。采用"低速度、小张力"工艺，以保持纱线的弹性。在设备允许的条件下，尽量采用整批换筒，分段配置张力圈重量。贝宁格 ZC-L 型整经机采用张力棒导纱，通道光洁，有利于控制毛羽再生并适当减少毛羽。为保证全幅经纱张力均匀一致，升速要快，速度要恒定。为了减少后工序的并绞头，在落轴前穿一根分层绞线，每轴一根。主要工艺参数为：整经速度 600m/min，滚筒压力值 7 档，张力配置 15 档，卷绕密度 0.53~0.58g/cm³，伸缩筘横动距离 2cm。

（3）浆纱。由于 Modal 纱及其混纺纱与纯棉纱相比单纱强力与纯棉纱接近，而毛羽却比纯棉纱多，其弹性接近于涤棉纱，吸浆性能好，因此浆纱工序宜采取"以贴伏毛羽为主，渗透、被覆并重，严格控制回潮"的原则，注意调浆的浆液含固量。本例产品的浆料配方及调浆工艺见表 6-10，上浆工艺及上浆效果见表 6-11。

表 6-10　浆料配方及调浆工艺

项目	参数	项目	参数
PVA-1799（kg）	12.5	SA-100 平滑剂（kg）	2
PVA-205MB（kg）	10	浆液含固量（%）	10.5
磷酸酯变性淀粉（kg）	50	浆槽温度（℃）	90~92
CMC（kg）	2	浆槽黏度（s）	8~10
丙烯酰胺（kg）	12.5	pH 值	7~8

表 6-11　上浆工艺及上浆效果

项目	参数	项目	参数
浆纱机型	卡尔迈耶	托纱张力（N）	2400
低速 4m/min 时的压浆力（kN）	前压浆辊压力 7	干区烘筒温度（℃）	120
	后压浆辊压力 4	湿区烘筒温度（℃）	140
高速 50m/min 时的压浆力（kN）	前压浆辊压力 22	后上蜡（%）	0.3
	后压浆辊压力 8	浆纱伸长率（%）	<1.5
入口张力（N）	250	浸没辊深度	浆液面与浸没辊中心平齐
湿区张力（N）	280	浆纱回潮率（%）	5.5~7
卷绕张力（N）	1600		

（4）织造。不同型号的织机，对织造工艺的要求有差异，但总体来说，Modal 纤维吸湿性强，干湿强力存在差异，因此要控制好车间温湿度。另外，Modal 纤维纱因毛羽较多，在

织造时，容易在经停架处形成毛羽聚集，形成"绞花"现象，因此要注意清洁。织造采取"早开口、中小张力"的工艺原则。本例产品采用丰田 JAT610 型喷气织机织造，主要织造工艺参数见表6-12。

表6-12　织造工艺参数

项目	参数	项目		参数
织机速度（r/min）	550~560	主喷时间（°）		100
上机张力（N）	1820	辅喷时间（°）	1#	110~170
织口高度（mm）	4		2#	128~188
综框高度（mm）	86, 84, 82, 80, 78, 76		3#	155~215
开口量（mm）	80, 85, 90, 95, 100		4#	177~237
开口时间（°）	300		5#	188~300
后梁位置	前后　+4格	经停架位置（mm）		前后落 135
	高低　-1格			高低　-1格

（三）染整工艺与要点

Modal 纤维不仅具备传统黏胶纤维吸湿、凉爽、飘逸、透气的特点，同时又具有湿模量高、原纤化程度低、缩水率低等优点。与 Tencel 纤维相比，对染整生产装备的要求也相对较低。

在染整加工过程中，主要注意以下三点：

1. 烧碱对 Modal 纤维织物的影响

（1）烧碱的浓度对 Modal 纤维织物强力影响较大，在纬向施以张力的情况下，经碱浓度大于 150g/L 处理的织物比碱浓度小于 80g/L 处理的织物纬向强力差异近 20%。

（2）碱浓度越大，手感越硬，经 150g/L 处理后的 Modal 纤维织物手感明显硬于低浓度处理后的织物手感。

（3）Modal 纤维织物对各种染料的上染率不尽相同，但是经过浓度在 50~80g/L 的烧碱处理 15~20min 后，染料上染率普遍提升 20%~30%，甚至更高。

2. 温度对 Modal 纤维织物的影响　高温干热会对 Modal 纤维织物的强力产生损伤，当织物必须经高温加工时，温度应以不超过 180℃ 为宜，时间也应尽量短些。在不带碱的情况下，湿热汽蒸对 Modal 纤维织物影响不大，但在前处理带碱的情况下，湿热加工时间太长会对织物强力及外观造成极大的损伤，必须十分慎重。

3. 水对 Modal 纤维织物的影响　Modal 纤维的浸水膨胀性虽比传统的黏胶纤维降低 20%~30%。但比棉仍约高 80%，因此 Modal 纤维织物在染整加工过程中，浸水膨胀特征仍表现得比较突出，特别是在轧染机等连续性设备上加工时，织物从干态到浸入溶液的一瞬间，布幅迅速膨胀扩大，加之经向存在张力，纬向的扩展部分来不及向外舒展，极易产生加工皱条。对此，应针对各不同工序采取相应的缓解措施，以消除皱条，提高正品率。

三、Richcel 纤维织物的生产工艺与要点

（一）纺纱工艺与要点

1. 纺纱工艺流程

（1）Richcel 纤维纯纺工艺流程。

A002D 型往复式抓棉机→ A006B 型混棉机→ A036C 型开棉机→ A092 型给棉机→ A076 型成卷机→ A186D 型梳棉机→ FA303 型并条机（二道）→ A454G 型粗纱机→ FA507 型细纱机

（2）混纺工艺流程。

①Richcel 纤维：A002D 型往复式抓棉机→ A006B 型混棉机→ A036C 型开棉机→ A092 型给棉机→ A076 型成卷机→ A186D 型梳棉机

②其他纤维的生条加工过程同其常规工艺。

①+②：FA303 型并条机（三道）→ A454G 型粗纱机→ FA506 型细纱机

2. 各工序主要工艺参数

（1）开清棉。Richcel 纤维长度长，整齐度好，纤维表面光滑柔软，抱合力差，不含杂质和短绒，在开清过程中，重在开松梳理，尽量减少对纤维的打击程度，以减少纤维损伤和短绒。因此，开清棉工序要采用"多松少打、多收少落、多混合少翻滚、低速度"的工艺原则，各机件打手速度要适当降低，A036C 型采用梳针打手。开松机件的速度为：A006B 型打手速度为 410r/min，A036C 型打手速度为 405r/min，A076 型综合打手速度为 900r/min。

（2）梳棉。采用"轻定量、低速度、多梳理、快转移"的工艺配置。适当降低生条定量，能减少锡林和盖板针面负荷，使梳理力加大而使棉束获得充分分梳，以减少棉结的产生；为减少因纤维转移不良而造成的棉结，可适当提高锡林与刺辊速比，最好选择 2∶1 以上，以确保棉网顺利转移；同时，要适当放大锡林至盖板间的隔距，采用工作角较小的金属针布，减少纤维沉淀与损伤，有利于纤维转移。其主要工艺参数为：生条定量一般为 20.32~22.48g/m，锡林速度为 320r/min，刺辊速度为 790r/min，道夫速度为 22.5r/min，盖板速度一般在 86~90mm/min，锡林—盖板间隔距为 0.23mm、0.20mm、0.20mm、0.20mm、0.23mm。

（3）并条。采用"轻定量、低速度、重加压、大隔距、顺牵伸"的工艺配置。采用两道顺牵伸的并条工艺，以改善条子的重量不匀。适当加重压力，防止罗拉打滑，使握持力和牵伸力相适应，确保纤维在牵伸中稳定运动，以利于条干水平的提高。适当降低车速，能减少纤维缠绕罗拉和胶辊的现象。一般头并条子定量为 19.80~20.2g/5m，二并为 18.70~19.60g/5m，三并为 17.38~18.12g/5m，罗拉隔距（mm）13×18，加压（kg）30×32×30。

（4）粗纱。采用"低速度、重加压、大捻系数，小钳口隔距，小后区牵伸"的工艺原则。由于 Richcel 纤维柔软顺滑，抱合力较小，在细纱不出硬头的前提下，粗纱捻系数要偏大掌握，要用好粗纱防细节装置，保证各牵伸部件回转灵活，控制好粗纱伸长率，减少意外伸长产生。粗纱的工艺参数范围见表 6-13。

表 6-13 粗纱主要工艺参数

工艺参数	定量 （g/10m）	前罗拉速度 （r/min）	锭速 （r/min）	隔距 （mm）	后区牵伸 倍数	加压量 （kg/双锭）	伸长率 （%）	钳口隔距 （mm）
数值	3.98~4.26	170~180	550~600	28×35	1.27~1.32	26×15×20	1.2~1.3	5

（5）细纱。采用"两大两小"纺纱工艺（即大捻系数，大后区罗拉隔距，小后区牵伸，小钳口隔距），同时，为了减少成纱毛羽要适当加重钢丝圈重量。细纱主要工艺参数见表 6-14所示。

表 6-14 细纱主要工艺参数

工艺参数	钳口隔距 （mm）	后区牵伸 倍数	罗拉隔距 （mm）	加压量 （kg/双锭）	前罗拉速度 （r/min）	锭速 （r/min）	镀瓷导纱钩 孔径（mm）
数值	2.5~3.0	1.25~1.32	18×25	14×12×16	180~195	13000~14000	2.5

（二）织造工艺与要点

Richcel 纱线因其比电阻大，易原纤化，易产生静电、毛羽，因此，要降低织部各通道的摩擦力，控制好温湿度，减少毛羽产生；并优化浆料配方，提高浆纱质量，增强纱线强力和耐磨性，贴伏毛羽。下面以纯纺 7.2tex×2/7.2tex×2 524 根/10cm×314 根/10cm 府绸为例，说明织部加工工艺流程及工艺要点。

1. 织部工艺流程

萨维奥自动络筒机→1391 型捻线机→l332M 型槽筒机→贝宁格整经机→祖克浆纱机→穿结经→ZA205i-190 型喷气织机

2. 工艺参数及要点

（1）络筒。采用"低车速、轻张力、小伸长、保弹性"的工艺原则。尽量避免产生毛羽，在保证卷绕成形良好的条件下张力以小为宜。络筒速度为 700m/min。

（2）整经。采用"低车速、小张力"的工艺原则。在贝宁格整经机上生产时，主要工艺参数为：速度控制在 600~800m/min 范围内，张力圈配置前中后分段，车速为 650m/min，张力圈 3g，1 2 3 4 5 段，5 4 3 2 1 格。

（3）浆纱。与普通黏胶纤维浆纱工艺接近，为保证做到减磨、保伸、毛羽贴伏，要采取"高浓、低黏、中压、轻张力、小伸长、湿分绞、保浆膜、后上蜡、浸透被覆并重"的工艺原则。浆料配方为：PVA-1799 50kg，JS-1 16.5kg，HB-93 变性淀粉 37.5kg，TS-65 抗静电剂 0.5kg。采用祖克浆纱机的主要工艺参数见表 6-15。

（4）织造。Richcel 纤维织物织造时，容易出现起毛、起球，导致纱线断头率增高，对环境温湿条件比较敏感，纱线回潮率低于 7% 时，断头率也会增高。因此，织造时要注意控制车间温湿度在 70% 以上，控制好上机张力，减少纱线摩擦，以保证织造顺利进行。

表6-15　浆纱主要工艺参数

工艺参数	数值	工艺参数	数值
浆槽温度（℃）	90	卷绕张力（N）	1800
浆液黏度（s）	6~8	上浆率（%）	13.9
第一压浆辊压力（kN）	10	回潮率（%）	9
第二压浆辊压力（kN）	低压8	伸长率（%）	≤0.8
	高压16	后上蜡（%）	0.4

（三）染整工艺与要点

Richcel纤维染色性能与黏胶纤维有一定的相似性，但是由于其结构性能上的差异，在染整加工过程中，仍然有其独特之处。

（1）由于Richcel纤维纯纺及混纺织物表面具有长短不齐、分布不规则的绒毛，造成织物表面不光洁，这不仅影响布面效果，而且也会影响染整质量，使布面产生染色不匀和疵点，降低产品档次，所以要进行烧毛处理。可采用常规棉织物的烧毛工艺处理。

（2）Richcel纤维杂质含量少，浆纱采用的浆料以变性淀粉浆为主，也有少量PVA等化学浆料。考虑到Richcel纤维耐碱性不如棉（纤维强力在高温、强碱的共同作用下会有较明显的下降），宜采用低碱冷轧堆退浆。该工艺条件温和，对纤维损伤程度小，具有操作简便、节能、环保等特点。

（3）如果Richcel纤维与棉等纤维混纺时，在后处理过程中需要练漂处理，因Richcel纤维在强碱条件下强度会受损，练漂时不宜采用液煮法，而应采用干态汽蒸工艺，并适当缩短练漂时间，以保证织物良好的强力。

（4）Richcel纤维聚合度、结晶度均较黏胶纤维高，内表面积大，匀染性能差，故需通过丝光处理来改善和提高其染色性能。实践证明，Richcel纤维与棉的混纺织物，半丝光工艺的处理效果比全丝光和不丝光工艺好，织物得色鲜艳、色泽均匀，纤维损伤小，尺寸较稳定。

（5）Richcel纤维织物在拉幅定形时，要注意控制定形温度与时间。以Richcel纤维和棉混纺织物来说，定形温度在160~170℃较适宜，定形处理时间以35s为好。

（6）Richcel纤维可采用适合于纤维素纤维染色的染料，如直接染料、活性染料、还原染料等。但要特别注意Richcel纤维与棉交织物的染色，若前处理不当，会产生"双色"效应，处理方法是，在保证染色条件下，提高染料浓度10%~30%，并添加一定量的渗透剂、助溶剂尿素等，或采用适当延长汽固时间等措施。

四、圣麻纤维织物的生产工艺与要点

（一）纺纱工艺与要点

圣麻纤维强度小，弹性较差，纤维卷曲较少，纺纱速度应偏低掌握，开松时要多松、多梳、少打；圣麻纤维有较小的摩擦系数和抱合力，成纱捻系数应偏高掌握。为了降低纱线毛羽的产生，宜采用低张力。

现以圣麻/棉（65/35）7.35tex 纱为例对纺纱工艺进行说明。圣麻纤维规格为 1.54dtex×38.2mm，棉纤维规格为 1.67dtex×29mm。

1. 纺纱工艺流程

①圣麻：A002A 型抓棉机→ A006B 型自动混棉机→ A036C 型梳针式开棉机→ A092A 型双棉箱给棉机→ A076A 型单打手成卷机→ 1181 型梳棉机→ FA311 型并条机

②棉：立达 A1/2 型抓棉机→ B101 型开棉机→ B7/3 型多仓混棉机→ B5/5 型锯齿清棉机（两道）→ AIRFEEDU 型棉箱给棉机→ C4 型梳棉机→ FA313 型并条机→ FA335 型条卷机→ FA261 型精梳机

①+②→ FA311 型并条机（三道）→ A454 型粗纱机→ FA504 型细纱机→ No.7-Ⅱ型络筒机

2. 主要工艺参数及要点

（1）清棉。短流程、低速度、轻打多梳、充分开松，抓棉小车要勤抓细抓；适当降低打手转速，采用梳针打手，减少因剧烈打击造成的纤维损伤和打手返花造成的棉结。

（2）梳棉。采用"低速度、中隔距、较重定量"的工艺原则。为了减少金属针布对纤维的分割损伤，适当降低锡林、刺辊的速度；采用较小的锡林与盖板隔距，加强分梳作用，防止两针面揉搓形成棉结；为了解决棉网粘缠、掉边等问题，采用较重定量。

（3）并条。以提高纤维伸直度、保证条干均匀度、降低重量不匀率为重点，采用三道混并，以提高混合均匀度和纤维伸直平行度。预并条工序采用较大的后区牵伸倍数，以利于伸直前弯钩纤维。三道混并工序后牵伸倍数逐渐减小，中牵伸倍数逐渐增大，进一步改善纤维的伸直平行度及熟条的条干均匀度；给胶辊刷涂 901 抗静电涂料，以防止纤维粘缠前胶辊和罗拉的现象。

（4）粗纱。采用"轻定量、大隔距、低速度、小张力"的工艺原则，以利于改善粗纱的条干均匀度。采用三罗拉双短胶圈牵伸，适当增大粗纱捻系数，缩短卷绕动程，以防止粗纱在退绕过程中发生脱断和意外伸长。

（5）细纱。适当增大捻系数，采取后区小牵伸、前区小隔距、适当降低前罗拉速度和锭速等措施，提高成纱强力，减少断头，改善成纱条干和毛羽。

（二）织造工艺与要点

（1）络筒要减少原纱强力损失，保证筒子成形的情况下，采用较小的张力。

（2）整经速度不宜太高，张力不宜太大，以减少纱线伸长。

（3）浆纱用浆料的选择要求浸透与被覆兼顾，浆膜完整。减少纱线湿态伸长，合理控制湿区张力，尽力保证纱线的弹性。

（4）针对圣麻纤维的特点，织造宜采用小张力、中开口，并严格控制车间温湿度。

（三）染整工艺与要点

圣麻纤维的染整加工性能基本与黏胶纤维相同，但也有其自己的特点。圣麻纤维在水中膨润度高，染料及助剂容易进入纤维内部。在使用活性染料染色时，因活性染料水溶性极好，其分子又极小，能迅速吸附于圣麻纤维，并能迅速在纤维中扩散，初染率高，半染时间短。由于活性染料在纤维中较高的扩散速率，又赋予其良好的渗透性和匀染性。活性染料和纤维之间的氢键、范德华力形成多层物理吸附的绝对数量增加。因此，其平衡上染百分率高，在平衡上染百分率高的前提下，参与纤维发生键合反应的活性染料的数量增加，导致了较高的固色率，染色 30min 固色率达 75%。

圣麻纤维在染色过程中，由于其具有初染率高的特点，易造成色差，染色时升温要缓慢，注意控制碱的使用量，避免使用强碱与强氧化剂；湿加工中，进布水温控制要得当，避免产生条痕和褶皱。

五、竹浆纤维织物的生产工艺与要点

竹浆纤维的性能特点，很接近于普通的黏胶纤维，因此在纺纱与织造过程中，与黏胶纤维的生产工艺特点基本相同。但竹浆纤维与黏胶纤维在性能上也存在着差异，因此，竹浆纤维在加工生产过程中也有自己的特点。

（一）纺纱工艺与要点

由于竹浆纤维强力低，易脆断，因此，纺纱过程中必须注意避免纤维损伤，尽量减少短纤维的产生，并选用合适的细纱捻度。竹浆纤维回潮率高，尤其在高湿情况下吸湿明显，生产过程中对温湿度的要求比黏胶纤维更加严格，如控制不当极易产生粘缠现象及大量纱疵，影响成纱质量。此外，竹浆纤维抱合力低，清花易粘卷。

1. 纺纱工艺流程

A002D 型抓棉机→ A035C 型混开棉机→ A036C 型梳针开棉机→ A092A 型双棉箱给棉机→A076C 型单打手成卷机→ A186 型梳棉机→ FA303 型并条机（二道）→ A454 型粗纱机→FA502 型细纱机

2. 主要工艺参数及要点

（1）开清棉。采用"多梳少打，以梳代打，少落快喂"的工艺路线，尽量减少开松对竹浆纤维的损伤。打手改用梳针打手，并适当降低各打手速度。A036C 型打手速度不高于 450r/min，A076C 型打手速度不高于 900r/min。

（2）梳棉。梳棉采用"低速度、大隔距、小张力"工艺原则，以使纤维得到充分梳理和良好转移。适当降低刺辊和锡林速度，并采用较大的锡林刺辊速比，同时，适当降低道夫速度和棉网张力，以解决棉网下坠问题。相对湿度则要求控制在 62%~66%，防止棉条松散，减少破边。梳棉工艺配置为：锡林速度为 290r/min，刺辊转速为 800r/min，道夫转速为 18r/min，锡林和盖板五点隔距为：0.25mm、0.23mm、0.20mm、0.20mm、0.23mm，给棉板—刺辊隔距为 0.09mm，前张力为 1.505N。

（3）并条。竹浆纤维易缠绕胶辊和罗拉，车速应适当降低，选用合适的涂料胶辊，并适当加压。采用"大隔距、小张力、重定量、慢速度"原则，以增加纤维间的抱合力，保证足够的握持力和牵伸力。并条工艺参数为：罗拉隔距 11.5mm×7mm×16mm，前罗拉速度为 300r/min。

（4）粗纱。采用"大隔距、小张力、小后区牵伸"工艺配置。粗纱定量适当偏高掌握，一般以 4.5~5.0g/10m 为宜。为提高条干均匀度，在保证细纱工序不出硬头的情况下，粗纱捻系数适当增大，并减少后区牵伸，适当增大后区罗拉隔距。为减少纺纱中静电现象及成纱毛羽，粗纱湿度应适当提高，一般不小于 65%。粗纱工艺参数为：定量为 5.0g/10m，罗拉隔距为 24.5mm×40.5mm，后区牵伸倍数为 1.16，粗纱捻系数竹浆纤维纯纺为 75、竹/棉/麻混纺为 90。

（5）细纱。采用"小后区牵伸、低速度、大捻系数"的工艺原则。竹浆纤维纯纺一般捻系数取 320 左右，竹/棉/麻混纺捻系数一般取 340~360。14.8tex 细纱工艺参数为：罗拉隔距为 18mm×32mm，前罗拉转速为 180r/min，捻系数 345，后区牵伸倍数为 1.25。

3. 纺纱要注意的问题及解决办法

（1）在纺纱过程中，由于竹浆纤维的吸放湿性强，且易产生静电，因此生产车间要保持稳定的相对湿度，一般控制在（67±3）%范围内。

（2）在梳棉工序中应配置合适的针布规格，各分梳元件间应配以合理的速度和隔距，有利于纤维的转移，减少损伤。

（3）并条工序和细纱工序胶辊涂料和硬度合适与否，对于解决竹浆纤维表面光滑且抱和力差起着关键性的作用。

（二）织造工艺与要点

1. 准备工艺要点　竹浆纤维纱线在外力作用下易产生塑性变形，纱线弹性、强力下降，断头增加，管纱与筒子易发生脱圈，络纱打滑，因此各道工序张力以小为宜。

（1）络纱张力不宜过大，控制为纱线断裂强度的 15%~20% 为宜，筒子成形正常，卷绕密度控制在 0.34g/cm³，清纱器以清除细节、飞花杂质为重点，避免造成后道工序断头增加，车间温湿度要严加控制。

（2）整经要强调张力、卷绕、排列三均匀，经轴边盘须保持平整。整经速度不宜过高，车间保持一定温湿度，卷绕密度为 0.45g/cm³ 左右。

（3）竹浆纤维属于再生纤维素纤维，分子结构与棉十分相似，浆料应选用淀粉或变性淀粉为主体，适当加入一些成膜性、耐磨性及黏附性好的合成浆料及必要的柔软剂。

（4）浆纱工艺宜采用"轻张力、小伸长、轻加压、重被覆、求渗透"的工艺原则。控制伸长、合理上浆是竹浆纤维上浆的一个要点，浆纱湿区伸长应力求控制在 1% 以下，总伸长在 1.5% 以下，为了保证织轴卷绕硬度，卷绕区张力可适当放大。竹浆纤维上浆率不宜过高，但须注意上浆的均匀性，因竹浆纤维吸湿吸浆后会膨胀，吸浆速度快，易于渗透，故宜采用轻加压、重被覆的措施。上浆率可比纯棉同类产品低 1%~2%，由于上浆率较低，浆液浓度可适当高些。

2. 织造工艺要点　竹浆纤维纱对织造车间温湿度很敏感，相对湿度较低时，纱的强力好，弹性好，耐磨性好，但湿度过小，断头也会增加，一般车间温度控制在 28~30℃，相对湿度在 64%~68% 为宜。此外，竹浆纤维织造易产生边疵，如烂边、边撑疵点等，因此，要增加边撑握持力。

（三）染整工艺与要点

竹浆纤维与棉和黏胶纤维物理、化学性能极为相似，因此它的染色工艺可参照采用棉和黏胶纤维，在加工过程中要注意以下五点：

（1）竹浆纤维同其他人造纤维素纤维一样，不耐强碱，生产过程中一般采用酶退浆。当与棉混纺时，棉籽壳去除不净，毛效低，采用冷轧堆工艺进行煮练后氧漂，效果极佳，基本满足了染色半成品的毛效要求。

（2）竹浆纤维织物染色工艺一般采用全棉工艺，由于竹浆纤维遇水后溶胀，轧染生产难度比较大。

（3）竹浆纤维织物染色用染化料以活性和士林染料为主，不仅牢度好，而且色泽鲜艳。

（4）竹浆纤维织物具有吸湿排汗功能，后整理要选择亲水性柔软剂。

（5）竹浆纤维织物生产时缩水率比较大，加工过程中要尽量降低张力，以保证成品的缩水率合格。

第四节　新型再生纤维素织物的设计与生产实例

一、Tencel 纤维细特府绸的设计与生产

（一）设计思路

随着经济的发展和人们对物质需求的增长，国内外对细特织物的需求也日益增加，特别是 Tencel 纤维细特纱织物已成为新一代的服装面料，深受消费者青睐。

（二）原料选择及纱线设计

选用产地为美国、规格为 1.4dtex×38mm 的 Tencel 纤维。根据纤维的细度可以推算出，1.4dtex×38mm 的 Tencel 纤维纺纱线密度最低级限为 4.2tex，为了保证纱线质量，选用纱线截面纤维根数 50 根，可纺纱线密度为 7.2tex。本设计选用 7.3tex 的纱线。

为使织造生产顺利进行，并使织物具有高档府绸的特点，且能突破一般细特府绸强力不佳的局限，经纬纱都设计为细特股线。

府绸的纱线捻度对织物的外观效应和物理性能有较大的影响。作为经支持面织物，府绸的经纱捻度应适当小一些，纬纱捻度可适当大一些，这样由于纬纱刚性强，使织物中经纱易于屈曲，菱形颗粒更能突出；同时亦可改进织物的手感和光泽。

（三）织物结构设计

织物经纬向紧度的高低，与织物的外观效应和物理性能关系密切。布面菱形颗粒突出程度，会随经密增加纬密降低而突出。府绸的经纬密比一般掌握在 5：3。选用平纹组织。

（四）纺织加工工艺

1. 纺纱工艺

（1）工艺流程。

FA002 型抓棉机→ FA016 型混棉机→ FA103 型双轴流开棉机→ FA022 型多仓混棉机→ FA142 型成卷机→ A186D 型梳棉机→ A272F 型并条机→ A454C 型粗纱机→ FA506 型细纱机

（2）技术要点。

①Tencel 纤维长度长、线密度低，开清棉时过多的打击容易损伤纤维并形成丝束、棉结，因此打击点不宜太多。打手型式尽可能采用锯齿或梳针等具有梳理作用的打手，尽可能采用自由打击。给棉罗拉至打手的隔距、打手与尘棒的隔距应适当放大，尘棒与尘棒隔距要小。

②由于 Tencel 纤维长、线密度低，梳棉机各分梳元件速度的配置要在充分梳理的基础上，减少对纤维的损伤、减少短绒的增加，以防止形成棉结。对锡林、刺辊、道夫三者速度的配置应以纤维很好的转移为目标。

③并条机的罗拉隔距在不过多损伤纤维的前提下应尽量偏小。粗纱捻系数定为 86.25。细纱捻系数确定为 405。

2. 织造工艺

（1）工艺流程。

络筒→并捻联合机→摇纱→染色→络筒→ ┌ 经纱：整经→上浆→穿经 ┐ →织造
　　　　　　　　　　　　　　　　　└ 纬纱：定捻→卷纬 ┘

（2）技术要点。

①络筒时由于毛羽多而长，络纱速度应稍低，掌握在 520m/min 为宜，并采用空气捻接器。

②整经时要保证经纱片纱张力均匀。

③浆纱采用"重渗透、求被覆，先重压，后轻压，湿分绞"的原则。

④穿综采用 27G、28G 细号综丝。

（五）染整加工工艺

1. 工艺流程

原布准备→烧毛→退浆→水洗→酶处理→酶失活处理→水洗→柔软（树脂整理）

2. 技术要点

（1）原布进行练漂加工时，所有工序必须以平幅的形式加工（非桃皮机械处理方式）。如要求桃皮绒效果，则需使用溢流设备，且为开幅式、高速可换向设备。

（2）由于上浆选用的是复合浆料，不宜使用酸退浆，可使用碱退浆、酶退浆、氧化剂退浆。

（3）酶处理前要对 Tencel 纤维织物进行预处理，以改变 Tencel 纤维的结构，加强原纤化，增加酶与 Tencel 纤维的接触面积，从而提高酶解的效率。酶解作用在于提高织物表面光洁度、均匀度和手感。

（4）织物经酶洗后，再经氨基硅油综合整理，其织物的物理机械性能明显优于酶洗整理织物。

二、Modal 纤维府绸的设计与生产

（一）设计思路

Modal 纤维具有优异的特性，用它开发的纺织品质地柔软、滑爽、吸湿透气，特别适合

于开发贴身穿着的衬衫面料。

（二）纱线设计

采用100%的Modal纤维，因为织物是夏季穿着用，纱支选用中偏细特纱14.5tex（40英支）。为了增加织物的滑爽感，捻系数比纯棉纱线偏大掌握，捻系数为380，Z捻纱。

（三）坯布规格设计

为充分体现衬衫面料的滑爽、抗皱的风格，因此本次设计的织物为府绸风格，平纹组织，经纬纱线密度均为纯Modal 14.5tex，经向密度为523.5根/10cm，纬向密度为275.5根/10cm，织物幅宽为160cm。

（四）纺纱加工工艺

1. 工艺流程

A002型抓棉机→A006B型混棉机→A036C型开棉机→A092A型双棉箱给棉机→A076型成卷机→A186D型梳棉机→FA302型并条机（二道）→A454G型粗纱机→FA506型细纱机

2. 各工序主要工艺参数设计

（1）开清棉。以减小打击强度为原则，避免纤维过多损伤和纠缠。A002型抓棉机要少抓、勤抓。采用A036C型梳针打手，减少开松打击力度，防止纤维损伤，减少棉结。棉卷定量应偏轻掌握，兼顾棉卷成形厚薄均匀、无破洞的要求。生产中按"低速度、少打击、多梳理、大隔距、防粘连"的工艺原则安排生产。其主要工艺参数如表6-16。

表6-16 开清工序主要工艺参数

机型	项目	参数	机型	项目	参数
A002型	打手速度（r/min）	700	A036C型	打手—剥棉罗拉隔距（mm）	2.5
	刀片伸出肋条距离（mm）	2.5~3.5	A092型	角钉帘速度（m/min）	50
	小车速度（r/min）	2.5		输棉帘速度（m/min）	11
A006B型	打手速度（r/min）	450	A076型	棉卷罗拉速度（r/min）	12.5
	均棉罗拉速度（r/min）	250		综合打手速度（r/min）	750
A036C型	打手速度（r/min）	400		棉卷干重（g/m）	380
A036C型	打手—给棉罗拉隔距（mm）	11			

（2）梳棉。适当降低锡林和刺辊速度，偏大掌握锡林与盖板间隔距，可减少纤维损伤，降低生条中的短绒量。为了消除静电现象，除局部增加湿度外，可定期少量在道夫针布上抛洒一些滑石粉，在一定程度上可减少静电现象，有利于纤维顺利转移，消除棉网破洞问题。梳棉主要工艺参数见表6-17。

（3）并条。采用两道并条，8根并合。Modal纤维质量比电阻大，静电现象严重，要适当降低车速，防止纤维缠绕胶辊和罗拉。该纤维弹性模量大，易出现圈条质量问题，因此并条头道张力牵伸要适当偏大。为了改善条干和减少成纱毛羽，采用头并后区牵伸大，二并后区牵伸小的工艺参数，有利于改善纤维伸直平行度。适当增大加压，保证足够的握持力与牵伸力相适应，确保纤维在牵伸过程中稳定运动，提高条干水平。并条主要工艺参数如表6-18。

表6-17　梳棉工艺参数

项目	参数	项目	参数
锡林转速（r/min）	310	给棉板—刺辊隔距（mm）	0.23
刺辊转速（r/min）	780	锡林—盖板五点隔距（mm）	0.25，0.25，0.23，0.23，0.25
道夫转速（r/min）	16	生条湿定量（g/5m）	19.50

表6-18　并条工艺参数

项目	头道参数	二道参数	项目	头道参数	二道参数
干定量（g/5m）	21.0	19.8	出条速度（m/min）	200	200
罗拉中心距（mm）	45×55	45×55	后区牵伸倍数	1.820	1.180
胶辊加压（kg）	30×32×30×6	30×32×30×6	前区牵伸倍数	3.263	6.243

（4）粗纱。要控制好加压、捻度、车速，粗纱主要工艺参数见表6-19。

表6-19　粗纱主要工艺参数

项目	参数	项目	参数
粗纱定量（g/10m）	4.12	粗纱回潮率（%）	3.250
轴向卷绕密度（圈/cm）	3.015	粗纱捻系数	60
中区集合器（mm）	6×4	加压重量（kg/锭）	26×15×20
前区集合器（mm）	10	前罗拉转速（r/min）	240
锭速（r/min）	634		

（5）细纱。主要要控制毛羽和粗细节，其工艺参数见表6-20。

表6-20　细纱主要工艺参数

项目	参数	项目	参数
锭速（r/min）	15438	细纱捻系数	380
罗拉隔距（mm）	19×29.5	前罗拉速度（r/min）	174
罗拉加压（kg/双锭）	14×10×12	后区牵伸倍数	1.29
钳口隔距（mm）	2.5		

（五）织部加工工艺

1. 工艺流程

①经纱：络筒（338型自动络筒）→整经（ZC-L型整经机）→浆纱（S432型浆纱机）→穿结经机

②纬纱：络筒（338型自动络筒）

①+②→织造（ZA205i-190型喷气织机）→坏布整修

2. 各工序主要工艺参数设计

（1）络筒。由于Modal纤维回弹性差，蓬松性大，抱合力差，静电现象严重，成纱毛羽较多，络纱速度应偏低控制；采用气圈控制器，能最大限度地减少络筒工序对原纱质量的不利影响。本品种络纱速度为900m/min，络纱张力为10cN。

（2）整经。应减少经轴间的差异，保证张力、排列及卷绕均匀，减少单纱间和片纱间的张力差异。该品种整经车速为700m/min，张力杆间距为5mm，张力构位置在1格。

（3）浆纱。因为Modal纤维的电阻率较大，易产生大量静电，在实际生产中纱线出现发毛、断头增多，影响织造效率；另外Modal纤维纱毛羽较多，吸湿性强，毛羽易造成经纱粘连，影响经纱开口清晰度；针对喷气织机上机张力大，要求经纱强力高，单纱强力 CV 值小等特点，采取浆料配方：PVA 37.5kg、变性淀粉50kg、聚合浆料CD-PT 5kg（提高浆膜的耐磨性）、抗静电剂SLMO-96 3kg、平滑剂适量。上浆工艺参数见表6-21。

表6-21　上浆工艺参数

项目	参数	项目	参数
浆槽含固量（%）	8.5~9.0	第Ⅱ道压浆辊压力（kN）	低压6
浆槽黏度（s）	6.5~7.0		高压14
浆槽温度（℃）	90	上浆率（%）	10
车速（m/min）	45	回潮率（%）	6.5~7.5
第Ⅰ道压浆辊压力（kN）	11		

（4）织造。为了在织造过程中减少断头，降低织疵的产生，织造时采用小双层梭口，同时适当控制纬纱达到时间，降低上机张力。织造工艺参数见表6-22。

表6-22　织造主要工艺参数

项目	参数	项目	参数
后梁高低（mm）（前后格）	90/6	综框高度（mm）	134，132，130，128
经停架高低/前后（mm）	30水平/50	主喷气压（kg/cm²）	2.5
开口时间（°）	280/300	辅喷气压（kg/cm²）	3.5
开口量（mm）	82，86，90，94	上机张力（kg）	190

项目	参数	项目	参数
入纬时间（°）	88	辅喷时间（°）#2	114~184
纬纱到达时间（°）	224	辅喷时间（°）#3	134~204
主喷时间（°）	90~146	辅喷时间（°）#4	154~224
辅喷时间（°）#1	94~164	辅喷时间（°）#5	174~254

（六）染整工艺设计

1. 工艺流程

烧毛→碱退浆→双氧水漂白→苛化→定形→染色或印花→后整理（抗皱、柔软、防缩等）→验码

2. 各工序主要工艺参数设计

（1）烧毛。Modal 的原纤化程度较低，一旦烧毛干净，在染整加工中很少再会有影响外观的毛羽产生，故一次烧毛已可达到要求。在烧毛过程中需经常察看烧毛效果，必要时可通过调整车速来控制烧毛级数，本产品采用二正二反烧毛，车速 110~130m/min，烧毛程度四级。

（2）碱退浆。烧碱 8~10g/L，精练剂 1~3g/L，轧碱温度 85~90℃，打卷堆置 1h 后，用热、冷水冲洗。

（3）双氧水漂白。按常规理论，纯 Modal 纤维织物不需要漂白，但在生产实践中，由于 Modal 纤维织物在织造过程中上浆率较高，如果不把浆料退净，不仅影响半制品的白度和毛效，而且也很难展示出 Modal 纤维成品的丝般光泽和手感，因此，需用双氧水漂白。一方面可以起到进一步退浆的作用，另一方面可消除因打卷堆置造成的边中黄白不匀等疵病，恢复织物本来洁白富有光泽的外观。但是，双氧水浓度和汽蒸条件也要严格控制，否则易影响织物强力。漂白配方与工艺条件见表 6-23。

表 6-23　漂白配方及工艺条件

项目	参数	项目	参数
100%双氧水（g/L）	2~5	pH 值	10~11
稳定剂（g/L）	3	汽蒸温度（℃）	95~96
络合剂（g/L）	3	汽蒸时间（min）	30~40
精练剂（g/L）	0~3	毛效（cm）	12~14

（4）烧碱苛化。碱浓度低于 150g/L 时，Modal 纤维织物质地光滑，丝光机布铗咬边较困难，极易滑脱，而碱浓度高于 150g/L 时，又会使织物强力和手感受到损伤，故改为松堆苛化。主要工艺参数为：烧碱 50~60g/L（室温堆置），堆置时间 30~40min，堆后热、冷水洗净残余烧碱。

（5）拉幅。Modal 纤维织物在染色和印花前，需增加一道扩幅工序，用以释放织物的纬向膨胀力，预防织物浸水膨胀后可能产生的皱条。

（6）染色。Modal 纤维织物染色用染料与棉相同，但上染率比棉略高，色泽稍暗，只需在生产中调整好色光，没有特殊的难度。

（7）后整理。抗皱柔软整理的主要参数为：无醛树脂 70g/L，补强剂 20g/L，催化剂 25g/L，柔软剂 30g/L；工艺流程为：

双浸双轧→预烘 100℃（90s）→焙烘 160℃（150s）

三、Richcel/细特涤纶仿丝绸的设计与生产

（一）设计思路

Richcel 纤维是一种新型纤维素纤维，秉承了粘胶纤维和 Tencel 纤维的所有优点，并从根本上克服了这两种纤维的缺点。用 Richcel 与细特涤纶混纺纱开发仿丝绸衬衣面料，可以充分利用 Richcel 纤维的光泽好、柔软、顺滑、吸湿好以及细特涤纶优异的导湿性、尺寸稳定性等特点。

（二）原料选择与纱线设计

采用 Richcel 纤维与细特涤纶为原料，原料混纺比选择为 Richcel 纤维 60%、细特涤纶 40%。采用环锭纺纱，纱线线密度为 12.3tex，纱线捻向为 Z 捻，捻系数稍大，选 360。

（三）织物规格设计

成品经密 563 根/10cm，成品纬密 339 根/10cm，成品幅宽 147cm；坯布经密 518.5 根/10cm，坯布纬密 322 根/10cm，坯布幅宽 160cm。织物组织采用平纹地小提花，经过后整理成品质轻、柔韧挺滑、手感细腻、华贵飘逸、穿着舒适。

（四）纺纱加工工艺

1. 工艺流程

Richcel：A002C 型自动抓棉机→A006B 型混棉机→A036C 型开棉机（梳针）→A092A 型双棉箱给棉机→A076C 型成卷机→A186D 型梳棉机→A272F 型并条机（预并条 1）

细旦涤纶：A002C 型自动抓棉机→A006B 型混棉机→A036C 型开棉机（梳针）→A092A 型双棉箱给棉机→A076C 型成卷机→A186D 型梳棉机→A272F 型并条机（预并条 2）

（预并条 1+预并条 2）A272F 型并条机（两道混并）→A456C 型粗纱机→FA502A 型细纱机

2. 各工序主要工艺参数设计　Richcel 与细旦涤纶纺纱工艺类似，应遵循"强控制、低速度、高捻度、小张力、密针布、多落疵"为原则的工艺路线。其中"强控制"要通过轻定量、低车速、重加压来实现，纺纱采用条混。

（1）开清棉。以开松为主，采取短流程的开清棉机组，对原料采用"勤抓少抓、多松少打、多混少翻、尽量落疵"，贯彻"低速度、大隔距、轻定量"的工艺路线，减少打击点和打击强度，适当放大梳针打手、综合打手、漏底、尘棒隔距。主要工艺参数见表 6-24。

表 6-24 开清主要工艺参数

项目	参数	项目	参数
打手转速（r/min）	380	棉卷罗拉转速（r/min）	13
三翼综合打手转速（r/min）	900	棉卷干定量（g/m）	330

（2）梳棉。优化锡林、刺辊的转速比，其值为 2.04∶1 时，有利于纤维的转移，可以减少棉结的产生。锡林和盖板针布选用密度较高的细旦或棉型针布，梳棉后部工艺隔距按常规化纤工艺偏大掌握，以减少纤维损伤，尽量减小棉网张力。主要工艺参数见表 6-25。

表 6-25 梳棉主要工艺参数

项目	参数	项目	参数
锡林转速（r/min）	330	刺辊与给棉板间隔距（mm）	0.40
刺辊转速（r/min）	710	锡林与盖板间五点隔距（mm）	0.30、0.25、0.28、0.28、0.30
道夫转速（r/min）	16	棉卷干定量（g/5m）	16
除尘刀与刺辊隔距（mm）	0.36		

（3）并条。采用三道并条，严格控制车间的相对湿度，保持在 65%~70%。采用胶质好、抗绕能力强的胶辊，并进行树脂处理，提高抗静电能力；重加压、轻定量、紧隔距，减少牵伸倍数，增强对纤维的控制，提高不匀率；采用顺牵伸工艺路线，有利于纤维伸直平行。主要工艺参数为：头道、二道、末道三道并条的前、后区罗拉隔距为 14 mm×18mm；后区牵伸牵伸倍数头道为 1.54 倍，末道为 1.35 倍；熟条干定量为 14g/5m。

（4）粗纱。在保证细纱不出现硬头的情况下，偏大掌握粗纱捻系数，偏小掌握粗纱张力，以减少意外牵伸，选用耐磨、胶质好的胶辊胶圈。主要工艺参数：罗拉隔距前区、中区、后区分别为 9.5mm、26.5mm、37.5mm，后区牵伸倍数为 1.19 倍，捻系数为 94，前罗拉转速为 190r/min，粗纱干定量为 4.5g/10m。

（5）细纱。采用镀氟钢领与钢丝圈，较大的粗纱捻系数，较大的细纱后区隔距，小后区牵伸；选用硬度偏低、弹性好的胶辊。主要工艺参数：前后罗拉隔距 18mm×35mm，捻系数 400，后区牵伸倍数 1.24 倍；前罗拉输出转速 192r/min。

（五）织造加工工艺

1. 工艺流程

①经纱：络筒（萨维奥自动络筒）→整经（SGA211 型）→浆纱（S432 型）→穿结经

②纬纱：络筒（萨维奥自动络筒）

①+②→织造（C6300 型剑杆织机）→坯布整修

2. 各工序主要工艺参数设计

（1）络筒。为防止条干的恶化及纱线表面毛羽的产生，要采用"小张力，强捻接"的工艺原则。由于纤维平滑，容易滑脱，尽量提高纱线接头处牢度，电子清纱器工艺偏紧掌握。

车速 1000m/min，张力 9cN。

（2）整经。采用"低车速、小张力"的工艺原则，张力圈配置前、中、后分段。工艺参数为：车速 300m/min，整经张力前段 13.7cN、中段 11.8cN、后段 9.8 cN。

（3）浆纱。由于细特涤纶的质量比电阻高，易于积聚电荷，在浆纱前工序形成大量毛羽，故要求上浆需达到重被覆、兼顾渗透、浆膜完整均匀、减少静电、贴伏毛羽、不易粘连的目的。浆料配方为：PVA205MB 50kg，磷酸酯淀粉 25kg，CD-PT 和 CD-52 均为 2kg。上浆工艺参数为：车速 45m/min，浆液含固量 8.5%，回潮率 2.5%，上浆率（11±1）%，伸长率≤1.2%，浆槽黏度（9±0.5）s。上浆过程中各区采取小张力。

（4）织造。该品种纱线细，经密大，开口不易清晰。为了使开口清晰，布面细洁匀整，采用较大上机张力。主要工艺参数为：速度 400r/min，开口时间 330°，综框高度 32mm，后梁弹簧位置 2，后梁水平位置第二孔，经停架离最后片综的距离 600 mm。

（六）染整加工工艺

为使织物手感柔软、飘逸、透气、悬垂，具有较高的尺寸稳定性和平整度，改善织物的外观，获得仿丝绸效果，采用的后整理工艺流程为：

坯布准备→烧毛→平幅退煮漂→碱减量→溢流机染色→柔软整理→热定形→轧光→成品检验包装

四、毛/涤/圣麻精纺薄花呢的设计与生产

（一）设计思路

圣麻纤维在性能上与传统的黏胶纤维很接近，除了具有传统黏胶的性能之外，圣麻纤维吸湿性和透气性更好，还具有抗菌性、防霉性、保健性等。将圣麻纤维与羊毛、涤纶纤维混配，优化工艺设计，控制好纺织染整等各工序工艺参数，可以获得具有弹性优良、手感滑爽、悬垂性好、保形性好的呢绒产品。

（二）原料选择及纱线设计

为突出轻薄型精纺呢绒产品呢面光洁、手感挺括滑爽、悬垂不易折皱的特点，原料的细度应适当选细一些，涤纶和圣麻的平均长度应比常规毛型化纤适当偏短一些。纱线线密度设计为 12.5tex×2 股线，单纱捻度为 860 捻/m，Z 捻，股线 850 捻/m，S 捻。

（三）织物规格设计

成品经密为 350 根/10cm，成品纬密为 297 根/10cm，成品幅宽为 155cm；上机经密为 312 根/10cm，上机纬密为 280 根/10cm，上机幅宽为 174cm。采用 $\frac{1}{1}$ 平纹与 $\frac{3}{1}$ 斜纹的联合组织。

（四）工艺流程及技术要点

1. 条染及复精梳工艺及技术要点

（1）工艺流程。

染色（毛条、涤纶、圣麻分别染色）→复洗烘干→配色拼毛→混合加油→针梳→复精

梳→自调匀整→毛条库存放

（2）技术要点。

①染色过程中要严格控制温度及时间，加强染后处理和复洗后处理，确保色牢度达到标准的要求。

②毛条、涤纶及圣麻纤维精梳前混合上机过程中，加入适当的油水及抗静电剂，混条下机后闷放 12h，以使水分和油剂扩散均匀，防止后工序缠绕，保证后道工序的顺利进行。

③加大混条及针梳机并合量，使毛条、涤纶、圣麻纤维混合均匀；调整梳针针号及隔距，控制好复精梳的毛网状态和毛粒。

④毛条下机入库后，注意保证毛条存放的时间及温湿度，以利于前纺工序的正常加工。

2. 纺纱工艺及技术要点

（1）工艺流程。

前纺混条→头针（自调匀整）→二针→三针→四针→粗纱→末粗→细纱→自动络筒→并线→倍捻→蒸烘纱→入库

（2）技术要点。

①前纺混条及头针上机时，要补充适当的油水和抗静电剂。

②严格控制前纺各工序的条干和重量不匀率，调节各针梳工序的牵伸倍数、隔距、张力等工艺参数，减小粗纱条重，增加喂入并合根数。

③保证下机粗纱在粗纱库中的存放时间和温湿度。

④细纱上机时，比同线密度纯毛纱调大一号钢丝钩，并适当提高细纱机车速，有利于细纱的条干、成形及提高生产效率。

⑤严格控制股线的捻度偏差，控制结头的大小与质量，保证筒纱成形良好，以减少织造及染整过程产生的吊经、吊纬疵点。

⑥要保证蒸纱的抽真空度、时间与温度，采用中温 2 次蒸纱循环。蒸纱车上覆盖包布，防止滴水湿纱对呢绒产品造成的短吊。

⑦保证股线入纱库的存放时间。

3. 织造工艺及技术要点

（1）工艺流程。

准备→整经→织造→量长称重→坯布检验

（2）技术要点。

①控制好整经张力，防止呢匹两边的张力不匀。

②加强操作管理，保证穿综、穿箱准确，保证上机工艺参数正确。

③确保钢箱箱齿排列均匀、状态良好，避免产生箱痕。

④加强巡回检查，保证花型无误，减少纱疵与织疵。

4. 染整工艺及技术要点

（1）工艺流程。

生修→烧毛→洗呢→烘干→预煮→煮呢→烘干→熟修→刷毛→剪毛→柔软→拉幅定

形→罐蒸（2遍）→检验

（2）技术要点。生熟修补、烧毛、烘干、柔软等工序的工艺与常规毛涤薄花呢相似，无特殊要求，该产品的重点是加强洗呢、煮呢、拉幅定形及罐蒸的工艺及操作管理。

①洗呢是为了消除纤维在前道工序中产生的应力，并使织物获得稳定的尺寸及稳定的手感。该产品加入圣麻纤维，其收缩性能与普通毛涤产品不同，需要调整洗呢的温度与时间，控制好洗液的 pH 值。洗呢工艺参数为：45℃×60min，加洗剂。

②煮呢时要先进行一次预煮，突然冷却，以产生内刚而滑爽的手感效果。煮呢时要求煮透，使织物充分定形，呢面平整，以达到要求的滑爽手感。预煮时要根据染色牢度不同，调节预煮的温度，采取措施减少搭头印与包布印。预煮工艺为：（85~90）℃×20min，加压，加外包布，突然冷却 10min；单煮工艺为：80℃×30min，加压，加外包布，逐渐冷却 20min。

③经过拉幅定形可提高呢绒的平整度和尺寸稳定性，增加抗热收缩性和抗皱性能，减少起毛起球。拉幅定形时上机幅宽为 156cm，温度 130℃，时间 20s。

④采用 2 遍罐蒸，以得到平整而有弹性的呢面，并获得一定的呢面光泽。操作过程同样要注意搭头印与包布印问题。罐蒸温度为 110℃，蒸汽循环 IN—OUT、OUT—IN 各 2min，抽冷 8min。

五、毛/竹浆纤维混纺轻薄织物的设计与生产

（一）设计思路

竹浆纤维与羊毛混纺不仅可以提高织物的性能，在一定程度上还可以降低毛纱的细度，使毛织物轻薄化，获得轻薄、手感滑爽、悬垂飘逸、舒适凉爽等特点，适合于夏季服用。

（二）原料配比及纱线设计

竹浆纤维的弹性与羊毛纤维相比差异较大，为了保证产品的毛型感，竹浆纤维的含量不宜过高，本设计产品选用 30%竹浆纤维与 70%羊毛混纺。为了体现轻薄、滑爽的织物风格，纱线线密度为 12.5tex×2。股线捻系数应比全毛正常产品大 30%~50%才能体现产品的设计风格，但单纱的捻系数应比全毛正常产品降低 15%，形成所谓"内松外紧"的类似强捻纱风格的竹浆/羊毛混纺纱线。单纱捻向为 Z 捻，股线捻向为 S 捻。

（三）织物规格设计

根据织物的用途及市场流行趋势，常选用平纹、$\frac{2}{1}$ 斜纹、$\frac{2}{2}$ 方平及平纹变化组织，女装产品则可考虑选用透孔、$\frac{2}{1}$ 人字斜纹及变化方平组织。

织物紧度可较全毛常规产品适当加大 2%~5%，但纬经向紧度比则不宜太大，否则织造时经纱承受的张力大，纱线断头增加，影响织机生产效率。以平纹织物为例，全毛常规产品的紧度一般为 84%左右，纬经紧度比为 0.85，而竹浆/羊毛混纺产品紧度可选择为 88%，纬经紧度比为 0.78。

（四）生产工艺技术要点

1. 染色　竹浆纤维为纤维素纤维，可以用直接染料或活性染料在中性或碱性条件下染色，而羊毛宜在酸性条件下染色，竹浆纤维与羊毛混纺产品在理论上完全可以实现二浴法匹染，但色差难控制、操作要求高、温度控制要求严，不适应大批量生产。因此，本设计采用条染方法，分别将竹浆纤维和羊毛染色后再混条复精梳。对竹浆纤维染色时须注意以下三点：

（1）选用上染性及匀染性好的染料，染色温度不能过高。

（2）如果有染花及染不匀现象，可加入适量匀染渗透剂，以对染料形成良好的助溶和分散作用，保证上色均匀，降低色花。

（3）严格控制升温及保温时间。减少浮色，保证色牢度。

2. 复精梳

（1）竹浆纤维与羊毛的均匀混合是确保成品条干均匀、呢面光洁、纹路清晰的关键。由于两种纤维的细度及长度相差较大，必须在正常混条工艺基础上再增加 2~3 道混条，以保证混合均匀。在批量生产时，需注意由于混条道数增加而引起的前后道产量不平衡的矛盾。

（2）与一般品种相比较，竹浆纤维的加入会导致针梳时产生较多的毛粒，严重影响后道工序，增加修补时的劳动量，因此必须对针板、精梳机圆梳和顶梳等关键部位进行彻底的清洁检查，防止有断针及弯针出现。适当减少 B311 型精梳机的喂入量，控制好隔距及牵伸倍数。

（3）夏季用产品，颜色一般比较浅，因此，对一些浅色毛条，在混条及复精梳时必须做好机台、现场及搬运时的清洁工作，防止油污及异色毛掺入。上机前可先用适量白毛走 1~2 遍，将这些白毛作为揩车毛处理或用在其他深色品种中。

3. 纺纱　竹浆纤维与羊毛混纺产品在纺纱时，工艺基本上可以采用普通的纺纱工艺流程，但需根据竹浆纤维的特殊性能采取适当的工艺和技术措施。

（1）适当加大混毛加油量，使竹浆纤维与羊毛的抱合力增加，减少纱线毛羽。

（2）粗纱工序要防止条干恶化，应采用大隔距、小张力的工艺配置，后区牵伸偏大掌握，防止意外牵伸，减少细节。

（3）严格控制车间温湿度及毛条回潮率，上细纱前，粗纱应储存 24h 以上，防止细纱机绕罗拉及胶辊现象。

（4）由于纱线捻度偏大，蒸纱定形时要适当延长蒸纱时间，将纱线蒸透蒸匀，保证纱线定形良好。如果生产条件允许，合股前单纱也应进行蒸纱。

4. 织造

（1）由于产品设计时紧度比常规产品的紧度大，在剑杆织机上织造时布边组织的浮长应比地组织浮长长，且边经纱每筘穿入根数应比地经纱至少多 1 根，以防止布边与布身在整理时缩率相差大而产生卷边现象。

（2）平纹组织穿综可以采用 6 片综飞穿法，并将穿筘顺序改为 6、1、3 穿一个筘齿，5、2、4 穿一个筘齿，有利于减少跳花，不适宜采用高密筘。

（3）由于经密较高，纱线毛羽及毛粒较多，开口时后梭口易粘连在一起，可用平纹分绞棒防止粘连，减少吊经。

5. 后整理

（1）后整理常出现的问题是织物干爽有余，但柔滑不足，布面不活络。为解决这一问题，可选用柔软效果明显的柔软剂做柔软整理，并在干整理时加强给湿，延长间歇时间。

（2）竹浆纤维刚性比较大，与羊毛混纺的产品在湿整理时易产生折痕且不易消除。洗呢时，应采取轻洗的方法，缩短洗呢时间或采用平幅洗呢。平幅洗呢时间可以按常规产品工艺进行。

（3）烧毛前缝头拼匹时不能用普通缝纫机，应改用拼缝机，以保证接头平整、顺直、牢固，有利于减少烧毛痕。

（4）在烧毛的基础上加强刷毛与剪毛，确保呢面干净、光洁、纹路清晰。

（5）罐蒸在 KD95 型罐蒸机上进行，适当增加内压，延长抽冷时间，罐蒸后增加 1 次轻蒸，使呢面平整有光泽，同时起到轻预缩作用，保证布面尺寸稳定。

☞ 思考题

1. 再生纤维素纤维的发展经历了哪几代产品？

2. 对天丝、莫代尔、黏胶纤维、丽赛、圣麻、竹浆纤维六种再生纤维素纤维的性能进行比较，并说明其性能上的主要区别在哪里？

3. 请将天丝、莫代尔、黏纤、丽赛、圣麻、竹浆纤维六种纤维的干湿强度比进行排序。

4. 结合天丝、莫代尔、丽赛、圣麻、竹浆纤维的性能特点，说明其适合开发哪些产品？

5. 分别说明天丝、莫代尔、黏纤、丽赛、圣麻、竹浆纤维可与哪些纤维混纺？可生产哪些类型的纱线？可采用哪些纺纱加工方法？

6. 说明莫代尔、丽赛纤维、圣麻、竹浆纤维纺纱工艺特点及纺纱工艺原则。

7. 说明天丝、莫代尔、丽赛、圣麻、竹浆纤维织造工艺特点及织造工艺原则。

8. 天丝纤维织物染整加工过程中的两个工艺难点是什么？

9. 莫代尔纤维、丽赛纤维在染整加工过程中，水、烧碱、温度对其有何影响？

10. 请查找相关资料，列举一下目前市场上天丝、莫代尔、丽赛纤维、圣麻、竹浆纤维已经开发的产品。

第七章 新型再生蛋白质纤维织物的设计与生产

第一节 概 述

再生蛋白质纤维是从天然动物（如牛乳、蚕蛹）或植物（如花生、玉米、大豆等）中提炼出的蛋白质溶解液经纺丝而成，分为再生动物蛋白纤维和再生植物蛋白纤维。再生动物蛋白纤维有酪素纤维、牛奶纤维、蚕蛹蛋白丝、丝素与丙烯腈接枝而成的再生蚕丝等；再生植物纤维有玉米纤维、花生纤维、大豆蛋白纤维等。

20世纪90年代初，河南濮阳华康生物化学工程联合集团公司开始对大豆蛋白纤维进行系统地研究并深入开发，于2000年3月试纺成功，该纤维与国内外开发的再生蛋白质纤维相比，具有较高的强力和其他优良性能。

我国在20世纪末开始研制再生蛋白质纤维，四川宜宾丝丽雅集团有限公司研制出新型再生蛋白质纤维—蚕蛹蛋白纤维，并由四川宜宾化纤厂试纺成功。蚕蛹蛋白纤维属于再生蛋白质纤维，其原料为剥茧抽丝后要废弃的蚕蛹，实现了物质再生，对保护环境，实现可持续发展是非常重要的。

日本东洋纺公司开发了以新西兰牛奶为原料的再生蛋白质纤维，实现工业化生产的酪素蛋白纤维，具有天然丝般的光泽和柔软手感，有较好的吸湿、导湿性能，极好的保湿性，穿着舒适，但纤维本身呈淡黄色，耐热性差，在干热120℃以上易泛黄，该纤维可做针织套衫、T恤、衬衫、日本和服等。美国杜邦（DuPont）公司等对玉米蛋白纤维的制造过程和纤维性能进行了研究，将玉米蛋白质溶解于溶剂进行干法纺丝；将球状蛋白质溶解于碱液（pH值为11.3~12.7）中，并加入多聚羧酸类交联剂，可进行湿法纺丝。该玉米蛋白纤维具有耐酸、耐碱、耐溶剂性和防老化性能，且不蛀不霉，它具有棉的舒适性、羊毛的保暖性和蚕丝的手感等特性。

一、大豆蛋白改性纤维的性能

大豆蛋白纤维本色为淡黄色，光泽柔和，其许多物理性能也接近或超过某些天然纤维，纤维主要有以下特点：

（1）大豆蛋白纤维的回潮率与棉纤维接近。纤维的线密度较小，甚至小于蚕丝和粘纤，这也是它手感比较轻柔的一个重要原因。

（2）大豆蛋白纤维的断裂强力较高。干态断裂强力比棉、丝等天然纤维高，湿态断裂强力比棉略低，优于丝和羊毛纤维。

（3）初始模量能反映纤维在受较小拉伸力时抵抗变形的能力。大豆蛋白纤维的初始模量值变化范围较大，说明其存在强力不匀，势必会给纺纱和织造带来不利影响。

（4）纤维的断裂伸长率的大小与其内部结构（结晶程度、取向度、分子间力的大小等）密切相关。大豆蛋白纤维的湿态断裂伸长率大于干态断裂伸长率。

（5）大豆蛋白纤维的摩擦因数相对其他纤维偏低，且动、静摩擦因数差值较小，使纺出的纱条抱合力差，松散易断，纺纱过程中应加入一定量的油剂。由于其摩擦因数小，适合加工手感柔软的产品。

二、蛹蛋白黏胶纤维的性能

蛹蛋白黏胶纤维的突出性能是它富集蛋白质的表层、富丽的光泽和滑爽的手感。

蛹蛋白主要由 18 种不同的氨基酸组成的蛋白化合物。干蚕蛹中含蛋白质 40%～50%，它的氨基酸含量达 65%，特别可贵的是其所含氨基酸中有 8 种人体必需的氨基酸含量较高。另外它还含有一部分维生素 B_1、B_2，脱氧核苷酸等特殊成分。研究表明，丝绸织物具有防菌、抗菌作用，抗紫外线、吸附有害气体等特殊的安全卫生性能。蛹蛋白黏胶长丝的蛹蛋白质表面不仅穿着舒适，而且对人体具有类似真丝的保健功能。它对人体体现出很强的生理适应性，从而可以避免因服装衣料刺激皮肤而引起的皮肤不适或皮肤病。当贴身穿着时，少量不稳定游离蛋白分解出来而被人体吸收，起到养护肌肤的作用。

表 7-1 为几种蛹蛋白黏胶长丝力学性能测试结果。

表 7-1　几种蛹蛋白黏胶长丝力学性能

品　种	回潮率（%）	断裂强度（cN/dtex）		湿强/干强（%）	断裂伸长率（%）		耐虫蛀及霉菌
		干	湿		干	湿	
8.3tex/18f/2（75旦/18F/2）蛹蛋白黏胶长丝	10.2	1.88	1.01	53.72	19.12	19.7	存放 5 年以上未发生虫蛀及发霉
13.3tex（120旦）蛹蛋白黏胶长丝+13.3tex（120旦）着色黏胶长丝	11	2.15	1.32	61.4	18.6	24.5	
13.3tex（120旦）蛹蛋白黏胶长丝	10.8	1.69	0.75	44.38	15.6	19.8	
33.3tex（300旦）蛹蛋白黏胶长丝	11.1	1.53	0.71	46.41	20.1	26.9	
桑蚕丝	10	2.64～3.52	1.85～2.46	70	24.8	29.6	抗霉性尚好，但不耐虫蛀
黏胶长丝	12.2	1.59	0.70	44.02	16.9	19.2	能抗虫蛀及霉菌

注　本试验蛹蛋白黏胶长丝试样由宜宾丝丽雅公司提供。

蛹蛋白黏胶丝中，蛹蛋白层只占很小的比例，主要成分是黏胶。这一特点决定了蛹蛋白黏胶长丝的一些力学性能将与黏胶十分相近。

蛹蛋白黏胶纤维由于表层包裹着蛋白质，所以它表面的化学性质也呈现类似天然蛋白质的两性性质。酸和碱都会促使蛋白质水解，但酸对它的作用较弱，而碱对它的水解作用则强得多。实验证明，5%的盐酸会使其强力下降2.9%，而在2%的氢氧化钠作用下，它的强力则会下降9.3%。

三、牛奶蛋白纤维的性能

（1）经鉴定，牛奶丝的pH值为6.8，呈微酸性，与皮肤保持一致，不含致癌的偶氮染料，完全符合欧盟提出的Eco-Label的规定。

（2）牛奶蛋白纤维横截面呈扁平状、哑铃形或腰圆形，横截面有细小的微孔，纤维的纵向表面有不规则的沟槽和海岛状的凹凸，这使纤维具有优异的吸湿和透湿性能。

（3）牛奶蛋白纤维的结晶结构与聚乙烯醇纤维相似，其聚集态结构由聚乙烯醇为主体的结晶部分和牛奶蛋白为主体的无定形部分组成。

（4）牛奶蛋白纤维克服了合成纤维吸湿性差、天然纤维强度低的不足，其电阻率介于天然纤维和合成纤维之间。

（5）牛奶蛋白纤维的非圆形横截面和纵向表面的沟槽使其具有较高的摩擦因数，纤维间的抱合力好，有利于成纱加工。

（6）用牛奶蛋白纤维织制的织物悬垂系数小，抗弯刚度低，说明织物柔软，适合做内衣等贴身面料。

（7）牛奶蛋白纤维光滑，用它织制的面料具有良好的透气性，因而可以广泛地应用于内衣及夏季服装。

四、玉米纤维的性能

（1）玉米纤维具有良好的环保特性，是一种聚乳酸纤维。由于乳酸是存在于动物、植物及微生物内的天然物质，很容易自然降解，其废弃物在土壤和水中的微生物作用下，可分解成二氧化碳和水，完成自然循环，不会散发毒气，不会对地球环境造成污染。

（2）玉米纤维密度为$1.27g/cm^3$，介于腈纶和羊毛之间，比天然纤维棉、丝、毛都小，制成的织物轻盈舒适。其吸湿性仅优于涤纶，在标准状态下，回潮率为0.4%~0.6%。

（3）玉米纤维的强度、伸长与涤纶、锦纶差不多，但初始模量较低，在小负荷作用下容易变形，具有很好的手感。玉米纤维的回弹性很好，伸长5%时，弹性回复率为93%，伸长10%时，弹性回复率为64%，优于涤纶。

（4）玉米纤维的熔点在标准状况下高达175℃，强度达到33.52cN/tex。由于玉米纤维具有高结晶性和高取向性，使其具有高耐热性和高强度。玉米纤维的熔点低于涤纶等合成纤维，但玉米纤维在遇热后不会发生合成纤维常有的收缩现象，沸水收缩率为8%~15%。

（5）玉米纤维的极限氧指数是常用纤维中较高的，为26%~27%，接近于国家标准对阻燃纤维极限氧指数（28%~30%）的要求，玉米纤维的燃烧热为19mJ/kg，燃烧时少烟且离火2min后自动熄灭，由于它的成分是聚乳酸碳水化合物，燃烧后生成水和二氧化碳，没有毒气生成，是低污染的纤维。

（6）玉米纤维的抗紫外线性能优秀，较棉、丝、毛的抗紫外线性能强，较涤纶、锦纶也好。玉米纤维具有较低的光折射指数，而且耐紫外线，经日晒 500h 后，仍保持 90% 的强力，在氙弧光下不褪色，洗涤后基本上不变色。

（7）玉米纤维的水接触角为 76°，介于涤纶和锦纶之间，与涤纶相比较，其亲水性、毛细管效应和水扩散性都较好。

五、新型蛋白质纤维织物主要结构参数设计

新型蛋白质纤维织物多以服用织物为主，产品的风格通常为仿棉型、仿毛型、仿丝型和仿麻型，因此，其织物的主要结构参数设计的内容、方法及原则均与传统的棉、毛、丝、麻织物的相同，设计时可参照本书第一章。

第二节　新型蛋白质纤维织物的生产工艺与要点

一、大豆蛋白纤维织物的生产工艺与要点

（一）工艺流程

大豆蛋白纤维织物的生产工艺流程应依据原料的性能及产品风格要求，并参照同类织物同类产品的工艺流程制定。

（二）生产要点

（1）大豆蛋白纤维表面光滑、柔软，在纺纱过程中纤维抱合力差，易黏附机件，静电现象较严重，由于其吸湿、放湿性能较好，对车间温湿度的稳定性要求较高，在纤维预处理时应加入适当的抗静电剂和防滑剂，以满足纺纱的要求。

（2）大豆蛋白纤维细度细、长度长、不含杂，所以开清棉采用"多松少打、薄喂少落与防绕防粘"的工艺原则。适当降低打手速度，减少尘棒间隔距，增大打手至尘棒间隔距。

（3）梳棉是大豆蛋白纤维纺纱最关键的一道工序，梳棉工序采用"强化梳理、加大转移"的工艺，棉条定量偏轻掌握。由于大豆蛋白纤维卷曲少，且是平面卷曲，在纺纱过程中很快被伸直，在梳棉工序表现为棉网易出现飘头和落网现象，可采用胶圈剥棉装置。选择具有尖、浅、矮、小的锡林针布与齿深、基矮的道夫针布以及齿密较稀的盖板针布相配合，保证做到分梳好、棉网清晰，纺纱性能好。

（4）适当加大锡林与刺辊的线速度比，避免产生棉结。控制车间相对湿度在 65%~70% 之间，以解决纤维吸附下轧辊的现象。并条要控制好牵伸力，以 6 根条子并合为宜，为避免纱疵增加，可减少下吸风量，通道要光滑。

（5）适当加大粗纱捻系数，导条牵伸设计为负牵伸，这样有利于成纱条干。细纱采取减少后区牵伸倍数、增大后区隔距、重加压、较大的粗纱捻系数的工艺配置，加强对纤维运动的控制。选配适当的钢领和钢丝圈，以减少毛羽，降低断头。

（6）由于大豆蛋白纤维间抱合力差，加之有些产品使用单纱织造，故在生产过程中极易产生毛羽甚至出现频繁断头，因此，加工过程中要控制好车间温湿度，经常检查与清洁纱线通道，在织造过程中合理调整织机参数，尽量减少纱线与综丝、纱线与纱线之间的摩擦，以

减少断头。

（7）为确保浆纱质量，在选择浆料时应结合纱线的特性，依据"被覆为主，浸透为辅"的原则，选择适当浆料。纱线上浆要均匀，浆膜厚度适中，以增加纱线的韧性和耐磨性，降低经纱断头率。

（8）由于大豆蛋白纤维的沸水收缩率较大，在退浆时尽量避免温度过高及退浆时间过长，而导致织物发生较大的收缩变形。

（9）当经纱同时采用大豆蛋白纯纺纱与其他原料纱线时，由于纯大豆蛋白纱与其他纱线（如低弹化纤长丝、纯毛纱等）的弹性伸长不同，会导致下机后织物的收缩程度不同，影响布面效果。

二、蛹蛋白黏胶纤维织物的生产工艺与要点

（一）工艺流程

蛹蛋白黏胶纤维织物以长丝织物居多，生产工艺流程的确定应以产品的风格来确定。可参照丝织物及棉织物来确定。

（二）生产要点

（1）由于蛹蛋白黏胶长丝为皮芯结构，其皮层的蛹蛋白是该纤维的核心，它决定了蛹蛋白纤维的特性。用蛹蛋白黏胶长丝作经丝时，首先要考虑其皮层的耐磨性，由织造实验测试可知：蛹蛋白黏胶长丝在织造时，经丝在进入织口前已经经过了停经片、绞杆、综眼、钢筘、梭子以及经丝之间的摩擦，由于蛹蛋白黏胶长丝特有的皮芯结构，在经丝受到摩擦时，会使纤维表层的蛹蛋白受到损伤，经丝被磨毛、损伤，严重时造成表层剥落，出现露底现象。因此，经纱上浆是蛹蛋白黏胶纤维织物不可缺少的工序。

（2）浆料配方推荐选用氧化淀粉或明胶为主浆料，聚丙烯酰胺为辅助黏着剂，配用适量的防腐剂和油脂，若用明胶为主浆料时，由于动物胶浆膜粗硬，弹性差，容易脆裂，可在浆液中添加柔软剂及渗透剂。

（3）蛹蛋白黏胶长丝宜用中性或微酸性（pH 值略微小于 7）的浆液上浆，浆液温度不仅影响浆液黏度及渗透性，而且与纱线强力、弹性及定型等密切相关。故浆液温度需依据纱线特性、浆液性质及上浆工艺特点等来决定。温度升高，分子热运动加剧，从而使浆液黏度下降，增加对经纱的渗透性，浆膜也较薄，反之浆液温度偏低，则多是表面上浆。

（4）浆纱时车速不宜太快，采用"低张力、小伸长"的工艺路线。因蛹蛋白黏胶长丝纤维吸湿率高，高密度织物浆纱时长丝发硬，应避免过度损伤长丝，适当调整滚筒速度，分绞分布要合理，位置要适当，必须有湿分绞。上浆率应控制在 4%~5%。

三、牛奶蛋白纤维织物的生产工艺与要点

（一）工艺流程

牛奶蛋白纤维织物的生产工艺流程确定应以产品的风格来确定。可参照相应丝织物及棉织物来确定。

（二）生产要点

1. 纺纱工艺要点

（1）原料处理。由于牛奶蛋白纤维比电阻率大、静电现象严重，且纤维之间的摩擦因数较小，在纺纱过程中容易出现绕锡林、吸花等现象，故需加入适量的抗静电剂和油剂等，确保牛奶蛋白纤维的上机回潮率在13%～15%为宜，并要保证各生产工序的相对湿度。

（2）开清棉。牛奶蛋白纤维具有较好的整齐度、杂质少、静电现象严重的特点。在开清棉工序中，应采用"短流程、少抓勤抓、多松少打"的工艺原则，适当降低各部打手的速度。为减少棉卷中水分和油剂的挥发，成卷后棉卷要用塑料薄膜包好。

（3）梳棉。为避免在梳棉过程中出现缠绕锡林、道夫、胶圈等现象，要偏低控制各部件运转速度，同时为提高纤维的转移，减少棉结，应合理优选各部隔距。梳棉机后部工艺以少落或不落为主，降低盖板速度，以减少落棉，提高制成率。为提高生条质量，采用"轻定量、慢速度、紧隔距"的工艺原则。压辊压力要偏小控制，以减少对纤维的损伤。

（4）并条。为保证纤维混合均匀，采用两道均为8根的并合方式，采用"重加压、轻定量、大隔距、慢速度"的工艺原则。为改善熟条条干，头并采用较大的后区牵伸倍数，末道采用集中牵伸的方式，以提高纤维的伸直平行度和熟条的条干均匀度。

（5）粗纱。由于牛奶蛋白纤维表面摩擦因数小、抱合力差，纤维易卷曲，粗纱捻系数应偏大掌握，粗纱张力要偏小控制，以减小粗纱意外伸长，改善细纱条干和成纱不匀。为提高粗纱条干，粗纱后区牵伸倍数应偏小控制，隔距应适当放大。

（6）细纱。为提高成纱质量，改善成纱条干，减少纱疵，细纱工序采用了"大的前区和后区罗拉隔距、小的后区牵伸倍数、小钳口隔距"的工艺原则。同时要保证车间温湿度，以减少因静电现象而造成的缠绕罗拉、胶辊等问题。

2. 织造工艺要点

（1）整经。由于牛奶蛋白纤维的强力较低，为保证纱线原有的弹性，提高布面质量，整经工序以"中速度、小张力、低伸长"为原则。

（2）浆纱。当牛奶蛋白纤维纱线较细时，由于强力较低，浆纱车速不宜过高，一般采用"中速度、小张力、低黏度、低温度"的工艺原则。制定浆料配方时，要遵循既有利于浸透又有良好成膜性的工艺原则，以保证纱线的柔韧性、耐磨性及毛羽的贴伏性，使纱线表面形成柔韧光滑的浆膜，同时又要避免出现脆断现象。

（3）织造。当所织牛奶蛋白纤维产品的经纬密度较大、纱特较细时，织机宜采用"小张力、小开口、高后梁"的织造工艺配置。采用小张力、小开口有利于减少经纱因拉伸摩擦而造成的断头。但由于开口小，梭口清晰度较差，为保证开口清晰度，要使经停架位置偏低，同时后梁位置要偏高掌握，这样可以减小下层经纱的张力，缩小上下层经纱的张力差异。

四、玉米纤维织物的生产工艺与要点

（一）工艺流程

玉米纤维织物生产工艺流程应以产品的风格来确定，可参照相类产品的丝织物及棉织物等来确定。

（二）生产要点

1. 纺纱工艺要点

（1）开清棉。要遵循"短流程、多松少打、多梳少落、薄喂少落、低速度、轻定量、大隔距"的工艺原则。清棉以开松、均匀、混合为主，减少打击力度，减少纤维损伤、短绒和生条棉结，从而提高棉卷质量。

（2）梳棉。由于玉米纤维长度长，整齐度好，不含杂质，为了减少棉结，加强分梳度，梳棉遵循"多梳、少落"的原则和"适当定量、低速度、紧隔距"的工艺，适当降低刺辊和锡林转速，减少纤维损伤。

（3）并条。针对玉米纤维导电性较差，纤维蓬松等特点，宜遵循"低速度、重加压、多并合、大隔距、中定量"的工艺原则；采用大隔距，有利于纤维伸直，提高条干均匀度，为防止缠绕罗拉现象，车速可偏慢。合理分配牵伸，缩小总牵伸倍数，可防止纤维过度牵伸。同时，要保证生产环境湿度在65%左右。

（4）粗纱。因玉米纤维整齐度好，宜遵循"重加压、大隔距、小伸长、低速度、强控制、偏大捻度"的工艺原则。采取大隔距和双区牵伸，后区牵伸倍数偏小掌握，适当控制粗纱伸长率，以防止条干恶化；在保证细纱正常牵伸的情况下，粗纱捻系数宜偏大掌握。此外，粗纱工序要注意温湿度的控制，防止绕罗拉、绕胶辊，影响粗纱质量，减少纱疵的形成。粗纱胶辊亦施以防静电涂料，增加对纤维的握持，并增加导电性能。对喇叭口、集棉器、锭翼等通道定期清洁，防止油剂积聚，恶化成纱条干。

（5）细纱。因为纤维整齐度好，细纱工序可遵循"大隔距、小牵伸、重加压"的原则，后区牵伸倍数可稍大些。合理控制钳口隔距，过大容易出现细节，过小会造成牵伸不开，易出现"硬头"。选用硬度稍低的前区胶辊，控制浮游纤维，保证纱线条干，降低毛羽，减少细节，提高纱线质量水平。

2. 织造工艺要点

（1）络筒。针对玉米纤维弹性较好以及成纱表面毛羽较多的特点，在保证成形良好的前提下，络筒宜遵循"小张力、低速度、匀卷绕、保弹性"的原则，采用较小的张力，适当降低槽筒速度，做好电子清纱器的工艺设定，调好捻接器，保证接头质量，注意纱线通路光洁无毛刺，以减少毛羽，减少纱线质量的恶化。由于玉米纤维的回潮率较小，易聚集静电和产生毛羽，可配备金属槽筒和湿捻捻结器，以保证捻结强力。

（2）整经。宜遵循"低速度、小张力、低伸长、紧加压、保弹性、匀卷绕"的工艺原则，保持片纱张力均匀、经轴平整、卷绕密度一致，减少整经再生毛羽；在操作上要注意纱线通道必须干净、光洁、无毛刺，确保"三均匀"。

（3）浆纱。针对玉米纤维吸浆差和纱线低强力的特性，浆纱宜采取"重伏贴、兼渗透、小张力、低伸长、保弹性、中低温烘干"的工艺路线。被覆可降低纱线表面的摩擦系数，保护经纱表面免受磨损，伏贴纱线表面毛羽，减少开口过程中纱线间的纠缠；渗透不仅提高浆膜与纤维间的结合及阻止纱线结构解体，而且使浆膜被覆得更牢固，不易破碎脱落。采用性能稳定的混合浆，较高的上浆率，可保证浆膜牢固和完整，增加耐磨和伏贴毛羽，降低再生毛羽数量，提高纱线强力，为织造创造条件。选择具有高浓低黏、柔韧、延伸性好、且与玉米纤维黏着性好的浆料是玉米纤维上浆的重要条件，但高浓度易导致浆液黏度偏高，浆液流动性差，不易渗透，干分绞困难，浆膜完整性差、再生毛羽增多。

（4）织造。宜遵循"大张力、中后梁、中开口"的工艺原则，经纱张力要选择适当，需降低因张力偏高造成细节处断头，开口量适当增大，保证开口清晰；加强温湿度控制，相对湿度控制在70%左右，有利于织造顺利进行。

第三节　新型蛋白质纤维织物的设计与生产实例

一、大豆蛋白改性纤维织物的设计与生产

1. 设计要点　大豆蛋白纤维具有蚕丝般的光泽，手感光滑、细腻，纤维表面具有沟槽结构，故吸湿、放湿性能好，适合开发春夏季服装面料。为克服大豆蛋白纤维的缺点，选择其他纤维与其进行混纺或交织，开发出具有功能良好的大豆蛋白纤维织物。

2. 原料及纱线的设计与选择

选择9.7tex、11.8tex、12.8tex、13.1tex、14.5tex、18.2tex、19.0tex的纯大豆蛋白纤维纱开发纯大豆蛋白纤维产品。

经纱分别选择12.8tex大豆蛋白纤维纯纺纱、11.8tex纯棉纱、18.2tex纯棉纱、18tex大豆蛋白纤维纱与抗紫外丙纶丝（9.7tex＋8.3tex）并捻线，纬纱分别选择12.8tex涤/黏（75/25）混纺纱、14.5tex精梳纯棉纱、12.8tex大豆蛋白纤维纯纺纱、12.8tex大豆/棉（80/20）混纺纱、18.2（44dtex）tex棉氨纶包芯纱、18.2tex大豆蛋白纤维纯纺纱、18tex大豆蛋白纤维纱与抗紫外丙纶丝（9.7tex＋8.3tex）并捻线开发大豆蛋白混纺或交织织物。

3. 织物规格设计　大豆蛋白纤维纯纺、混纺、交织织物的规格见表7-2。

表7-2　大豆蛋白纤维纯纺、混纺、交织织物的规格

序号	纱线原料		纱线线密度（tex）		织物密度（根/10cm）		织物组织
	经	纬	经	纬	经	纬	
1	大豆蛋白纯纺纱	大豆蛋白纯纺纱	14.5×2	14.5×2	246	173	平纹
2	大豆蛋白纯纺纱	大豆蛋白纯纺纱	14.5×2	14.5×2	253	215	$\frac{2}{2}$↗斜纹
3	大豆蛋白纯纺纱	大豆蛋白纯纺纱	14.5×2	14.5×2	251	202	方格组织
4	大豆蛋白纯纺纱	大豆蛋白纯纺纱	14.5×2	14.5×2	246	188	绉组织
5	大豆蛋白纯纺纱	大豆蛋白纯纺纱	14.5×2	14.5×2	249	289	$\frac{8}{5}$经面缎纹
6	大豆蛋白纯纺纱	大豆蛋白纯纺纱	14.5×2	14.5×2	260	235	$\frac{3}{1}$↗斜纹

序号	纱线原料		纱线线密度（tex）		织物密度（根/10cm）		织物组织
	经	纬	经	纬	经	纬	
7	大豆蛋白纯纺纱	大豆蛋白纯纺纱	14.5	14.5	428	270	平纹
8	大豆蛋白纯纺纱	大豆蛋白纯纺纱	14.5	14.5	380	256	$\frac{2}{2}\nearrow$斜纹
9	大豆蛋白纯纺纱	大豆蛋白纯纺纱	12.8	12.8	446	300	平纹
10	大豆蛋白纯纺纱	大豆蛋白纯纺纱	11.8	11.8	488	357	平纹
11	大豆蛋白纯纺纱	涤/黏混纺纱	12.8	12.8	446	300	平纹
12	大豆蛋白纯纺纱	精梳纯棉纱	12.8	14.5	446	300	平纹
13	精梳纯棉纱	大豆蛋白纯纺纱	14.5	12.8	630	350	$\frac{2}{2}$斜纹
14	精梳纯棉纱	大豆/棉混纺纱	14.5	12.8	630	340	$\frac{2}{2}$斜纹
15	精梳纯棉纱	大豆蛋白纯纺纱	11.8	12.8	568	308	平纹
16	精梳纯棉纱	大豆/棉混纺纱	11.8	12.8	568	308	平纹地小提花
17	精梳纯棉纱	棉氨纶包芯纱（地） 大豆蛋白纯纺纱（绒）	18.2	18.2+4.4 18.2	268	590	提花灯芯绒
18	大豆/丙纶并捻纱	大豆/丙纶并捻纱	18	18	320	245	平纹
19	大豆/丙纶并捻纱	大豆/丙纶并捻纱	18	18	322	312	$\frac{2}{2}$斜纹
20	大豆/丙纶并捻纱	大豆/丙纶并捻纱	18	18	326	234	平纹地小提花

4. 织物风格设计

（1）选择平纹组织，所开发产品的风格定位为府绸风格，产品外观细腻光洁，表面有菱形颗粒效应，色泽自然、亮泽，有丝绸效果，织物轻薄、透气，悬垂性好；选择斜纹组织，织物紧度可较平纹大些，布身紧密，织物表面光洁平整，斜纹纹路清晰。为保持织物的弹性和手感，确定密度时，不宜选择过大的经、纬密；选择缎纹组织时，为了获得丝绸般的外观风格，设计时要注意纱线捻向与缎纹组织飞数的选择，织物紧度要适中，以保证织物获得良好的光泽与柔软的手感；选择方格组织和绉组织，可使织物表面获得独特的花纹和外观，并保持手感柔软，有弹性，以丰富春夏季大豆蛋白服装面料的品种。

（2）当经纱为大豆蛋白纯纺纱、纬纱为棉纱时，织物体现大豆蛋白纤维的风格，为了突出大豆蛋白纤维产品的特色，进一步增加抗皱性和柔软程度，密度以偏小设计为宜。当经纱为纯棉纱、纬纱为大豆蛋白纯纺纱（或混纺纱）时，织物主要体现棉的风格，故设计时以密度偏大设计为宜。

（3）以纯棉纱为经纱，棉氨纶包芯纱为地纬纱、大豆蛋白纤维纯纺纱为纬纱的特细条提花灯芯绒织物，绒毛丰满、绒条清晰、花型独特、富有弹力，织物具有良好的导湿性、透气性和弹性，手感柔软、滑爽，具有真丝般的光泽，织物良好的吸湿放湿性能使得织物表面保持干爽，从而使其在潮湿环境中穿着舒适、美观。

（4）大豆蛋白纤维纯纺纱与具有抗紫外功能的丙纶长丝并捻线织物的风格主要体现为手感柔软、光泽好、吸湿导湿性好，同时具有较好的抗紫外线功能。

5. 织物组织设计　　大豆蛋白纤维纯纺、混纺、交织织物的组织图如图7-1所示。

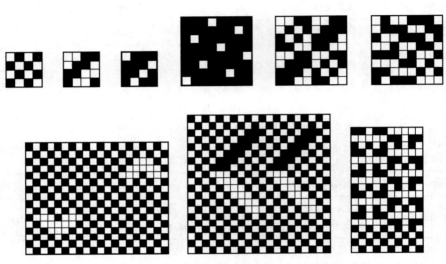

图7-1　大豆蛋白纤维纯纺、混纺、交织织物的组织图

二、蛹蛋白黏胶长丝织物的设计与生产

1. 设计要点　　蛹蛋白黏胶长丝纯纺织物主要定位为夏季高档服装面料，在设计中选用平纹、斜纹、透孔和蜂巢组织，以满足对夏季织物透气、凉爽的要求。由于蛹蛋白黏胶长丝自身初始模量小，容易发生形变，抗皱性及耐磨性均较差，色彩较为单调，则可与其他纤维的纱线进行交织，可以取长补短，以改善织物的综合性能。

2. 原料及纱线的设计与选择

（1）选择8.3tex（75旦）、13.3tex（120旦）、33.3tex（300旦）的蛹蛋白黏胶长丝作经、纬纱开发纯纺织物。

（2）经纱选择13.3tex（120旦）蛹蛋白黏胶长丝、33.3tex（300旦）蛹蛋白黏胶长丝、33.3tex（300旦）黄色仿麻黏胶丝，纬纱选择14.6tex天然彩棉纱、27.8tex天然彩棉纱、14.5tex竹浆纤维纱、28tex竹浆纤维纱、27.8tex亚麻纱和14.5tex亚麻纱、16.7tex（150旦）黑色黏胶长丝和33.3tex（300旦）蛹蛋白黏胶丝开发蛹蛋白黏胶纤维交织物。

3. 织物规格设计　　蛹蛋白黏胶纤维纯纺、交织织物的规格见表7-3。

表 7-3　蛹蛋白黏胶纤维纯纺、交织织物的规格

产品序号	原料		纱线线密度（tex）		织物密度（根/10cm）		织物组织
	经	纬	经	纬	经	纬	
1	蛹蛋白黏胶丝	蛹蛋白黏胶丝	13.3	13.3	410	290	平纹
2	蛹蛋白黏胶丝	蛹蛋白黏胶丝	8.3	8.3	400	298	$\frac{1}{2}\frac{2}{3}$斜纹
3	蛹蛋白黏胶丝	蛹蛋白黏胶丝	13.3	13.3	260	240	透孔组织
4	蛹蛋白黏胶丝	蛹蛋白黏胶丝	33.3	33.3	280	260	蜂巢组织，$R=8$
5	蛹蛋白黏胶丝	黑色黏胶丝	13.3	16.7	390	280	芦席斜纹
6	蛹蛋白黏胶丝	黑色黏胶丝	13.3	16.7	298	268	平纹地小提花
7	黄色仿麻黏胶丝	蛹蛋白黏胶丝	33.3	33.3	260	240	$\frac{2}{2}$斜纹
8	蛹蛋白黏胶丝	天然彩棉纱	33.3	27.8	390	280	五枚经面缎纹
9	蛹蛋白黏胶丝	天然彩棉纱	33.3	27.8	290	240	$\frac{2}{2}$经重平
10	蛹蛋白黏胶丝	天然彩棉纱	13.3	14.6	298	270	平纹地小提花
11	蛹蛋白黏胶丝	天然彩棉纱	13.3	14.6	260	240	透孔
12	蛹蛋白黏胶丝	天然彩棉纱	13.3	14.6	298	270	平纹
13	蛹蛋白黏胶丝	竹浆纤维纱	33.3	14.5	280	240	$\frac{2}{2}$纬重平
14	蛹蛋白黏胶丝	竹浆纤维纱	33.3	28	280	260	芦席斜纹
15	蛹蛋白黏胶丝	竹浆纤维纱	33.3	28	280	260	山形斜纹
16	蛹蛋白黏胶丝	竹浆纤维纱	33.3	28	280	260	破斜纹
17	蛹蛋白黏胶丝	亚麻纱	13.3	A：27.8　B：14.5	298	260	$\frac{2}{2}$经重平
18	蛹蛋白黏胶丝	亚麻纱	13.3	14.5	290	270	方格组织

4. 织物风格设计

（1）平纹织物。采用高经密、低纬密，经纬向紧密度之比约为 5：3 左右的织物结构，欲体现府绸风格；采用复合斜纹织物时，紧度可较平纹大些，布身紧密，织物表面光洁平整，斜纹纹路清晰、整齐，且富有变化，经向紧度宜为 75%，纬向紧度为 65%；透孔组织织物表面有均匀分布的细小孔眼，密度较稀、透气凉爽，非常适宜作为夏季服装面料；蜂巢组织织物的花型细致，富有变化，较适用于夏季服装面料。

（2）与黑色黏胶丝交织。除获得较大的吸湿性，减少静电外，利用黑色黏胶丝与蛹蛋白黏胶丝在色彩上的反差，采用芦席斜纹和平纹地小提花组织可在织物表面获得清晰、美观的

花纹。

（3）与天然彩棉交织。可弥补纯蛹蛋白黏胶丝织物身骨稍差的不足，采用经重平组织，除了能使织物表面显现较好光泽外，还能呈现出横向凸起的条纹，使织物表面更富立体感。采用透孔、平纹及小提花组织时，当织物的经纬密接近时，织物外观由经纬纱共同构成，织物表面既有蛹蛋白黏胶长丝的光泽，又有彩棉天然的色彩，使织物呈现出自然而丰富的外观。

（4）与竹浆纤维交织。除可获得竹浆纤维独特的抗菌、抑菌、抗螨功能外，利用纬重平组织配合较粗的经纱及适当的纬密，在织物表面呈现出凸起的纵向条纹，这类织物的表面被纬纱所覆盖，可以充分发挥竹纤维吸湿透气、色泽自然等优点，满足了人们对舒适性和健康性的要求。

（5）与亚麻纤维交织时。采用经重平组织并配以两种不同线密度的亚麻纬纱按2：6的比例引纬，可在织物表面形成横向宽窄变化的条纹，使织物的外观更丰富。由四枚经面和四枚纬面不规则缎纹组织构成方格组织时，可在织物表面形成蛹蛋白黏胶丝的光滑外观与由亚麻纱较为粗犷外观的相间排列。

5. 织物组织设计　蛹蛋白黏胶纤维纯纺、交织织物的组织如图7-2所示。

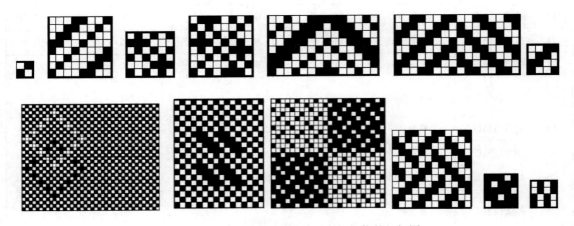

图7-2　蛹蛋白黏胶纤维纯纺、交织织物的组织图

三、牛奶蛋白纤维织物的设计与生产

1. 设计要点　设计开发生产适合加工高档服装的牛奶蛋白纤维与棉混纺的纬弹小提花织物；还可与羊绒、涤纶混纺使织物外观平整、滑爽、自然柔和，穿着更加舒适。

2. 原料及纱线设计与选择

（1）纱线原料为牛奶蛋白/棉（60/40）和（55/45），经纱线密度为14.5tex和18.3tex，纬纱为包芯纱，线密度为14.5tex+44.4dtex和18.3tex+44.4dtex。

（2）经纬纱原料均为牛奶蛋白/羊绒/细旦涤纶（40/10/50），经纱线密度为11.6tex，纬纱线密度为12.8tex。

3. 织物规格设计　牛奶蛋白/棉混纺纬弹织物和牛奶蛋白/羊绒/涤纶混纺织物的规格见表7-4。

表7-4　牛奶蛋白/棉和牛奶蛋白/羊绒/涤纶混纺织物的规格

产品序号	原料		纱线线密度/tex		织物密度（根/10cm）		织物组织
	经	纬	经	纬	经	纬	
1	牛奶蛋白纤维/棉	牛奶蛋白纤维/棉/氨纶	14.5	14.5+4.44	675	375	小提花
2	牛奶蛋白纤维/棉	牛奶蛋白纤维/棉/氨纶	18.3	18.3+4.44	680	473	小提花
3	牛奶蛋白/羊绒/涤纶	牛奶蛋白/羊绒/涤纶	11.6	12.8	360	290	五枚经面缎纹

4. 物风格设计　以牛奶蛋白/棉混纺纱为经纱，牛奶蛋白/棉/氨纶包芯纱为纬纱，选择平纹地小提花组织，可以获得地部平整、花纹立体感强、花型独特、富有弹力的织物，织物手感柔软、滑爽，织物具有良好的导湿性、透气性和弹性，从而使其在潮湿环境中穿着舒适、美观。牛奶蛋白/羊绒/细旦涤纶混纺织物面料要求呢面细腻光洁、纹路清晰、手感滑糯、活络有身骨、丝光效果强。

5. 织物组织设计　织物组织图见图7-3。

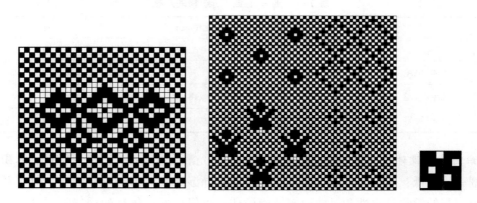

图7-3　牛奶蛋白/棉混纺、牛奶蛋白/羊绒/涤纶混纺织物的组织图

6. 生产要点

（1）络筒。宜遵循"低速度、小张力、小伸长、保弹性、降生羽"的工艺原则。适当减小络纱速度和络纱张力，可减少络纱毛羽数量，最大限度地保持原纱的物理机械性能；包芯纱络筒应从减磨、保强和保伸入手，适当增加张力盘重量，以保证筒子成形良好。

（2）整经。宜遵循"低速度、中张力、小伸长、保弹性、降毛羽、匀卷绕、小摩擦"的工艺原则，最大限度地保持经纱原有的弹性和强力，提高单纱和片纱的张力均匀度。

（3）浆纱。牛奶蛋白/棉混纺纱浆纱要做到"耐磨、光滑、保伸和保弹"四者兼顾，生产中遵循"重被覆、兼渗透"的原则，以PVA和磷酸酯淀粉为主，加入CD-PT浆料及相应助剂等，以确保混合浆黏度易分散，渗透性好，有利于毛羽贴伏；牛奶蛋白/羊绒/细旦涤纶混纺纱宜采用"高浓度、中黏度、重加压、偏高上浆"的浆纱工艺，为防止高上浆率带来的脆断头，还需采用后上油以提高浆纱的耐磨性，进一步增加织造开口清晰度，减少经纱断头，提高织造效率。

（4）织造。由于牛奶蛋白/棉混纺织物的纬纱是包芯纱，容易回弹，当气压过低时，容易造成引纬引不到头，故要采用"主喷气压适当、辅喷气压适当大"的原则，并要控制好织造车间的温湿度。

四、玉米纤维织物的设计与生产

1. 设计思路 采用玉米纤维与涤纶混合可开发具有天然、环保、舒适、柔和的色彩与光泽等服用性能的服装面料；还可与吸湿性好的丽赛纤维混纺开发具有一定悬垂性、滑爽感、可染性好的服装面料，使织物颜色鲜艳度更佳。

2. 原料及纱线设计与选择

（1）玉米纤维/涤纶（85/15），纱线线密度有 28tex 和 18.4tex×2。

（2）玉米纤维/丽赛（40/60），纱线线密度为 14.8tex。

3. 织物规格设计 色纺玉米/涤纶混纺、玉米纤维/丽赛混纺织物的规格见表7-5。

表7-5 玉米纤维混纺织物的规格

产品序号	原料		纱线线密度（tex）		织物密度（根/10cm）		织物组织
	经	纬	经	纬	经	纬	
1	玉米/涤纶	玉米/涤纶	28	28	385	256	平纹
2	玉米/涤纶	玉米/涤纶	18.4×2	18.4×2	425	220	斜纹
3	玉米/丽赛	玉米/丽赛	14.8	14.8	500	290	平纹

4. 织物风格设计 玉米纤维截面呈圆形，表面光滑，强度较大，模量较低，体积质量较小，回潮率比较低，但其具有芯吸效应，有较好的导湿透气性，有较好的卷曲效应及卷曲持久性。所织制的织物悬垂性和尺寸稳定性能极佳，可保持面料优良的透气吸湿功能，同时具有丝绸轻柔滑爽的手感，提高服装穿着时的舒适性能。

5. 织物组织设计 选用平纹组织和斜纹组织织制的面料，可很好地满足风格要求。

6. 生产要点

（1）由于玉米纤维与涤纶的回潮率均较低，摩擦后易产生静电、易起毛起球。络纱与整经工序采用"中车速、中张力、小伸长"的工艺路线，尽量减少接头、倒断头和绞头。特别是经纱张力、排列与卷绕均匀是织造时梭口清晰的重要保证，张力盘配置应采用前重后轻、上下轻、中间重，边纱适当加大重量，避免松边织疵和布边不平直的现象产生，以提高经轴质量。

（2）玉米/涤纶混纺纱采取"中车速、小张力、低温度"的上浆工艺路线。浆料配方中应加入适量的抗静电剂和高效平滑柔软剂，以消除浆液起泡，提高纱线的柔软性能与导电性能，保证浆纱的浆膜柔软光滑，贴伏毛羽与防止毛羽再生。

（3）为使玉米/丽赛两种纤维充分混合，采用三道并条。因纤维整齐度好，粗纱工序的后区牵伸倍数可稍大些，在保证细纱正常牵伸的情况下，粗纱捻系数偏大掌握。细纱工序遵循"后区大隔距、小牵伸、重加压"的原则，因纤维整齐度好，后区牵伸倍数可稍大些。

（4）由于丽赛纤维混入比多于玉米纤维，采用变性淀粉为主浆料，PVA 和丙烯类浆料为辅浆料，且上浆成分中 PVA 浆料不得超过总浆料（淀粉和丙烯类浆料为主）的 30%，采用双浆槽单浸双压不分层压浆形式，浆纱湿区锡林表面温度控制在 110℃ 以下，以免玉米纤维变硬。

（5）由于玉米纤维不耐强碱，坯布退浆时采用酶退浆工艺，退浆温度选择 80~85℃，退浆时间选择 60min。用分散染料染玉米纤维，用活性染料套染丽赛纤维。

🖝 思考题

1. 再生蛋白质纤维的发展经历了哪几代产品？

2. 再生蛋白质纤维的种类有哪些？各自的性能如何？

3. 结合大豆蛋白纤维、蛹蛋白纤维、牛奶蛋白纤维、玉米蛋白纤维的性能特点，说明其适合开发哪些产品。

4. 说明大豆蛋白纤维、蛹蛋白纤维、牛奶蛋白纤维、玉米蛋白纤维纺纱、织造工艺特点及织造工艺原则。

5. 说明大豆蛋白纤维、蛹蛋白纤维、牛奶蛋白纤维、玉米蛋白纤维染整加工过程中的工艺难点是什么。

6. 请查找相关资料，列举出目前市场上大豆蛋白纤维、蛹蛋白纤维、牛奶蛋白纤维、玉米蛋白纤维已经开发的产品。

第八章 新型合成纤维织物的设计与生产

第一节 概 述

新型合成纤维简称新合纤，它是通过聚合物的物理、化学改性或运用纺丝新技术，使纤维截面异形化、超细化，利用复合、混纤、多重变形及新型的表面处理等各种手段，使合成纤维不仅具有天然纤维优良的特性，还具有超天然纤维的功能、风格、感观等综合性能。新合纤加工技术不是指个别纤维的加工技术，它包括了上述新型纤维以及对他们进行织造、染色、整理等深加工的复合技术，使织物成为高品质、高性能、高科技含量、高附加值的合纤新产品。因此，新型合成纤维产品是合成纤维纺织及利用后加工新技术得到的新产品的总称。

一、新型合成纤维的性能特点

新型合成纤维最显著的特征是通过异形截面、复合（异收缩、异线密度）、混合纺丝技术以及碱减量技术、起毛技术、原纤化技术、热处理技术和化学处理技术、超细纤维织造技术等高新技术相结合获得超天然的服用性能。新型合成纤维的性能特征主要表现在：

（1）用复合纺丝技术得到的微细或超细纤维织物具有超柔软的手感。

（2）用异形截面中空纤维织成的织物具有暖感和天然纤维的触感。

（3）通过高异收缩（高收缩与自伸长）的复合，经多段热收缩使织物产生超蓬松效果。

（4）通过添加无机离子共混纺丝，可使织物具有干爽的手感和超悬垂性。

（5）通过使纤维表面产生微小缝隙得到蚕丝织物般的丝鸣声。

（6）通过纤维表面微凹产生蝴蝶翅膀般美丽的特殊色彩。

（7）通过使纤维形成不对称结构而产生羊毛般卷缩，获得良好的弹性。

（8）通过表面处理和末端处理，在纤维表面产生羊毛状鳞片结构和尖形的末端。

（9）通过多重混纤、复合、高性能加工等技术，使织物具有干燥感和清凉感。

二、新型合成纤维的分类及应用

（一）超细纤维

超细纤维是目前应用非常广泛的一类新型合成纤维。超细纤维是一类纤维的总称，通常单丝细度接近或低于天然纤维（如蚕丝）的化学纤维都可叫作超细纤维或微细纤维。从品质上看，纤维细度改变时，纤维及其制品的化学性能会发生质的变化，同时，从化纤生产技术方面考虑，不同细度的化学纤维需要采用不同的生产技术手段才能制取。因此，目前国内外超细纤维较通行的分类方法主要有两种：

1. 按照合成纤维的细度分类

（1）细特纤维。单纤维线密度大于0.44dtex（0.4旦）而小于1.1dtex（1.0旦）的纤维称为细特纤维或细旦纤维。由细特纤维组成的长丝称为高复丝。该类纤维大多用于纺丝绸类织物的生产。

（2）超细纤维　单纤维线密度小于0.44dtex的纤维称为超细纤维。由超细纤维组成的长丝称为超复丝。超细纤维主要用于人造麂皮、仿桃皮绒等织物的生产。

2. 按照现有化纤生产技术水平，并结合丝的基本性能和应用范围进行分类

（1）细旦丝　单丝线密度为0.55~1.4dtex（0.5~1.3旦）。可采用常规纺丝方法和设备进行生产，如常规纺、高速纺等。细旦丝的细度和性能与蚕丝比较接近，可用传统织造工艺进行加工，产品风格与真丝绸也比较接近，在仿真丝织物中获得广泛的应用。

（2）超细旦丝　单丝线密度为0.33~0.55dtex（0.3~0.5旦）。可采用常规纺丝方法生产，但技术要求较高，也可用复合分离法生产。制得的超细旦丝主要用于高密防水透气织物、普通起毛织物和高品质仿真丝织物。

（3）极细旦丝　单丝线密度为0.11~0.33dtex（0.1~0.3旦）。由于单丝线密度极细，用常规纺丝方法生产已很困难，需要用复合分离法或复合溶解法生产。极细旦丝主要用于人工皮革、高级起绒织物、擦镜布、拒水织物等高新技术产品。

（4）超极细旦丝　单丝线密度在0.11dtex（0.1旦）以下的纤维为超极细旦丝。现已有单丝线密度为0.00011dtex（0.0001旦）的超细旦丝实现工业化生产。由于单纤维的细度极细，采用双组分复合分离法生产已相当困难，故大多采用海岛纺丝溶解法或共混纺丝溶解法进行生产。使用超极细旦丝开发产品，多用非织造方法加工，产品主要用于仿麂皮、人工皮革、过滤材料和生物医学等领域。

（二）异形截面纤维

目前，大多数新型合成纤维截面都是异形。纤维截面异形化后可使织物的光泽、硬挺度、弹性、手感、吸湿、蓬松性、抗起毛起球、耐污性等均得到不同程度的改善。

不同的截面形状能赋予纤维不同的性能和风格。如三角形截面可给予纤维真丝般的光泽和优良的手感；W形截面能使纤维具有螺旋卷曲、似毛的蓬松性、粗糙感和干爽感；手指形、十字形截面的纤维可形成纱线毛细通道，提升吸湿排汗能力；中空纤维可以储存空气，提高保暖能力等。

异形截面纤维因具有很多优良特性和风格，其用途日渐广泛，在服装、地毯、非织造布、工业卫生等领域都有应用。

（三）复合纤维

复合纤维是由两种及两种以上的聚合物或性能不同的同种聚合物，按一定的方式复合而成。由于这类纤维横截面上同时含有多种组分，因此，复合纤维往往同时具有所含几种聚合物组分的特点，可制成类似羊毛的高卷曲、易染色、难燃、抗静电、高吸湿等特殊性能的纤维。如聚酰胺和聚酯制成的复合纤维，既具有聚酰胺耐磨性好、强度高、易染色、吸湿性较好的优点，又有聚酯弹性好、模量高、织物挺括等特色，具有更好的综合性能。

目前，已开发出数百种复合纤维，这些纤维有不同的内部结构和不同用途，故生产技术难度要求也不尽相同。复合纤维可按其内部组分间的几何特征进行分类。

1. 按结构分类　复合纤维按结构可分为双层型和多层型，如图 8-1 所示。

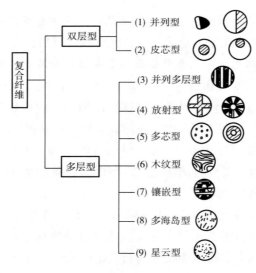

图 8-1　复合纤维的类型

2. 按构成组分分类　复合纤维按照组分的数目又可分为双组分纤维和多组分纤维两大类。目前开发的主要是双组分纤维，双组分复合纤维又可根据纤维内两种组分相互间的位置关系分为并列型、皮芯型和共混纤维等。共混纤维是指一种聚合物组分以原纤状或细条状高度分散于另一种组分中制得的纤维，故又称为双成分纤维或基体—原纤型纤维和海岛型纤维。海岛型纤维的岛组分可以连续分布，也可以不连续分布。

（四）功能纤维

随着人们对纺织品功能性要求的提高，出现了多种功能性合成纤维，如抗紫外线纤维、抗菌除臭纤维、保暖纤维、保健纤维、芳香纤维、导湿排汗纤维、拒水纤维、蓄热纤维、导电纤维、难燃纤维、感温变色纤维等。

（五）仿生纤维

近年来，基于仿生思路开发的新材料在纤维和其他各领域广泛地开展。如模仿夜间活动昆虫角膜的超微坑纤维，具有深色的光泽；模仿闪蝶蝶翅膀上的鳞片结构的多重螺旋纤维，具有金属般的光泽；模仿荷叶结构的超防水性织物，既可防水，还能透湿、透气；模仿皮革材料的人造麂皮等，均可达到较好的性能并有所应用。

（六）智能纤维

智能纤维是指当纤维所处的环境发生变化时，纤维的形状、温度、颜色和渗透速率等随之发生敏锐响应的纤维，即突跃性变化纤维。智能纤维能够感知环境的变化或刺激（如机械、热、化学、光、湿度、电磁等），并能做出反应。目前，光敏纤维、热敏纤维、导电纤维、形状记忆纤维、pH 值响应性凝胶纤维、智能抗菌纤维等已经实现了规模化生产。

第二节　各种新型合成纤维织物的设计与生产

一、合纤仿丝类织物的设计与生产

（一）化纤仿真丝织物加工技术

1. 截面异形化技术　异形化截面的纤维，使织物的光泽性、吸湿性、蓬松性、保暖性、弹性、抗起毛起球性、耐污性、硬挺度、手感等方面都得到不同程度的改善，并可使织物获得真丝般的光泽和特有的丝鸣声。

2. 碱减量加工技术　涤纶织物通过碱减量处理后，纤维表面因水解而使纤维变细并形成众多的微孔和沟槽，由此使织物中的纤维间产生适度的空隙，从而使织物获得类似蚕丝织物特有的风格和微妙的手感，并具有良好的悬垂性。

3. 纤维细旦化技术　采用 0.5~1.0dtex 的细旦涤纶丝，能明显改善织物的光泽和手感，并得到良好的导湿透气性能，仿真丝效果显著提高。

4. 混纤丝技术　由两种或两种以上不同性能、不同规格的长丝混合而成。其原理是模仿蚕丝在长度方向粗细和横截面形状不一致的特点，把不同细度、不同截面形状的涤纶进行混纤加工，从而制得具有蚕丝自然感的混纤丝。异收缩混纤丝在仿真丝的开发过程中，与截面异形化技术和碱减量加工技术同属一种技术上的革新，在第一代仿真丝织物中，实现了仿真丝的光泽和悬垂性，但手感仍欠佳。第二代仿真丝使用异收缩混纤丝，实现了近似真丝的手感，使仿真丝织物的性能有了飞跃性的提高。

此外，还可用染色性能不同的纤维进行混纤，或采用超细纤维、微多孔纤维、密纹纤维进行混纤等。

5. 复合丝技术　把性能不同的两种或两种以上聚合物熔体或溶液，利用组分、配比、黏度或品种的差异，分别输入同一纺丝组件中，在组件的适当部位汇合，并在同一喷丝孔中喷出而成为一根纤维。复合丝经热处理后产生不同的收缩而形成自然卷曲，使织物蓬松柔软，光泽柔和。

6. 改善显色性技术　通过聚酯纤维的表面改性，或加入阳离子可染物质进行共聚，以改善纤维的显色性。

7. 改变表面状态技术　为了充分显现野蚕丝和桑蚕丝的风格，使丝条更具天然感，可对长丝表面进行仿真丝变化。另外，可通过假捻、气流交织赋予纤维丝微卷曲，或通过特殊拉伸的方法制成粗细节花色丝、竹节花色丝、起圈花色丝等。

（二）化纤仿真丝织物的设计生产要点

1. 织物设计要点

（1）原料设计。仿真丝织物常用原料有黏胶纤维、醋酯纤维、涤纶、锦纶、腈纶、丙纶、异形截面涤纶丝、细旦涤纶丝、复合涤纶丝、中空涤纶丝、涤纶加工丝和涤纶花色丝等。

（2）丝线设计。仿真丝织物常用的复丝线密度为 55.6~111dtex（50~100 旦），单丝线密度多为 0.11~0.56dtex（0.1~0.5 旦）。丝线的捻度和捻向对织物的强力、手感、弹性及光泽等均有显著的影响。

（3）织物结构设计　织物组织织常用平纹、斜纹、缎纹、绉组织、各种小提花组织等。一般平纹类织物总紧度为 60%~80%，绉组织织物的总紧度为 50%~60%，缎纹织物的紧度较平纹的大；经减量处理织物的紧度应大些，用于礼服呢类织物的紧度较装饰绸类织物要大些；采用超细纤维织制的织物紧度可比传统涤纶织物要稍大些。

2. 纺织工艺要点　纺织工艺流程为：

经丝：原料检验→络丝→捻丝→定捻→倒筒→整经→浆丝→穿经┐
　　　　　　　　　　　　　　　　　　　　　　　　　　　├→织造→检验→
纬丝：原料检验→络丝→捻丝→定捻→倒筒→络纬────────┘

入库

（1）加捻。加捻时可适当补充油分，以增加丝身润滑，加捻机上应加衬锭，对丝线附加一定的张力，以防止强捻丝线的扭缩，并能使丝线表面挺直圆滑。

（2）定捻。涤纶长丝的热定形在真空热定形机上进行，温度 90℃ 左右，时间 80min 左右；定形后的筒子再倒筒，进行自然定形，放置三天以上即可使用。

（3）浆丝。为防止经丝打卷和起毛，强捻经丝热定形后还需上轻浆，上浆率可控制在 6% 左右。

3. 染整工艺要点　染整工艺流程为：

坯布准备→退浆精练、水洗→预缩（起绉）→脱水开幅→预定形→碱减量→水洗、中和、脱水→染色或印花→脱水开幅→浸轧柔软剂→烘干定形→成检包装

（1）退浆精练。退浆时，应选对油剂、蜡质溶化力强的精练剂，国内常用碱剂和净洗剂。精练加工后织物的残留脂蜡率在 0.2% 以下，以保证染色时不会发生拒水和染色斑。

（2）起绉。起绉的车速应根据设备状况确定，以满足织物获得较大织物幅缩（10%~12%）、织物外观绉纹细腻、手感柔软等要求。

（3）预定形。预定形在碱减量之前进行，有利于提高织物强度、弹性和柔软性，且有助于消除前工序产生的折痕、使碱减量均匀。一般预定形温度应高于整个加工过程中热处理温度 10℃ 左右，约 150~170℃、45s。预定形加工中，还要注意超喂，使织物保持松弛状态。

（4）碱减量。碱减量工序是涤纶仿真丝织物提高仿真效果的关键工序，碱减量程度一般在 10%~20% 之间（圆形涤纶织物其碱减量要达 20% 左右），应以织物既有较好的手感，又有一定身骨和服用强度为基准。通常紧密织物的减量率要大些，稀疏织物宜小些，如双绉、乔其纱、缎类织物的减量率为 15%~20%，稀疏的平纹、斜纹织物仅 5%~12% 即可。

（5）染色。细旦纤维较常规纤维有较大的表面积，所以在染色时染色速度快，上染率高，表观色泽浅，对温度的相关性小，染色牢度较差。为保证染色均匀，要在染浴中加入匀染剂，适当加大染料量，降低初染温度及升温速度，提高喷射染色机中织物运行速度，保证绳状织物落布均匀。

（6）后整理。细旦纤维仿真丝织物一般不需特殊后整理。轻薄的绸、绉类产品可在碱减量后再进行柔软、亲水整理，以使织物更加轻柔飘逸，透气透湿，穿着舒适。

二、合纤仿毛类织物的设计与生产

（一）化纤仿毛织物加工技术

1. 空气变形法　在纺丝过程中采用压缩空气对超喂长丝进行处理以获得新的变形效果。作为仿毛用空变长丝，应有一些特殊的要求，如选择易染的异形丝，单纤纤度宜较细，部分原丝应先经假捻变形等。

2. 超喂网络法　采用两股经丝以不同速度喂入，网络后形成一束纤维为芯，另一束纤维为面纱，浮现在纱体表面，通过网络使其稳定。

3. 异收缩网络丝　采用一种干热收缩不大的涤纶变形长丝（DTY丝）与另一根高收缩性能束丝交络在一起，在染整后加工过程中通过加热，高收缩纤维发生收缩，迫使干热收缩性能不大的那部分丝浮现在纱体表层，纤维丰满蓬松。

4. 涤纶共纺丝　也是一种生产仿毛型长丝的方法，用以提供变形用的原丝。它克服了涤纶长丝织物极光强的弱点，光泽柔和，且具有良好的压缩变形能力、拉伸变形能力和良好的回弹性，手感丰满滑糯，服用性能优良。

目前，仿毛织物很少有用单一原料织制的，往往采用多种原料混纺、多种纱线配置排列，使仿毛品种千变万化，获得各种不同外观和性能。

（二）化纤仿毛织物的设计生产要点

1. 织物设计要点

（1）原料选择。仿毛织物可用长丝织制，可用短纤织制，还可用长丝和短纤纱交织。仿毛型化纤长丝主要有各种网络丝和变形丝，仿毛型短纤维有中长型和毛型两类纤维。

目前仿毛织物仍以短纤纱产品为主。毛型化纤的长度多为65~115mm，线密度为3.33dtex（3旦）左右。常用不同线密度的纤维混配，如以3.3dtex为主，另配以部分2.8dtex和4.4dtex的纤维；纤维截面形状以圆形为主，混有少量异形纤维，异形截面形状如三叶形、五叶形、六叶形、八角形等。

（2）纱线设计。化纤纱线的线密度应比羊毛纱线线密度偏低、捻度偏小，以保证织物外观细腻，手感柔软。经纬纱捻向的配置，应考虑纱线捻向对织物织纹清晰度的影响，以及纱线捻向与织物手感、染色性能的相关性。

（3）织物结构设计。春秋季中厚型涤纶仿毛织物，经纱常采用166dtex网络丝或变形丝，纬纱用166dtex或333dtex网络丝或变形丝，织物总紧度范围在74%~80%，织物重量为160~220g/m²，成品挺括丰满，刚柔适中，透气良好，穿着舒适。夏季薄型仿毛织物，经纬纱可选用111~150dtex网络丝或变形丝，织物总紧度较小，可选择65%~72%，布重在150g/m²以下，成品轻薄柔软，又有滑爽感。冬季厚型仿毛织物，经纬纱常用338~666dtex，甚至666dtex的网络丝或变形丝，织物总紧度偏大，约为81%~88%，布重在230g/m²以上，成品手感厚实、挺括丰满、纹路粗犷，有粗纺毛料的风格效应。

仿毛织物常用的组织有平纹、三枚斜纹、四枚斜纹、四枚破斜纹、五枚缎纹、纬二重、纬三重组织等，还可采用两种或两种以上原组织或原组织变化组织为基础，用不同方法复合而成新组织，织物的表面和背面可分别呈现两种组织效果，或者是两者复合的特殊效果，可用于设计质量较重，手感较厚实，风格高档细腻的仿毛类产品。

2. 纺织工艺要点

（1）纺织工艺流程。仿毛织物包括短纤类产品和长丝类产品，两类的生产工艺有明显不同。

①短纤类仿毛织物。生产工艺流程与纯毛及毛混纺织物生产工艺流程接近。仿精纺毛织物时，由于化纤整齐度好，含杂少，前纺工艺流程可比纯毛织物的工艺流程短些。

②化纤长丝仿毛织物。生产工艺流程与纤维种类有关，可分为上浆工序和不上浆工序两大类生产工艺路线。

a. 上浆的生产工艺。分为一轴对一轴和多轴对一轴两种上浆工艺。用前一种上浆工艺上浆后的浆丝浆膜完整，浆后纱片张力和排列均匀，质量高，效益好，在低弹丝仿毛产品中应用广泛；后一种浆纱工艺集浆纱与并轴工艺于一体，轴与轴之间容易形成张力不匀，上浆过程中易出现滚绞、重叠等现象，浆丝根数多时，会产生较大静电现象，经丝容易粘连，分绞比较困难，故目前较少应用。

b. 不上浆的生产工艺。分为加捻工艺和采用网络丝两种。第一种工艺采用对原丝进行加捻，一般需经过络丝、捻丝、蒸丝（定形）工序，原丝加捻240~300捻/m，可用于无浆丝设备的企业或产品质量要求不高的情况。由于长丝加了捻，对成品的弹性、蓬松度不利，手感硬糙，对毛型效果有一定影响。第二种工艺是采用网络丝生产，一般可不用上浆，但要求有适当的网络度（90~110个/m）、网络牢度和均匀度，由于网络丝节点附近的丝束蓬松性比无捻丝差，故网络丝织物的毛型感要较无捻低弹丝织物差。

国内一般采用的涤纶长丝仿毛织物的设备和工艺见表8-2。

表8-2 涤纶长丝仿毛织物的设备和工艺对比

设备	类别	工艺路线	织制情况	成品质量	经济效益
国产定形设备	无捻丝上浆	轴经整经→并轴式浆丝→穿经→织造	张力、排列不匀，上浆时断头多，浆膜易损；织轴绞头多，生产难度高、波动大，织造断经多，效率低	织疵最多，质量差，毛型感尚好	不需投资，但疵布多，质量低，经济效益差
		分条整经→一轴式浆丝→穿经→织造	张力、排列均匀，上浆时不断头，浆膜完整；织轴绞头少，生产顺利稳定，织造断经少，效率高	织疵少，质量好，成品蓬松，毛型感好	投资少，质量高，经济效益好
	原丝加捻	络丝→捻丝→定形→分条整经→穿经→织造	需添置络丝、并捻、定形设备，毛丝增多，弹性削弱，原丝加捻，虽生产难度小，但工序增多，有损产品的毛型效果	织疵较少，成品板硬，蓬松度差，毛型感最差	投资少，成品缺乏毛感，售价低，经济效益差

续表

设备	类别	工艺路线	织制情况	成品质量	经济效益
国产定形设备	网络丝	网络丝（无捻丝）→吹网络→分条整经→穿经→织造	一般可省略上浆。但生产难易取决于网络的质量，常因网络度、网络牢度、网络均匀度不足仍需上浆，织造尚顺利	织疵较少，成品蓬松度中等，毛型感尚较好	网络丝比无捻丝（上浆）成本高，也影响经济效益
引进设备	无捻丝上浆	分条整经→分轴式浆丝→并轴→穿经→织造（喷水、剑杆、喷气）	设备占地面积大，需翻建（新建）厂房。各设备速度快，单产高，断头少，生产顺利；但技术要求高，各项管理、维护、培训等工作必相应跟上	织疵少，质量好，成品蓬松，毛型感好（并轴易生经向色花）	投资昂贵，回收期长，影响经济效益

（2）纺织工艺要点。仿毛织物多采用分条整经工艺，如果经纱中含有异收缩丝时，要特别注意控制整经张力，且保证丝道光滑，以防止高收缩丝受摩擦起毛。采用分层、分段配置张力垫圈重量，使整幅经丝的张力均匀，消除原丝扭结。当经纱为异收缩丝时，可采用整经、浆丝、并丝工艺，但要采用低温上浆工艺，浆槽温度为 45~50℃，防止高温造成纤维提前收缩而影响织物的蓬松性。无捻丝上浆宜采用"强集束、求被覆、保弹性、匀张力、低回潮、小伸长、低上浆、慢车速"的工艺。

3. 染整工艺要点

（1）染整工艺流程。涤纶仿毛织物染整工艺流程为：

坯布→精练、水洗、脱水（松式退浆）→碱减量、染色（溢流喷射染色机加工）→脱水→开幅→热定形→蒸呢→检验→成品布

（2）染整工艺要点。

①在碱减量和染色加工过程中，为了使织物中的纱线和纤维能得到充分收缩，应特别注意织物的张力，通常采取全松式染整工艺。织物在松弛的高温状态下加工，可使纤维获得最大的收缩恢复和卷曲稳定性。由于异收缩丝中两种纤维在染整时热收缩率不同，从而形成以高收缩丝为主轴，低收缩丝呈藤绕树状蓬松卷曲于主轴，使丝线呈现蓬松的细绒毛效应，织物不需磨毛，就能获得蓬松的细绒毛效应，仿毛效果好。

②涤纶仿毛织物在染浅、中色时，宜用 E 型（即普通型或匀染型）分散染料，染深色宜用 S 型（即高温型）分散染料。通常采取高温高压喷射或溢流染色，以达到染色匀透、柔软丰满的效果。涤纶长丝仿毛织物的碱减量率一般控制在 10% 左右。如碱减量率过高，严重损伤纤维的机械性能；碱减量率过低，将不能满足织物的柔软、蓬松要求。

③蒸呢是涤纶仿毛织物改善手感、弹性、极光、增强毛型效果的最后环节。使用罐蒸机蒸呢效果较好，罐内湿度大，温度高，作用均匀而时间长，可使织物获得湿热定形效果。罐蒸后呢面丰满、表面平整、手感柔糯，光泽柔和，富有悬垂性，仿毛感明显提高；织制光泽良好的仿毛织物不需要蒸呢，一般长丝织物也不需要蒸呢。热定形时，定形温度一般为 180~

185℃，时间为 20~25s，定形时超喂一般控制在 5%左右为宜。

④涤纶仿毛织物的染整缩率是仿毛效果的重要指标，一般掌握在经向 13%~15%，纬向 10%~11%。

为提高仿毛织物性能，可对织物进行特种整理，如抗起毛起球、抗熔融、抗静电、亲水、阻燃等，还有拉毛、磨毛整理等。

三、合纤仿麻类织物的设计与生产

合纤仿麻织物的设计，主要考虑仿天然麻织物的粗犷风格和吸湿透气、挺爽的性能，并改善弹性差、刺痒感等不足。

（一）合纤仿麻织物加工技术

1. 仿麻纤维的开发　仿麻纤维的开发有外观仿麻和性能仿麻两个方面，一般以仿麻长丝居多。常用的仿麻长丝有四种：黏合性长丝包缠在普通长丝周围、普通长丝包缠在黏合性长丝周围、在丝条长度方向上间断黏合、在丝条长度方向上连续黏合。利用仿麻长丝织制的织物一般有突出的悬垂性和凉爽感。

仿麻织物选用涤纶低弹丝、涤纶竹节丝、涤纶不规则牵伸丝（理化丝、双色丝）、涤纶竹节纱、涤纶疙瘩纱等原料，外观不均匀，接近麻纤维纱，仿麻效果较为理想。原丝线密度一般为 15~33.3tex（135~300 旦），丝束的单丝根数为 24~48f，截面形状为六叶、八叶等异形丝。

仿麻纤维的生产还经常采用不同纤维的复合丝，如原液丝和普通丝的组合丝，普通涤纶丝和涤纶改性丝、异形丝的组合丝，涤纶与腈纶、锦纶、丙纶等的组合丝或复合丝，涤纶 DTY（拉伸变形）丝、FDT（全牵伸）丝、POY（预取向）丝的组合丝等。由于纤维中存在两种及以上组分，染色的匀染性较差，加捻处理后会产生麻粒效应，外观粗犷，类似于麻织物效果。

2. 花式纱线开发　仿麻织物常选用各种花式（色）线。如大肚纱（疙瘩纱）、竹节线、结子线、螺旋线等。一般采用花式捻丝机或普通捻丝机制作，花式线的规律性越差，仿麻效果越好。

3. 染色技术　采用不同色纱配合或利用原料的染色性能形成花色效果，使织物外观呈现深浅不同或有麻粒效应。

（二）合纤仿麻织物的设计生产要点

1. 织物设计要点

（1）原料设计。一般采用合纤仿麻丝，也可采用几种不同纤维的复合丝，如采用阳离子可染涤纶和其他涤纶并捻形成的复合丝，或采用不同染色性能的化纤长丝或短纤纱进行交织。还可以多元化纤和多元涤纶长丝为主原料织制仿麻织物，如以涤纶 FDY、DTY 丝和毛感复合丝为主原料，单一涤纶长丝与涤纶改性丝、异形丝、多元化纤混合织制的经向单捻、纬向单捻、经纬双捻等秋冬中厚型涤纶仿麻面料。

（2）纱线设计。为了突出仿麻织物手感挺括、滑爽、有身骨的风格特征，一般仿麻织物的经纬纱都采用有捻纱，且加中捻以上的捻度，但以不超过临界捻度的 10%左右为宜。如

75dtex 涤纶低弹丝的捻度范围是 16~20 捻/cm，165dtex 涤纶低弹丝的捻度范围是 12~16 捻/cm，330dtex 涤纶低弹丝的捻度范围是 10~14 捻/cm 等。

仿麻织物一般采用多种粗细的纱线相间排列，或在纬纱中配置部分花式纱，如大肚纱（疙瘩纱）、竹节线、结子线、螺旋线等。经纬纱的排列循环越大，纱线粗细相差愈大，仿麻效果越好；两根粗细纱线的线密度相差一般为 2~4 倍，但如果粗细差异太大，或经纱采用花式纱，会给织造带来困难。

（3）织物结构设计。为使仿麻织物具有较好的吸湿透气性，织物的经纬密度不可过密，通常经向紧度为 45%~55%，纬向紧度在 40%~50%，经纬紧度比值为 10：9 或 1：1。织物组织可采用绉组织、平纹、经纬变化重平组织、斜纹、透孔组织、泥地组织以及联合组织等。在设计仿麻织物时可采用不同种类、粗细、捻度、颜色的纱线，配合密度、组织的变化，得到外观粗犷、手感挺爽的仿麻效果。

2. 纺织工艺要点

（1）纺织工艺流程。合纤仿麻织物由于原料种类、纱线形式多样，在准备生产工艺上有一定差异。

①涤纶仿麻丝织物的工艺流程。

经丝：原检→络丝→捻丝→热定形→倒筒→整经→浆丝→穿经

纬丝：原检→络丝→捻丝→热定形→倒筒→卷纬

②两种涤纶长丝合并复合的仿麻织物工艺流程。

经丝：涤纶 DTY 和涤纶 POY 网络丝→络丝→倍捻→定形→整经→穿经

纬丝：涤纶 DTY 和涤纶 POY 网络丝→络丝→倍捻→定形→倒筒

在络筒机上进行涤纶 DTY 和 POY 并合网络后，再加捻和热定形，因经丝有一定网络度，故可不用浆丝。

③涤黏中长混纺仿麻织物工艺流程。

经纱：络筒→整经→穿经

纬纱：并纱→捻线→络筒

经纬纱均采用股线，经纱可不进行浆纱工序。

（2）纺织工艺要点。

①仿麻织物用化纤吸湿性差，在加工过程中，经丝摩擦易产生静电、毛丝以及沾灰等缺点。在各道工序中，张力控制不宜大，要适中均匀；各工序要保持导丝器表面光滑，防止产生静电。

②由于仿麻织物经纱捻度较大，虽经过定捻，但在浆纱湿区，经纱还是容易出现互相扭结的情况。故应加大湿区张力，使纱线出浆槽后，每根经纱保持互相独立；多加几根湿分绞棒，用湿分绞棒有效地控制每一根经纱，使经纱之间不能相互扭结。

浆丝采用轴对轴方式，每轴总经根数较少。浆纱时要严格控制烘房温度，烘房温度较高，纱线易烘干，几乎无回潮，干分绞时易产生脆断头，故一般以 80~90℃ 为宜，可保证浆纱回潮在 6% 左右，减少断头。

③由于仿麻类织物密度较小，布孔清晰，若布面上接头明显，会影响布面风格和质量，故准备工序尽量采用无结纱，织造断经采用捻接接头方式。定期检修送经、卷取部位，以保证稀纬和密路条数降到最少。

3. 染整工艺要点

（1）染整工艺流程。仿麻织物的染整工艺流程一般为：

摊布→缝头→预处理→碱减量→染色→烘干→柔软→烘干→拉幅定形→检验→定等打包

（2）染整工艺要点。采用仿麻丝开发仿麻产品时，需针对品种确定碱减量工艺，碱减量率控制在 10%~11%。仿麻面料以挺爽效果为主，轻柔为辅，要严格控制定形温度及时间，若温度过高，时间过长，则面料手感发硬，故定形温度控制在 175~180℃，时间在 20s 左右。染色也要严格控制染色升温时间和保温时间，降温和进料要慢，避免出现色花。

四、超仿棉织物的设计与生产

（一）超仿棉生产技术

"仿棉"是聚酯一个功能化差别化方向，目标就是要使纤维兼有棉和涤纶的优良特性，"仿棉"聚酯的主体是聚酯，含量一般大于 85%，属于差别化功能化的涤纶纤维。

超仿棉是在纤维结构改性和纺丝技术上，通过高功能化、多功能复合化、细旦和超细旦化和工业化四种途径实现了仿棉技术的研发。聚合改性技术有：①缩聚反应时加入消光剂（光泽）、第三单体（色彩）等；②接枝亲水基团（透湿性、舒适性）、柔性链段（柔软性）等。纺丝技术主要有：①共混纺丝添加亲水母粒（亲水性）、功能性母粒（抗静电、保暖性）；②纤维截面异形化：纺丝时改变喷丝板的形状，形成异形截面纤维，如十字形、中空形等，通过芯吸效应达到吸湿快干的功效，同时具有良好的保暖和蓬松性。③纤维细旦化：增加纤维比表面积，改善纤维光泽，改善织物的吸湿性。④复合纺丝：如 POY 和 FDY 异收缩复合纺丝，使纤维表面形成丝圈，赋予织物蓬松感。

（二）超仿棉织物的设计生产要点

1. 织物设计要点 开发"超仿棉"新型纱线时，原则上可采用三种以内性能相近的纤维进行互配，超仿棉与其他纤维混纺比一般采用 T55/45、T65/35、T70/30 和 T80/20，当追求特殊风格也可采用多种不同混纺比的三种以上原料混纺，但需考虑各种纤维对主要染料的融合与易染性。

超仿棉织物要重点把握好织物的柔软舒适性、轻薄透气性、尺寸稳定性等，要优化织物组织结构设计，以体现似棉胜棉的特点。

2. 纺纱工艺要点 为充分体现仿棉似棉的风格，采用 100%超仿棉短纤维纯纺时，要克服纺纱中的"三绕"（绕罗拉、胶辊、胶圈）及"出硬头"等问题，可通过加大罗拉隔距、加大后区牵伸倍数、选择合适的皮辊等方法加以改善。

3. 染整后整理工艺要点 超仿棉长丝染整工艺流程为：

冷堆→水洗→圈码蒸缸预缩→预定形→碱减量→染色→烘干→吸湿排汗整理

超仿棉涤纶的玻璃化温度与熔点温度均低于普通涤纶，故超仿棉织物的染色温度与整理定形温度均要重新设计。采用纤维保护剂可以提高热定形温度，有效消除超仿棉纤维织物在热定形加工中因高温使纤维塑化造成手感粗硬等缺陷。

五、超细纤维织物的设计与生产

（一）超细纤维织物的品种与应用

超细纤维的主要特征是单纤维细度细、直径小。由于单纤维细，纤维的比表面积也明显增大，许多纤维堆在一起，在织物中就能形成许多极细的缝隙小孔，纤维就能聚集得更加紧密。因此，超细纤维及其织物可显示出手感柔软细腻、光泽柔和、高吸水吸油和清洁能力、柔韧性好、保暖性好和高致密性好等许多独特的品质性能，不仅在衣用纺织品领域，且在生物、医学、电子、水处理行业、过滤材料、离子交换、生物工程等领域也得到了广泛的运用。超细纤维织物主要有以下应用。

1. 仿真丝织物　采用线密度为 $0.11 \sim 0.56$dtex 的超细纤维织制仿真丝织物，既具有真丝织物轻柔舒适、华贵典雅的优点，又克服了真丝织物易皱、粘身、染色牢度差等缺点，是制作高档礼服、衬衣及内衣的良好材料。

2. 超高密度织物　使用线密度在 $0.1 \sim 0.5$dtex 的超细纤维，可用于织制高密度防水透气织物，用于风雨衣、防羽绒布等。织物兼具防水透气、轻便、易折叠、易携带的性能，附加价值高。

3. 洁净布、无尘衣料　使用线密度在 $0.05 \sim 0.1$dtex 的超细纤维，可用于织制高性能洁净布。因织物具有较高的比表面积和无数的细微毛孔，故具有很强的清洁性能，除污速度快而彻底，不掉毛，洗涤后可重复使用，在精密机械、光学仪器、显示屏和眼镜擦拭布、无尘室、家庭等方面都具有广阔的应用。

4. 高吸水性材料　利用超细纤维的毛细效应生产高吸水性材料，吸水快且彻底，触感舒适。如高吸水毛巾、高吸水纸巾、高吸水笔芯、卫生巾等。

5. 仿麂皮及人造皮革　使用线密度在 $0.005 \sim 0.1$dtex 的超细纤维，织制成针织布、机织布或非织造布后，经过磨毛或拉毛，再浸渍聚氨酯溶液，并经染色和整理，即可制得仿麂皮织物和人造皮革。织物轻薄柔软，有光滑的表面纹理，防水透气，强力好且不易变形。

6. 生物医用材料　线密度小于 0.01dtex 的超细纤维粗细与生物细胞接近，与生物体有较好的兼容性，特别是纤度达到 0.001dtex 的超极细纤维，因其良好的生物兼容性在医学领域具有较大的应用潜力。PET 超细纤维与人的肌体相容，可用于人造血管。

（二）超细纤维织物的加工要点

1. 纺织工艺要点　采用喷水织机生产。为防止复合丝过早分离，应尽可能减少纬丝织造所经过的通道及纬丝张力，降低静电产生。考虑到超细纤维特别柔软，所以纬丝通道（如瓷眼、张力片等）应特别注意保持光洁度，并合理调节工艺参数。

2. 染整工艺要点

（1）工艺流程。

退浆精练→膨化砂洗→碱减量→定形→磨毛（聚氨酯整理）→染色→烘干→拉幅→检验→成品

（2）工艺要点。退浆精练工艺条件及助剂要根据产品确定；砂洗主要使纤维充分膨化、分裂，应考虑使用对纤维有一定亲和力并易于在高温条件下渗透到纤维内部的膨化剂；经过砂洗的织物充分膨化、松弛，再进行碱减量加工，使收缩纤维表面局部发生降解、断裂；在磨毛起绒时将纤维切断，提高起绒性，使织物表面产生均匀短而密的茸毛，磨毛工艺对织物外观效果与风格至关重要，合理的磨毛工艺，既使织物起短而密的茸毛，又要保证织物的强力损失最小。

六、PTT 纤维织物的设计与生产

（一）PTT 纤维的性能特点和应用

PTT 纤维属于聚酯纤维，但由于结构不同，使得纤维性能和传统涤纶（PET）纤维有较大的差异。PTT 纤维和常用合成纤维的性能比较见表 8-3。

表 8-3　PTT 与其他常用合成纤维的性能比较

性能		PTT	PET（涤纶）	PA6（锦纶6）	PA66（锦纶66）
强度（cN/dtex）		2.78	2.47~5.29	4.06~7.76	4.06~7.76
吸水（%）	24h	0.03	0.09	1.9	1.9
	14h	0.15	0.49	9.5	8.9
易染性		低	低	低	低
弹性回复率（%）（5%伸长）		99~100	75~80	99~100	99~100
熔点（℃）		228	265	220	265
玻璃化温度（℃）		45~65	80	40~87	50~90
密度（g/mL）		1.34	1.40	1.13	1.14

PTT 纤维由于结构的特殊性，在以下方面有明显特性：

1. 高弹性和良好的拉伸回复性　PTT 纤维晶体内的分子结构呈螺旋形且大分子的"奇碳结构"决定了该纤维具有高弹性和良好的拉伸回复性，且弹性不受环境温湿度的影响。在低伸长状态下，急弹性回复率达 54%，总回复率达 99%~100%。

2. 染色温度低、化学稳定性好　PTT 纤维有低熔点、低玻璃化温度等特点，因而染色性能较好，玻璃化温度比 PET 低 25℃，其染色性能优于 PET，可在常压沸染并有很好的渗透深度，色泽均匀，色牢度高。具有优良的耐化学药品性、耐光性和耐热性。

3. 舒适性良好　PTT 具有细而密的立体卷曲、纤维蓬松，手感柔软，由于它的吸水性较差，具有较好的干爽性，即洗可穿性能。

4. 形状记忆功能　PTT 形状记忆纤维是在纤维一次成型时，记忆外界赋予的形状和特性，定形后的纤维可任意地发生形变，并在较低的温度下将此形变固定下来（二次成型），或者是在外力强迫下将此形变固定下来。但当给予变形的纤维在受到特定的外部刺激时，形状记忆纤维可恢复至原始形状。

由于 PTT 纤维具有上述一些特点，近年来受到纺织行业的普遍关注，在各个领域中得到了广泛的应用。特别适用于制作游泳衣、连袜裤、长筒袜、训练服、体操服、健美服、网球服、舞蹈紧身衣、弹力牛仔服、滑雪裤以及医疗上应用的绷带等高弹性纺织品；还可用以织制仿毛织物、多孔保温絮片、簇绒地毯等。

PTT 纤维包括长丝和短纤。PTT 短纤维可纯纺和混纺，可混纺性好，因此目前在棉、毛、丝行业中均有应用。PTT 长丝纤维纯织产品较少，一般与其他长丝交织，或作为包缠纱的芯丝，或与其他纤维并丝。

（二）PTT 纤维织物的设计生产要点

1. 织物设计要点

（1）织物风格设计。

①仿丝型织物。利用 PTT 纤维高弹性优良性能开发弹性类丝织品。如经丝采用桑蚕丝，纬丝采用 PTT 长丝，开发双绉、乔其绉等绉类织物；或采用粘胶丝作经丝，PTT 长丝作纬丝，开发良好光泽的缎类丝织物；或采用超细纤维和 PTT 纤维交织，经过开纤和磨绒，形成外观具有绒毛的弹力仿麂皮绒织物，耐用性和舒适性提高。

②仿毛型织物。在毛织物中加入 PTT 纤维，通过交织或混纺，可生产出具有更好弹性和松软度的织物。如 PTT 纤维和羊毛的混纺织物，羊毛纱与 PTT 长丝交织织物，羊毛/PTT 混纺纱与其他纤维纱线交织等。

③仿棉型织物。PTT 纤维可与棉、天丝、竹浆纤维、黏胶纤维等混纺交织，或采用 PTT 长丝作芯纱，棉、天丝、大豆纤维、黏胶纤维等作外包纤维纺制包缠丝，可开发出柔软性和弹性回复能力比普通涤棉织物更好的机织或针织织物。

（2）纱线设计。常用纱线的线密度范围为 29.2～9.72tex（20～60 英支）。在纺纱时，应注意 PTT 纤维的添加量，以保证纺纱后的弹性，PTT 的含量一般为 30%～60%。

（3）织物规格设计。考虑 PTT 纤维的良好弹性，适当放宽织物设计幅宽和织物生坯幅宽，使织物具有比较充分的弹性余地和收缩余地，一般从筘幅到成品要留有 20%～30%甚或40%以上的缩率。确定织物密度时，要充分考虑最终缩率的大小，织物密度一般要比普通织物小，若密度过高，后整理时缩不回来，将降低织物弹性，甚至造成织物没有弹性。

2. 纺织工艺要点

（1）纺纱。PTT 纤维纺纱工艺流程与化纤纱线的纺纱工艺流程相同，前纺工序应加入一定的抗静电剂、润滑剂，并控制好回潮率。采用"多松少打、薄喂少落、防绕防粘"的工艺原则，梳棉设备适当调整，棉条定量应偏轻掌握，并条需较大的牵伸力，细纱工序应选择合理的隔距，适当减少牵伸倍数以增加纤维强度。

（2）织造。由于纤维的初始模量较低，施加较小的张力即会获得较大的伸长，因而在生产过程中要严格控制丝线的加工张力。首先要做到张力大小合适，切不可施加超出其弹性极限的张力，以致在准备或织造加工中产生不利因素，甚至形成织物病疵；其次是张力要均匀，以防止因丝条张力不均匀而产生织造时幅宽不齐、急梭、亮丝等病疵。

由于PTT纤维的含水率较低，生产中要严格控制车间的温湿度，特别是湿度，通常生产车间的湿度控制在65%~75%之间为宜。

3. 染整工艺要点 染整工艺流程为：

洗涤（退浆）→碱化（任选）→预定形→染色→热定形→柔软整理→最终热定形

PTT织物的染色温度一般为100~110℃，pH值在4~10之间，用分散染料染色，采用常压沸染，染色时间的长短对染色的深度影响较大，染浅色时，温度低、时间短，染深色时，温度高、时间长。一般在100℃下，染色时间为30~40min。

柔软整理一般在140~170℃下进行，选用含硅柔软剂，能改善织物的弹性，处理温度越高，伸长越小，回弹性越能得到改善。

为了获得高弹性织物，需要在一定温度下对织物进行热定形处理。热定形温度一般控制为：预定形温度>热定形温度>最终热定形温度，热定形温度为140~150℃，30s。温度过高，会使织物手感粗糙，弹性损失。可将织物柔软剂加入已染色且已热定形的织物中进行软化处理，再以低于或等于预热定形温度的温度对织物进行最终热定形，最后得到的织物具备良好的弹性和柔软的手感。PTT机织物的预热定形和柔软整理可任选，但织物必须进行最终热定形。

第三节　新型合成纤维织物的设计与生产实例

一、合成纤维仿真织物的设计与生产实例

（一）涤纶仿真丝织物的设计与生产实例

1. 改性涤纶仿真丝千鸟格织物的设计与生产

（1）设计思路。采用涤纶网络丝开发仿真丝面料，后整理经过碱减量处理再数码印花，外观呈现千鸟格花型特征，高雅飘逸，可用于连衣裙、围巾等。

（2）纱线设计。经纱选用8.25tex/72f涤纶DTY半光低弹网络丝，网络结点数140个/m；纬纱选用16.5tex/144f涤纶DTY半光低弹网络丝，网络结点数125个/m。

（3）织物组织规格设计。经纱密度为540根/10cm，纬纱密度为325根/10cm；织物经向紧度为57.7%，纬向紧度为49.1%，总紧度为78.5%，成品幅宽154cm，坯布平方米克重为115g/m²。采用以$\frac{3}{3}$斜纹为基础的变化组织，经、纬纱排列顺序均为2A4B2A。组织图见图8-2。

（4）生产工艺要点。生产工艺流程为：

原丝检验→整经→单轴浆丝→并轴→分经→穿

图8-2　千鸟格织物组织图

经→织造→烘布→坯检、定等→入库

①整经。采用丰田 FW600 型高速整经机，回转式筒子架。按照片纱张力、纱线排列、卷绕密度三均匀的原则设计上机工艺为：整经速度 500m/min，出丝张力 12g/根，卷取张力 15kN，罗拉加压 0.05MPa，配轴 1386 根/轴×6 轴，车间湿度为 75%左右，温度为 25℃左右。

②浆丝。采用津田驹 KSH-500 型浆丝机。浆丝时重点考虑经丝表面毛羽贴伏及增强丝束抱合性，以改善丝线的耐磨性能。浆料配方：100%水、3.5%聚丙烯酸酯、1.5% PVA205、0.15%抗静电剂 PK、0.25% JFC 浸透剂。浆丝上机工艺为：车速 250m/min，浆槽浆液浓度 4.5%，上浆温度 50℃，上浆率 5.0%，伸长率 1.2%，回潮率 2.5%，前后烘房温度分别为 135℃、140℃，出丝张力 20kg，卷取张力 30kg。

③并轴。采用丰田 FB150 型并轴机，车速 100m/min，锥度为 8%档，退绕张力 160kg、卷取张力 200kg；并轴数 6 轴。

④织造。采用津田驹 ZW408 型多臂喷水织机。车速 650r/min，上机张力 3.5kg，综平时间 345°，左、右侧绞边开口时间分别为 20°、280°，打纬动程 95mm。

2. 弹力仿真丝烂花绉的设计与生产

（1）设计思路。以桑蚕丝/黏胶长丝并捻作经纱，以桑蚕丝/黏胶长丝并捻纱包氨纶作纬纱，采用烂花工艺，开发出具有半透明立体效果、花型逼真的弹力仿真丝面料。产品手感舒适、悬垂性好、布面明暗对比度强。

（2）纱线设计。经向采用桑蚕丝、黏胶长丝并捻，纱线规格为：23.3dtex/3 桑蚕丝 + 83.3dtex 黏胶长丝；纬向采用桑蚕丝、黏胶长丝并捻后对氨纶进行包覆，纱线规格为：23.3dtex/3 桑蚕丝+83.3dtex 黏胶长丝+33.3dtex 氨纶。纱线中原料含量为桑蚕丝/黏胶长丝/氨纶（54/43/3），由于纬纱含有氨纶使其纬向回缩率达到 35%～45%，远远大于经向的 20%，所以经向捻度为 1400 捻/m、纬向为 1000 捻/m。

（3）织物结构设计。经密 543 根/10cm，纬密 342 根/10cm，幅宽 112cm，克重 125g/m²。

（4）织造工艺流程。

原料检验→络丝→并丝→捻丝→蒸箱定形→倒筒→整经穿经→织造

（5）后整理工艺要点。

①练白绸定形。练白绸定形直接影响到后道的烂花和成品质量。因面料中氨纶含量相对较少，为了不因定形温度过高而减损绸面弹性，练白绸定形温度一般控制在常规真丝弹力产品的 80%左右，结合后续烂花和染色工艺，确定练白绸定形温度为 175℃，时间 50s，经向缩率控制在 12%～15%，纬向幅宽控制在 120cm 左右。为防止坯绸遇高温练液发生剧烈收缩而产生皱印的现象，在精练前将坯绸放入 60～70℃的较低碱浓度的练液中进行预浸，预浸处理后，初练和复练的时间一般控制在 70min 左右。

②烂花工艺。工艺流程为：

印花→烘干→烘焙（或蒸化）→刷毛去除炭化物→水洗→烘干→后整理

选用质量较为稳定的三氯化铝作为烂花助剂。烂花浆的工艺配方为：可溶性淀粉浆 50～70kg，粗制三氯化铝 2.8kg，水 25～34kg。烂花后织物的焙烘温度 120～130 ℃，时间 2～

3min；气蒸温度95~97℃，时间3~5min，或温度100~102℃，时间1~1.5min。

③染色工艺。工艺流程及条件为：

水洗升温（浴比1:20）→染色（100℃，90min）→水洗（室温3次，每次10~15min）→固色（60℃，20min）→水洗（室温2次，每次10~15min）→脱水→开幅→定形加软（140~150℃，车速45m/min）

为了使布面微绉效应好，采用绳状缸或者气流缸染色机。桑蚕丝和黏胶长丝的染色工艺配方见表8-4。

表8-4　桑蚕丝和黏胶长丝的染色工艺配方

工艺	桑蚕丝		黏胶长丝	
染色	酸性A-R兰（%）	0.15	活性BF-BN藏青（%）	0.30
	酸性A-R黄（%）	0.04	活性3RS黄（%）	0.06
	酸性A-2BF红（%）	0.06	活性3RS红（%）	0.10
固色	固色剂Y（%）	1.25	活性固色剂T8-C	2g/L

（二）合纤仿毛织物的设计与生产实例

1. 涤/黏仿毛贡丝锦的设计与生产

（1）设计思路。采用涤纶异收缩混纤丝和涤/黏混纺纱交织，开发的贡丝锦织物毛型感强，手感弹性好，布面平整光洁，具有良好的抗皱性、吸湿透气性和抗起毛起球性。

（2）织物结构设计。经纱采用涤纶异收缩混纤丝，即111.1dtex（100D）涤纶预取向丝（POY）与83.3dtex（75D）全拉伸丝（FDY）异收缩混纤丝并捻纱，其中POY/FDY混纤比为60/40，纱线线密度为194.4dtex（175D）；纱线表面形成细小的毛圈，具有蓬松、柔软、透气等特点，可弥补普通涤纶的不足。纬纱采用23.6tex涤/黏30/70中长混纺纱。

采用纬二重组织，表面为平纹，反面为五枚三飞经面缎纹，边部为$\frac{2}{2}$方平组织。经纬密度为708×295根/10cm，总经根数10348根，成品幅宽148mm，成品面密度238g/cm^2。

（3）纺织工艺要点。

①蒸纱。采用OBEM型蒸纱机，蒸纱温度可稍高，蒸纱时间稍长，以消除纱线内应力，保证整经、织造等工序中捻度稳定，避免出现退捻、扭结等现象。二次蒸纱，定形温度（110±5）℃，定形时间10min。

②整经。采用Karl Mayer-180型分条整经机。在筒子架上分区段配置整经张力，滚筒卷绕速度750m/min，织轴卷绕速度120m/min。整经时可加入抗静电油剂，上油量控制在0.5%左右，以为减少静电现象。

③织造。采用Picanol GTX型剑杆织机。采用反织法生产，车速400 r/min，上机张力3kN，梭口高度30mm，综平时间320°，进剑时间55°，退剑时间287°。

（4）后整理工艺要点。涤/黏仿毛贡丝锦织物按照挺爽风格进行后整理设计。采用松式整理工艺，烧毛采用双火口、中强火焰，正、反面各一次，速度为 80m/min。碱减量处理及染色，采用高温高压溢流染色，碱减量率为 20%，温度为 130℃，时间为 20min，浴比为 1：12。碱减量及染色后，在 Matex-2 型多功能烘定联合机上进行柔软处理，上机开幅 154cm，超喂14%。蒸呢前织物需给湿，保证回潮率达到 4%~6%。蒸呢时采用 3 次罐蒸定形工艺，工艺参数为抽真空 10min，外汽内抽 30min，闷汽 20min，外汽内流 30min，排汽 25min，以使呢面尺寸稳定。

2. 多组分仿毛织物的设计与生产

（1）设计思路。采用涤纶、黏胶纤维、天丝和羊毛四种纤维开发四合一仿毛织物。由于织物中包含多种纤维成分，可达到各纤维性能功能互补的效果。

（2）织物结构设计。经纱为 18.5tex 涤/黏（65/35）混纺纱，颜色为靛蓝；纬纱为 28tex 枣红色天丝和 28tex 枣红色黏/毛（70/30）混纺纱，两种纱线按 1：1 排列。经向紧度为 67.6%，纬向紧度为 58.5%，总紧度为 86%。采用 $\frac{2}{2}$ 左斜纹。成品幅宽 147.5cm，经纱密度 425 根/10cm，纬纱密度 299 根/10cm。

（3）生产工艺要点。

①络筒。选用 1332MD 型络筒机，涤/黏纱的络筒速度约为 513m/min，络筒时张力垫圈质量为 7.4g。纬纱的络筒速度控制在 700m/min 左右，络筒时张力垫圈质量为 15g。

②整经。采用贝宁格分批整经机，整经速度在 650m/min 左右。整经时纱线通道要光洁，导纱钩、张力装置等处不能有飞花、回丝等杂物。总经根数 6276 根，分 9 个经轴整经。

③浆纱。采用 S432 型双浆槽浆纱机。浆料配方为：PVA 浆料 16%，酯化淀粉 56%，聚丙烯酸酯浆料 24%，平滑剂 2%，抗静电剂 2%，含固率 12%，浆液黏度 10~11s；浆纱速度 50~55m/min；采用中温上浆，浆槽温度控制在 80~85℃之间。经纱上浆以被覆为主，上浆率控制在 10%左右，浆纱回潮率控制在 3.5%左右。

④织造。采用 GA708 型喷气织机，车速 600r/min。采用"晚开口、低后梁、大张力"工艺，开口时间为 310°，后梁高度选用"-1"刻度。纬纱初始飞行角 88°，到达角 230°，电磁阀迟滞角 18°，挡纱针释放时间 70°，主喷嘴喷气时间 60°~180°，使用 8 组辅助喷嘴。车间温度控制在 25~30℃，相对湿度控制在 65%~75%。

（三）合纤仿麻织物的设计与生产实例

1. 新型涤纶仿麻沙发面料的设计与生产

（1）织物结构设计。经、纬纱均选用 35tex（315 旦）/96f PDTY SD 花黏丝（MOY 局部拉伸变形的空变丝），采用两种不同牵伸比的丝线通过结节吹而形成仿麻效果。采用平纹、斜纹设计花格组织，经密 310 根/10cm，纬密 285 根/10cm，总经根数 4800 根，幅宽 155cm。

（2）生产工艺要点。生产工艺流程为：

经轴准备→喷水织造→溢流染色→后整理

①整经。采用津田驹 TE-10 型整经机，车速 300m/min，单丝张力 25g/根，卷曲张力 20kg，送经张力 12g/根。

②浆纱。经纱采用35tex（315旦）/96f PDTY SD 花粘丝，表面毛羽较长，可通过调整上浆工艺，增加上浆率，调整烘房温度，保证浆料渗透性及浆膜的平滑性、包覆性和柔软度。采用津田驹 KSH-500 型浆纱机和津田驹 KB30 型并轴机。浆料选用 TDS-935-1，车速 80m/min，上浆率 4.5%，常温上浆，烘房温度 150～155℃。

③织造。采用津田驹 ZW408 型双喷龙头喷水织机织造。由于纱线粗、表面毛羽多、强力较低，易扭结、断头、起静电，故需合理调整后梁高度和上机张力，保证开口清晰，减少对纱线强力的损伤。

④前处理。该面料耐磨性要求高，需采用柔和的处理方式退浆。选用在溢流缸内直接做前处理，使用作用柔和的纯碱代替液碱，在保证退浆完全的前提下，纯碱用量尽可能少。

⑤染色。由于产品采用两种不同牵伸比的花捻纱，丝线性能特殊，需合理控制升温曲线、染色温度，以保证面料的双色仿麻效果。染色的温度为 120℃，保温 40min。

⑥定形。为增加面料耐磨性，定形时可添加抗起球起毛助剂，用量为 60g/L。为保证面料幅宽，定形时需控制好烘箱温度、车速和门幅。

2. 涤纶仿麻丝织物的设计与生产

（1）织物结构设计。经纬线组合：A 丝：83.3dtex（75旦）/24f 涤纶牵伸丝，2500 捻/m，S 捻；B 丝：166.7dtex（150旦）/48f 涤纶低弹丝，1250 捻/m，Z 捻。经纬丝线排列均为：2A2B。成品经密为 386 根/10cm，成品纬密为 384 根/10cm，平纹组织，成品幅宽 114cm。考虑到在织物中起凹凸颗粒的是 166.7dtex 涤纶低弹丝，起绉缩作用的是 83.3dtex 涤纶牵伸丝，因此两种原料的筘齿穿入数不同，83.3dtex 涤纶牵伸丝为 2 入/齿，166.7dtex 涤纶低弹丝为 1 入/齿，筘号为 240 齿/10cm。织物织造幅缩率为 7.5%，染整幅缩率为 20%，上机筘幅为 154cm。

（2）生产工艺要点。生产工艺流程为：

经丝：原丝检验→络筒→倍捻→定形→倒筒→自然定形→整经→浆丝→并轴→分经、穿经

纬丝：原丝检验→络筒→倍捻→定形→倒筒→自然定形

织造

①定捻。定形温度 100℃左右，定形时间 30min，以确保定捻效果和染整加工需求。

②整经。采用 TW-N-160 型长丝整经机，整经速度 600m/min 左右。为减少经丝间扭结缠绕，宜适当加大整经张力。A 经、B 经整经张力分别定为（6±2）cN、（8±2）cN，边经张力为 9cN。

③浆丝。采用 KS-200 型浆丝机。采用"重被覆、求渗透、小伸长、低温上浆"的上浆工艺原则。采用涤纶专用浆料，配以平滑剂、渗透剂及抗静电剂等，浆液浓度控制在 8% 左右，伸长率在 0.5% 以内，上浆率为 6.5%，含水率为 0.6%，车速 100m/min，压浆辊压力 0.15MPa，浴浆辊压力 0.20MPa；第一、第二烘房温度分别为 110℃、100℃，第一、第二锡林温度分别为 100℃、95℃。

④并轴。采用 KB-20 型并轴机。并轴速度 80m/min，轴架张力 1600kN，织轴卷取总张力 2000kN，卷绕密度 0.75g/cm³。

⑤织造。采用 DLW4/S-190 型喷气织机织制。由于纬丝采用两种不同规格的强捻丝，故采用两只主喷嘴分别供纬。166.7dtex 涤纶低弹丝用主喷嘴的开闭角宜早宜长，为 78～210；83.3dtex 涤纶牵伸丝用主喷嘴的开闭角为 84～200。采用"低车速、早开口、大梭口、大张力"的织造工艺，开口时间为 290°，梭口高度为 32mm，采用 4 页综织造，上机张力为 2000kN 左右，后梁高度 10cm 档，深度 6cm 档，停经架高度 6cm 档，深度 4cm 档。车速为 580r/min 左右，车间温度控制在 30℃左右，湿度在 78%以上。

（四）超仿棉织物的设计与生产实例

1. 超仿棉/天丝/竹浆混纺衬衫面料的设计与生产

（1）设计思路。采用超仿棉、天丝和竹浆混纺纱，设计开发外观风格接近棉织物，且具有优良热湿舒适性能的服装面料。

（2）织物结构设计。经纬纱均采用超仿棉/天丝/竹浆（45/30/25）混纺纱，纱线线密度均为 9.7tex，经纱排列为：灰 3、白 24、灰 3、粉 8、灰 3、白 25、灰 3、白 24、紫 2、淡紫 7、紫 2、白 26、灰 3、白 25、淡紫 2、紫 6、淡紫 2、白 26。纬纱为漂白一色。经纱密度 540 根/10cm，纬纱密度 420 根/10cm，幅宽为 148cm，成品面密度 110g/m²。采用平纹与斜纹组成的联合组织，组织图见图 8-3。

图 8-3　织物组织图

（3）纺织工艺要点。生产工艺流程类似棉型色织物，都需经过纱线漂染、络筒、整经、浆纱、穿经、织造及后整理等工序。

①络筒。采用赐来福 AC-338 型自动络筒机，络筒速度 1500m/min，络筒张力 8cN。松筒时卷绕密度 0.35g/cm³，漂染后络筒卷绕密度 0.45g/cm³。

②整经。采用国产 G121C 型整经机，筒子架上分区段配置张力，前、中、后段张力分别为 9cN、8cN、6cN，边纱处为 7cN。整经速度 600m/min，经轴卷绕密度 0.52g/cm³。分色分层法进行经浆排花。

③浆纱。浆纱配方为：HH96 型变性淀粉 75kg、PVA1799 15kg、平滑剂 XL 3kg。采用 GA308 型浆纱机，浆槽浆液温度 98℃，浆纱机速度 40m/min；双浸双压，前压浆辊压力 20kN、后压浆辊压力 12kN。全烘筒烘燥方式，预烘温度 110℃，烘干温度 100℃。上浆率 13.5%，回潮率 5%，伸长率小于 1%。

④织造。采用日本丰田 JA610-190 型喷气织机。车速为 650r/min，单纱上机张力为 0.196N，综平时间为 290°，梭口高度为 28mm。后梁高度为 3cm、后梁深度为 1cm；车间温度 28℃以上，相对湿度 75%左右。

2. 涤纶超仿棉格子布的设计与生产

（1）设计思路。采用超仿棉复合丝与常规涤纶丝交织开发的格子面料，使面料具有抗起球、无氨弹力等功能，提高穿着舒适性。

（2）织物结构设计。经纱、纬纱均有 A、B 两种，A 为 88dtex/50f 常规涤纶丝，B 为 88dtex/50f 超仿棉涤纶复合丝，捻度均为 10 捻/cm，捻向 S 捻。经纱排列为：30A、30B、30A、14B、2A、14B，纬纱排列为：30B、30A、30B、14A、2B、14A。边纱为 50 根×2。经密为 913 根/10cm，纬密为 540 根/10cm，成品幅宽 149cm。织造长缩率为 5%，织造幅缩率为 4.1%，织造下机长缩率为 3.9%，染整长缩率为 5.6%，染整幅缩率为 8.6%。采用五枚二飞纬面缎纹，10 页综顺穿上机。

（3）纺织工艺要点。

①络丝。采用 RL399 型络丝机。超仿棉的络丝车速可适当提高，常规涤纶丝为 750m/min，超仿棉络丝为 800m/min；络丝张力偏小掌握，络丝张力为 12cN。络丝时要保持丝路畅通。

②倍捻和定形。倍捻采用 310G 型高速倍捻机，工艺与常规丝相同，锭速为 10000r/min，张力为 7.14cN，捻度为 1075 捻/m。定捻采用 QZD-1.8-1.5 型真空定形蒸箱，水泡时间 30min，蒸丝时间 100min，定形时间 90min，定形温度 80℃。

③整经。采用 HF988C 型分条整经机。总经根数 13600 根，两侧边纱各 50 根。整经速度 200m/min，倒轴速度 70m/min，定幅筘筘号 100 齿/10cm。

⑤织造。采用 JE230 型喷水织机，车速 537r/min，纬齿 17T/75T。

（4）后整理工艺要点。

①精练。采用 ECO-38 型常温常压溢流染色机，工艺参数为：精练剂 4g/L，30%烧碱 16g/L，保险粉 2g/L，温度 90℃，精练时间 20min，温水洗 10min，水洗温度 60℃，冷水洗 15min，浴比 1：12。

②预定形。采用 MONTEX-6000 型拉幅定形机，工艺为：温度 185℃，车速 30m/min，定形时间 60s。

③染色。采用 Soft-Stream SV 型高温高压溢流染色机，染色工艺为：染色温度 130℃，保温时间 40min，浴比 1：10。一步一浴法染色，超仿棉复合丝采用 19-000 OTPX 阳离子染料，上色温度比常规涤纶低。常规涤纶采用 17-023 OTPX 分散染料绿（分散蓝 2BIN+分散黄 4G），高温高压染色。染色后，超仿棉复合丝被染成黑色，常规涤纶丝被染成绿色，织物正面形成格子效果，反面形成条纹效果。

④定形。采用 MONTEX-6000 型拉幅定形机，工艺参数为：温度 200℃，车速 45m/min，柔软剂 8g/L。

二、超细纤维织物的设计与生产实例

（一）超细纤维洁净布的设计与生产

1. 设计思路 采用超细纤维生产高性能洁净布可广泛应用于电脑屏幕、光学镜头、眼镜等的清洁。

2. 织物结构设计　纱线捻度应适当，捻度增加，清洁能力增强，但大到一定值时，清洁能力反而下降；组织宜采用平纹或枚数较小的斜纹；织物紧度应配合适当，若紧度过大，织物经开纤和磨毛处理后强力损失大，不能满足使用要求，且织物柔软性较差。常见洁净布的规格见表8-5。

表8-5　常见洁净布的规格

项目	品种1	品种2	品种3	品种4
经丝组合	1/75dtex/24f 涤纶长丝	1/68dtex/24f 涤纶长丝	1/75dtex/24f 涤纶长丝	1/75.6dtex/24f 涤纶长丝
纬丝组合	12/165dtex/72f 涤/锦复合丝	12/150dtex/72f 涤/锦复合丝	12/166.7dtex/72f 涤/锦复合丝	12/165dtex/36f 涤/锦复合丝
经、纬密度（根/cm）	40×32	38×31	36×30	42×32
坯布幅宽（cm）	165	167	182	175
成布幅宽（cm）	140	141	138	148
织物组织	平纹	平纹	平纹	平纹

3. 生产工艺要点

（1）织造工艺要点。采用喷水织机生产。为防止复合丝过早分离，应尽量减少纬丝织造所经过的通道及纬丝张力，降低静电产生；因超细纤维特别柔软，故纬丝通道（如瓷眼、张力片等）应保持光洁度，同时尽量保护卷装表面长丝的质量。

（2）染整工艺要点。染整工艺流程为：

退浆精练→膨化砂洗→碱减量→定形→磨毛→染色→烘干→拉幅→检验→成品

①退浆精练。超细纤维在纺丝时的油剂用量为普通纤维的2~3倍，且经丝上浆时还添加了大量的丙烯酸酯浆料、油和蜡。精练工艺条件及助剂为：精练剂为2%（owf）；NaOH为2%（o.w.f），pH值为8~10，浴比为1:10，110℃，15min。

②砂洗。砂洗主要是使纤维充分膨化、分裂，应考虑使用对纤维有一定亲和力并易于在高温条件下渗透到纤维内部的膨化剂；利用两种纤维不同的收缩性能，使低收缩性的纤维缠绕在高收缩性纤维的周围，在纤维间形成一个卷曲空间，从而使织物变得蓬松、柔软。砂洗工艺条件为膨化剂 XM-120g/L，温度120℃，时间1h。

③碱减量。砂洗后的织物膨化、松弛，再进行碱减量加工，使收缩纤维表面局部发生降解、断裂。在磨毛起绒时纤维切断，可提高起绒性，使织物表面产生均匀短而密的茸毛。碱减量工艺条件为 NaOH 7~8g/L，温度110℃，时间1h以内。

④定形。定形温度不能过高，否则手感发硬，会失去超细纤维手感柔软的特点。一般选165~175℃、定形30s。

⑤磨毛。超细纤维织物一般选用400~500目金刚砂皮，车速15m/min可达到较好效果。

另外，还可在磨毛前进行柔软整理，进一步改善绒面效果。

⑥染色。要兼顾涤纶、锦纶染色性能的差异，还要考虑染料用量，并严格控制升温速度，一般选择涤纶、锦纶得色量相近的分散染料，控制染色最高温度不超过120℃。

（二）海岛型超细纤维仿麂皮绒织物的设计与生产

1. 设计思路　采用海岛型超细纤维生产仿麂皮绒织物，借助海岛丝开纤后的超细原纤起绒，使织物手感细腻、柔软，具有极好的蓬松性、覆盖性和保暖性，可制作夹克衫、风衣、休闲服等时装，皮包、皮鞋等仿皮产品，沙发、窗帘、汽车内装饰等布艺装饰，以及擦拭布、毛巾等高吸湿日用品。

2. 织物结构设计　经纱采用1.67tex（15旦）/48f、400捻/m、S捻的水溶性聚酯超细海岛丝，纬纱采用22.2tex（200旦）/96f DTY涤纶低弹网络丝。织物上机经密为708.7根/10cm（180根/英寸），上机纬密为267.7根/10cm（68根/英寸）。单面麂皮绒织物可采用五枚经（纬）面缎纹、六枚变则经（纬）面缎纹、各种经（纬）面斜纹、经（纬）重平等组织；双面麂皮绒织物可采用两面都有经（纬）浮长的重经（纬）组织，如同面四枚重经（纬）组织、同面五枚重经（纬）组织等。

3. 生产工艺流程及要点

（1）生产工艺流程。

经纱：原料检验→络丝→倍捻→定形(低温自然放缩)→分条整经→穿经┐
　　　　　　　　　　　　　　　　　　　　　　　　　　　　　　　├→织造→
纬纱：原料检验────────────────────────────────┘

检验入库→接布→开纤、碱减量→预定形→聚氨酯整理、磨绒→染色→热定形→检验→特殊后加工→成品

（2）生产工艺要点

①定形。海岛型超细纤维在纺丝过程中没有受到高热处理，故加捻后的定形比较容易，定形温度比较低，可采用低温自然放缩定形，定形时间8h。

②整经。整经时，要控制好上、中、下层和前、中、后排的张力。并轴时，要控制好各层之间的张力，使之尽可能均匀。

③织造。在喷水或喷气织机上织造，因海岛纤维经丝收缩会比普通涤纶大，故张力越小越好，并要求片纱张力均匀，适当加大纬纱张力，使经丝屈曲大，充分发挥超细纤维的作用。

④开纤、碱减量。通过碱液处理使海岛型超细纤维溶解去除海组分，显现出纤度极细的岛组分，同时尽量减少岛组分纤维的损伤。通常碱减量率为20%～25%，处理时间适中，温度为100～110℃。开纤处理后，水解产物要充分洗净，否则会影响最终产品的手感、染品色泽及其色牢度。

⑤预定形。预定形能使布幅平整，织物组织结构稳定，预定形温度控制在180～190℃，时间30～60s，经向超喂10%左右。

⑥聚氨酯整理、磨绒整理。大多数仿麂皮织物，可在磨绒前进行聚氨酯树脂整理，使织物表面形成柔软、富有弹性而强韧的薄膜，提高耐磨，并保持织物有良好的透气、透湿性能。聚氨酯、磨绒整理工艺流程为：

浸轧聚氨酯树酯（轧液率80%）→预烘（120℃，3min）→焙烘（150℃，1min）→磨绒→皂煮→烘燥

⑦染色。采用高溢流低喷射方式进行染色，把喷射压力降到最低程度，使绒面均匀致密。始染温度比常规涤纶低10℃左右，升温速率要低，以防止上染速率过快而染花；在90℃左右保温20min，增进界面移染，在染色最高温度125~130℃时，保温时间长一点，能增加全过程移染；也可加入缓染、匀染和增浓的助剂来改善其染色性能。染色后，特别是染深色时要充分皂洗，以提高色牢度。

三、PTT/PET/羊毛混纺薄花呢的设计与生产

1. 设计思路　采用PTT/PET纤维和羊毛混纺，设计开发具有手感柔软、丰满、挺括、滑糯、坚牢耐穿、易洗快干等风格特点的薄花呢。

2. 织物结构设计　PTT/PET混纺占比为40%、羊毛为60%，经纬纱线密度均为27.3×2tex，捻向Z/S，单纱捻度730捻/m，股线捻度850捻/m。经纱采用三种颜色，排列为黑4、红2、黑31、米1、黑22，纬纱为黑色，采用绉组织，如图8-4所示。经密413根/10cm，纬密297根/10cm，成品幅宽156cm，匹长53.19m，织物密度213.5g/m²。

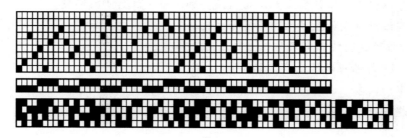

图8-4　织物上机图

3. 纺织工艺要点

（1）生产工艺流程。

纺纱：染色→复洗→拼毛→复精梳→混条→头针、二针、三针→头粗→粗纱→细纱→自络筒→蒸纱

织造：整经→穿综→织造→坯检→生修

后整理：烧毛→单煮→绳状洗呢→煮呢→烘干→剪毛→定形→柔软→罐蒸→预缩

（2）生产工艺要点。采用GA231型高速分条整经机直接成轴。为减少纱线毛羽，整经倒轴前需上乳化油。上机工艺参数为：卷绕速度500m/min、倒轴速度80m/min；筒子架上分区段配置整经张力，张力调节范围为15~25cN；倒轴张力6000N左右，卷绕密度0.53g/cm³。

采用用Fast型剑杆织机进行织造。上机工艺参数为：车速350r/min，进剑时间68°、退剑时间294°，综平度时间315°，后梁高度15cm，上机张力20kN，织造长缩率8%、织造幅缩率7%，每筘穿入数为4入，筘号22齿/10cm。

要求产品呢面光洁平整，需烧毛，正反面各烧毛一次；采用先煮后洗再煮工艺，温度在90℃左右，以确保产品手感活络，洗呢时在洗缩联合机上轻缩，温度控制在40℃左右，加入4%的洗涤剂，处理时间1.5h。染整长缩率2%、染整幅缩率9.8%，染整重耗4%。其他工艺可参照类似产品进行。

思考题

1. 新型合成纤维的性能特征有哪些？主要分为哪几类？

2. 超细纤维的性能特点有哪些？有哪些主要应用？

3. 化纤仿真丝产品应用的主要技术有哪些？生产工艺要点有哪些？

4. 化纤仿毛型长丝的主要生产方法有哪些？生产工艺要点有哪些？

5. 仿麻产品常用哪些原料？仿麻长丝有哪几种？

6. 化纤仿麻织物通常选用哪些组织结构？为什么？

7. 化纤仿麻产品的加工工艺要点有哪些？

8. 简述超仿棉的主要性能特点及应用。

9. 开发具有导湿快干性能的纤维材料常用哪些方法？

10. 采用导湿快干纤维开发生产织物，染整加工中应注意哪些问题？

11. 采用超细纤维设计生产洁净布有什么优势？

12. PTT纤维的性能特点有哪些？主要应用于哪些方面？

13. 简述PTT纤维织物的生产工艺要点。

14. 结合市场需求，设计一种化纤仿毛织物，并说明其生产工艺要点。

15. 采用超细纤维，设计一种化纤仿丝绸织物，并说明其生产工艺要点。

第九章 功能织物的设计与生产

第一节 概 述

随着人们追求舒适、美好生活空间，对流行、运动、休闲、环境和健康的高质量要求日益迫切，希望纤维材料接近自然，在功能上要求纤维材料满足电气、电子、热学、光学及生物体等各方面的使用要求，适应人口老龄化和社会信息化发展的需要。

（一）功能纤维的分类

功能纤维按其功能的属性可分为四类，如图 9-1 所示。

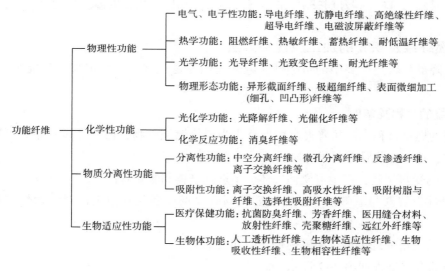

图 9-1 功能纤维的分类

（二）功能纤维的特点

纤维的功能化要求，随使用目的的不同而不同，其加工方法和生产技术也不同，其中纤维技术的进步、基础理论的发展和应用技术的开发是最根本的技术特点，具体体现在以下四个阶段。

1. 成纤高分子物合成阶段 成纤高分子物是制造纤维的原料，根据要求的功能，给高分子的结构引入要求的特定化学基团，如主链中引进芳香环、杂环基团（可提高纤维的耐热性），引入导电的共轭 π 电子系（可使纤维具有导电性），或用共聚或共混的技术，引入亲水性、阻燃性、易染性等基团，能赋予纤维新的功能。

2. 纤维成形阶段 纺丝成形时采用异形截面、中空、复合等纺丝工艺和设备，使纤维异形化、中空化、细旦化，从而获得相应的各种功能。如三角形截面的纤维特别有光泽，三叶形截面的纤维可以获得较好的抱合力，中空纤维则具有保暖、蓬松、厚实、质轻等特点。纺丝成形时的不同拉伸、热处理工艺，也能造成纤维收缩性、卷曲性等的变化。

3. 纤维的后加工阶段　对纤维进行树脂整理，或者用化学物理加工的方法，可以使纤维具有耐久性、阻燃性等功能。

4. 纤维的纺织和染整加工阶段　这是纤维集合形态的加工改变，如变形纱、膨体纱和混纤纱等。有的纤维进一步炭化处理，会变成碳纤维，如黏胶纤维和聚丙烯腈纤维都可作为碳纤维的原丝。

高性能纤维和高功能纤维有以下性能特点：

（1）具有高强度、高模量和优良的力学性能。

（2）具有优良的耐高温性和难燃性，还具有化学稳定性，耐水解和蒸汽的作用。

（3）具有一般纤维所不具备的特殊功能性。

第二节　功能纤维及织物的加工原理及方法

一、阻燃纤维及织物的加工原理及方法

阻燃是指降低材料在火焰中的可燃性，减慢火焰蔓延速度，当火焰移去后能很快自熄，不再阴燃。

（一）燃烧的过程及条件

纤维材料的燃烧过程，即从着火燃烧直至成为最终燃烧产物，需要经过一系列复杂的物理和化学变化，这些变化具有明显的阶段性，通常可分为：

（1）材料的受热裂解，产生可燃性气体、不燃性气体和炭化残渣。

（2）可燃性裂解气与氧气混合，当温度达到着火点或遇到其他火源时，燃烧并释放出热、光和烟。

（3）放出的热量使纤维继续裂解燃烧，引起火焰蔓延。

纤维燃烧的全部过程如图9-2所示。

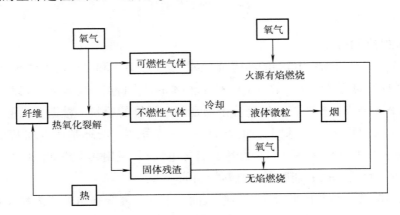

图9-2　纤维的燃烧过程

由图 9-2 可知，纤维材料的燃烧需要具备高聚物可分解产生可燃性气体、有氧气（氧化剂）存在、有热源三个条件。而已经燃烧的纤维材料离开火源后，若要继续燃烧，必须具备下列条件：

（1）由燃烧产生的热能足以加热高聚物，使之连续不断地产生可燃性气体。

（2）所产生的可燃性气体与氧气混合，并扩散到已点燃部分，或燃烧部分蔓延到可燃气体与氧气的混合区域中。

这样，可燃物、热和氧气三个要素构成了燃烧循环。除了上述可燃性气体与氧气的气相有焰燃烧外，还有裂解时形成的炭化残渣与氧气发生的固相无焰燃烧（又称阴燃）。无焰燃烧所需的温度比有焰燃烧要高得多，但阴燃也能烧毁材料，有时并突然爆发火焰成为有焰燃烧而引起火灾。

（二）阻燃织物的加工方法

阻燃织物的加工方法分为三大类：一是使用阻燃功能纤维进行纺纱和织布；二是采用阻燃整理剂浸渍或涂层于织物表面，加工成阻燃织物；三是采用阻燃纤维和阻燃整理相结合的加工方法。

1. 制造阻燃纤维　制造阻燃纤维的方法主要有提高成纤高聚物的热稳定性和原丝阻燃改性两种。

2. 阻燃整理　阻燃整理的方法是通过吸附沉积、化学键合、非极性范德华力结合及黏合等作用使阻燃剂固着在织物或纱线上，而获得阻燃效果的加工过程。实施的主要方法有：浸轧焙烘法、浸渍烘燥法、有机溶剂法、涂布法、喷雾法等。

3. 阻燃纤维和阻燃整理相结合　包括将阻燃纤维制成的织物再经阻燃整理，或者将阻燃纤维与普通纤维混纺、并捻、交织后的织物再经阻燃整理。

二、抗静电纤维及织物的加工原理及方法

（一）静电的产生与消失

通常静电现象是电荷的发生过程（电荷移动、电荷分离）和消失过程（电晕放电、静电泄漏）复杂交错而产生的现象。在分离过程中，分离必需的能量变成静电能，因而带电体的电位逐步上升。在此过程中由于放电及漏电，一部分电荷消失。可观察到的静电就是发生电荷与消失电荷的差，即残留电荷。带电体完全被分离后，残留下来的电荷高于某能级时，当带电体接近导体就会引起放电，这种放电与分离过程中的放电有区别，称为接近过程中的放电。

总之，在电荷消失过程中存在漏电与放电，漏电特性主要决定于表面电阻，放电特性主要决定于带电体与接近导体的曲率半径和相互间的几何条件。纺织纤维的静电序见表 9-1 所示。

（二）抗静电纤维及织物的加工原理及方法

1. 抗静电原理　对应于上述静电产生与消失的过程，抗静电的原理主要有抑制静电产生与促进静电消失两种。纤维与织物的抗静电原理及方法见表 9-2 所示。

表 9-1　纺织纤维的静电序

纤维名称	静电序
羊毛	$\oplus$
锦纶 66	
黏胶丝	
棉	
蚕丝	
醋酯纤维	
维纶	
涤纶	
腈纶	
氯纶	
改性腈纶	
乙纶	
特氯纶	$\ominus$

表 9-2　纤维与织物的抗静电原理及方法

抗静电原理			抗静电方法	
抑制静电发生			调整静电序	
促进静电消失	利用漏电效应		使用抗静电剂	混练法
				后整理法
	利用放电效应		使用导电纤维	

（1）抑制静电的发生。采用通过化学配料或改变表面特性来谋求调整静电序，但湿度及污染的感应特性会因物质不同而异，因此，此法不能成为通用的方法。

（2）促进静电消失。

①使用抗静电剂。织物的表面固有电阻通常为 $10^{13} \sim 10^{20}\Omega$，如能将电阻降到 $10^{10}\Omega$ 甚至 $10^{6}\Omega$ 以下，则静电会变得极小。使用抗静电剂降低织物表面电阻的方法有以下两种。

a. 混练法生产抗静电纤维。在聚合物中将有机抗静电剂通过共聚或共混的方法渗入到纤维内部，此法即为纤维的化学改性法。以此法获得的防静电织物虽然耐久性有了很大改善，但存在着纺丝困难、成本高、在低湿条件下抗静电效果差等问题。

b. 后整理法。使用高分子有机抗静电剂对织物进行后整理，即在后整理工序中将吸湿性阴离子、阳离子或非离子系表面活性剂或亲水性高分子黏附在织物上。该方法成本较低，加工方便，生产效率高，但因采用吸湿性有机抗静电剂，在湿洗、干洗以及摩擦的情况下抗静电效果差，并且耐久性远达不到使用要求。

②使用导电纤维。导电纤维是全部或部分使用金属或碳等导电物质制成的纤维。导电纤

维的抗静电法实质上是应用电晕放电的除电原理，即当织物中的导电纤维接近导体时，带电体与纱线之间形成电场，在静电场的作用下，周围的空气产生电离作用而形成正负离子，正负离子中的一种与织物所带静电荷相反而中和，另一种则与环境或大地中和，从而消除了静电。

2. 静电防护织物的加工方法

（1）应用抗静电整理剂。纺织品后整理中常使用抗静电整理剂对合成纤维及其制品进行处理。抗静电剂可分为暂时性抗静电剂和耐久性抗静电剂。用于合成纤维纺纱和织造加工的抗静电剂多为暂时性抗静电剂（离子型表面活性剂），而作为纺丝和织物后整理用的抗静电剂多为耐久性抗静电剂。耐久性抗静电剂使纺织品具有抗静电功能的作用机理主要是通过使用抗静电整理剂在纤维表面生成一层耐久性的亲水性薄膜，从而提高织物的吸湿能力，以加速静电荷的泄漏，减少静电聚集，达到降低织物表面比电阻的目的；或其可与成纤高聚物共混纺丝或复合纺丝，将亲水基团引入到成纤高聚物的分子结构中，使纺出纤维本身具有耐久性抗静电性能。

耐久性抗静电整理剂主要有聚丙烯酸酯类、聚酯聚醚类、聚胺类和其他（如三嗪类、聚氨酯型和壳聚糖等）。抗静电整理方法常用的有涂敷法和浸轧法。

（2）应用导电纤维。导电纤维有金属纤维（采用不锈钢、铜、铝等材料通过熔抽法、线材拉拔法等方法制成 $4\sim100\mu m$ 的金属导电纤维）、金属镀纤维（采用物理或化学方法使导电成分接枝或包覆于普通纤维表面制成的导电纤维，其导电成分常为金属或碳黑微粒）、有机导电纤维（将导电成分如碳黑、金属氧化物或金属化合物微粒与成纤高聚物复合或混熔纺丝而制成的导电纤维）。导电纤维的应用方法主要有：

①混入法。将导电纤维按一定比例添加入天然纤维或化学纤维中进行混合，通过纺纱、织造加工成抗静电织物。

②网络复合法。将金属纤维纱线、镀金属纤维纱线、有机导电纤维纱线与普通纤维纱线以一定的方式间隔排列于织物中，使导电纤维纱线在织物中形成网络制成抗静电织物。

③直接并合法。将导电纤维纱线或长丝与普通纤维纱线或长丝合并加捻制成复合导电纤维纱线，再将其以网络的形式间隔排列于织物中制成抗静电织物。

三、防紫外纤维及织物的加工原理及方法

（一）影响纺织品防紫外辐射性能的因素

影响纺织品防紫外性能的因素有：纤维种类，织物结构因素如厚度、紧度（覆盖系数或孔隙率），原纱结构因素如截面中纤维根数（与细度有关）、捻度和毛羽等，长丝、短纤等，染整色泽等，以及实际使用中的洗涤、雨淋、风吹等，这些都影响着纺织品的防紫外辐射的实效。

1. 纤维种类及形态结构　纤维的种类会影响防紫外的能力，涤纶织物防紫外能力比棉织物强，这是因为涤纶分子中含有苯环结构，它对 300nm 以下紫外线有强烈的吸收能力，因此紫外线透过率低；同理，羊毛、丝绸等蛋白质纤维的分子结构中含有芳香族氨基酸，使得它

对 300nm 以下紫外线也有很好的吸收能力。锦纶、棉等纤维分子中不含苯环结构，防紫外线能力差。

纤维横截面形状也会影响对光的反射性能。如涤纶为圆形截面，羊毛纤维尽管表面有鳞片层，但截面呈圆形，因此对光的反射强，有助于降低紫外线透过率。由 UPF 值测定可知：涤纶和羊毛具有较高的防紫外性能。此外，纤维直径减小也有利于反射增强，所以超细纤维织物具有较好的防紫外性能。

2. 织物的结构 具有较大紧度的织物，紫外线透过率较小。同一纤维原料、同一织物组织，紫外线防护性能随着织物的厚度和质量的增加而增加。

3. 织物的颜色及颜色的深浅 纺织品的色泽深浅直接影响到它的紫外线透过率。一般来说，深颜色的织物具有较好的防护性能，黑色和深蓝色具有较低的紫外线透过率。同一种织物染深色时，紫外线透过率较低，是由于染料结构中的共轭体系除了有选择地吸收可见光外，有的染料吸收带还伸展到紫外线区域，因此起着紫外线吸收剂的作用。颜色越深，说明织物中染料含量越高，对紫外线的吸收越强。

4. 含湿量 一般情况下，湿衣服较干衣服具有较低的紫外线透过率。

5. 其他因素 纺织品防紫外性能的一般规律是：短纤织物优于长丝织物，加工丝产品好于原丝产品，细纤维织物比粗纤维织物好，扁平异形化纤织物优于圆形截面化纤织物，机织物好于针织物，经防紫外整理的织物优于未经整理的织物，紫外辐射防护膜优于透明薄膜。

（二）防紫外线织物的加工方法

防紫外线纺织品的生产方法主要有两大类：一是通过在聚合或纺丝时加入紫外线遮蔽剂，制得防紫外线纤维，再利用防紫外纤维与普通纤维混纺、交织，构成抗紫外线织物，使织物具有永久抗紫外线性能；二是后整理法，利用紫外线遮蔽剂浸渍或涂层于织物表面，使织物具有一定的抗紫外线防护能力。

1. 防紫外线纤维加工方法 在合成纤维生产过程中，掺入紫外线屏蔽剂，用共混、芯鞘等方法纺丝，使纤维具有遮蔽紫外线的效果。这种方法制得的织物防紫外线效果持久且手感较好。

2. 后整理加工法 后整理加工法包括高温高压吸尽法、常压吸尽法、涂层法和浸轧法等。整理时采用的加工工艺与纺织品的最终用途有关。如作为服装面料，对柔软度和舒适度要求高，宜采用吸尽法或浸轧法；如作为装饰或产业用布，则强调其功能性要求，可选用涂层法。

四、防水拒水织物的加工原理及方法

（一）织物防水拒水的原理

1. 荷叶的表面特征及拒水机理 通过观察荷叶表面的微观结构可知，荷叶表面由许多乳突构成，乳突的平均直径为 5~9μm，水在该表面上的接触角和滚动角分别为（161.0±2.7）°和 2°，每个乳突是由平均直径为（124.3±3.2）nm 的纳米结构分支组成。荷叶表面无数微小的、并附有蜡质的乳头状突起物之间存在大量微小的凹凸空间，在这些空间内储存着大量的空气。这样，当水滴落到荷叶上时，由于空气层、乳头状突起和蜡质层的共同托持作用，使得雨滴不能渗透，而能自由滚动，如图 9-3 所示。此外，在荷叶的下一层表面同样可以发现纳米结构，它可以有效地阻止荷叶的下层被润湿。这些纳米结构，尤其是微米乳突上的纳米结构，即微米结构与纳米结构相结合的阶层结构，对超拒水性起到了重要的作用。

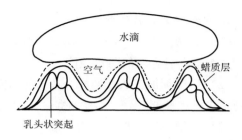

图 9-3　荷叶拒水示意图

在所有的植物中，荷叶的拒水性最强，水在其表面的接触角达到 160.4°，当水落在疏水又粗糙的荷叶表面时，水与叶面接触面积甚小，仅 2%~3%，从而减少了两者间的摩擦力，使水珠极易滚落，即使是黏性液体，如蜂蜜、胶水等也能从叶面上滚落而不沾污叶面。当叶面沾有尘埃等固体微粒时，尘埃能被水润湿而黏附在水珠上，并随水珠的滴落而被洗掉。

2. 织物的拒水性　织物抵抗液体润湿和渗透的能力取决于纤维表面的化学性能，织物表面的凹凸、织物组织，纤维间与纱线间空隙，毛细管间隙大小，液体黏度、比重，液体对固体的溶解性，液体向纤维的渗透扩散性及液体和纤维的接触时间等。

由于纤维表面积大，表面又不平整，引入表面粗糙因子 r，$r = \dfrac{\cos\theta'}{\cos\theta}$，其中 θ 为液体在理想光滑表面上的真实接触角，θ' 为液体在粗糙表面上的静观接触角，$r \geqslant 1$，$\theta \neq 90°$。当 $\theta < 90°$ 时，则 $\theta' < \theta$；当 $\theta > 90°$ 时，则 $\theta' > \theta$，这说明当液滴在光滑表面接触角 $\theta > 90°$ 时，则在其粗糙表面上的接触角将更大；当液滴在光滑表面接触角 $\theta < 90°$ 时，则在其粗糙表面上的接触角将更小。即原来润湿、表面粗糙的更易润湿，原来拒水、表面粗糙的则拒水性更好。由于固体表面的凹凸，其实际表面积总是大于表观表面积，两者之比一般都在 1.5 倍以上。因此织物的组织结构、纱线线密度等都会影响到织物的润湿和拒水性。

经测试水在棉、羊毛、粘胶纤维、聚酰胺纤维、聚酯纤维、聚丙烯腈纤维等各种常用纤维表面上的接触角表明，没有一种纤维的接触角大于 90°。所以，常用的纺织纤维均能被水润湿，只是程度不同而已，也就是说，常用的纺织纤维本身均不具有拒水能力，要使织物具有防水拒水能力必须经过拒水整理。

（二）防水拒水织物的加工方法

1. 织物达到防水拒水功能的途径

（1）减小织物界面的表面张力。其方法有两种：一是增加织物的织造紧度；二是采用收缩整理的方式，使纱线充分膨润。

（2）增大固液气三相交界处接触角。其方法有两种：一是通过拒水整理降低织物界面的表面能，减弱织物的芯吸作用（即拒水整理剂可以模拟荷叶表面上的蜡质层作用）；二是利用织物组织的浮长线模拟荷叶表面的乳头状突起，使织物表面具有细小的凹凸。

2. 防水拒水织物的加工方法

（1）高密织物加工法。选用高支纱线或细旦长丝，设计较高织物紧度，织造高支高密织物，使织物具有轻微的防水性能。

（2）后整理加工法。选择合适的拒水整理剂对织物进行拒水整理，使用该方法所得到的织物防水拒水性能较好。后整理加工法通常有浸轧法、涂层法和层压法。

（3）纺织与后整理结合法。选择一定纤度的纤维，合适的织物组织和织物密度织制表面具有微米乳突结构的织物，然后对织物进行拒水后整理，使织物具有较好的防水拒水能力。

五、保健功能纤维及织物的加工原理及方法

（一）保健功能纤维及织物的分类及应用

1. 卫生保健织物　主要包括抗菌织物、消臭织物、消痒织物、高吸水织物、防污织物等。可用作巾被、服装内外衣、填充料、儿童玩具、鞋帽、手帕、毛巾等。

2. 理疗保健织物　主要包括多功能保健服饰、热疗织物、磁疗织物、光疗织物、远红外保健织物等。具体产品有按摩服、按摩帽、发热手套、半导体丝袜、磁疗被褥、远红外服装及被褥絮料等。

3. 药物保健织物　主要包括中草药保健织物、西药保健织物、防蚊织物、芳香织物等。可加工成保健内衣裤、衬衫、睡衣裤、袜子、鞋垫、尿布、医用胶布、纱布、床上用品、护肩服、护腰服、护膝服、暖胃背心防蚊蚊帐、防蚊窗帘及外衣等。

（二）保健功能纤维及织物的加工方法

1. 纤维改性加工法　是聚丙烯腈的一种改性纤维，通过化学反应，将两个具有抗菌性能的基团接枝到聚丙烯腈的分子链上而制得，如抗菌防臭纤维。使用该纤维与棉、毛、丝、麻、化纤等普通纤维混纺或交织生产具有保健功能的织物。

2. 后整理法　利用浸渍、预烘、热定形等方法，在织物表面上添加不同功能的药物和黏合剂，用这种织物制成服装后药物可触及患部，获得疗效。

3. 局部置药　在衣、裤、帽中的某些部位，缝制一个或多个暗藏小口袋，内置中药药包，袋内中草药挥发有效成分，借人体体温作用，经皮肤吸收和相应穴位的作用起到预防和辅助治疗作用；或在暗藏的小口袋中置入磁疗物质、按摩物质、热敏物质、各种保健物质等开发出各种具有保健功能服装，如各种减肥衣、空调衣、磁疗衣、按摩衣、驱蚊衣等。

六、防电磁辐射纤维及织物的加工原理及方法

（一）防电磁辐射的作用机理

防电磁辐射就是为了阻止和限制电磁波从材料的一侧向另一侧进行传递，即电磁屏蔽。其作用机理是当辐射源发出的电磁波穿过防电磁辐射织物时，一部分电磁波会在屏蔽体的外表面被反射，未被反射的电磁波则透过屏蔽体继续向前传播。防电磁辐射织物自身具有一定厚度，电磁波在传输过程中会出现多次反射和透射，电磁波在多次的反射和透射过程中，电磁波会出现多次连续衰减，能量也变得越来越小，以达到防护的目的，如图9-4所示。防电

磁辐射织物要具有电磁屏蔽性能就要具有导电性和导磁性。导电性能够使织物在受到外界电磁波作用的同时，产生与外界存在的电磁场方向相反的感应电流和感应磁场，以抵消外界存在的电磁场，达到屏蔽外界电磁波的目的。而织物具有较强的导磁性能，就能够有效地起到消磁作用，达到屏蔽电磁辐射的目的。

　　材料的屏蔽效果通常用屏蔽效能（SE，shielding effect）表示。屏蔽效能为没有屏蔽时入射或发射电磁波与在同一地点经屏蔽后反射或透射电磁波的比值，即屏蔽材料对

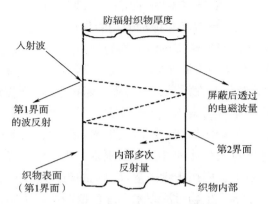

图 9-4　防电磁辐射织物对入射电磁波的衰减

电磁信号的衰减值，衰减值越大，表明屏蔽效果越好。影响材料屏蔽效能的主要因素有电磁波的反射损耗和电磁波的吸收损耗。在高频电磁场下屏蔽材料的屏蔽效果主要取决于材料表面的反射损耗，低频电磁场下则要求屏蔽材料具有良好的导电率和磁导率，并具有足够的厚度。电磁能在织物中被屏蔽主要是因为电磁能衰减在织物的电阻上，即当纺织材料受到外界磁场感应时，在导体内部产生感应电流，这种感应电流所产生的磁场与外磁场方向相反，从而达到对外界磁场的屏蔽作用。

（二）防电磁辐射织物的加工方法

　　1. 在织物中嵌织导电纤维　使用该方法可以获得稳定的、导电性能较好的防电磁辐射织物，是一个有效且较为常用的方法。影响该类织物防电磁屏蔽效能的因素有导电纤维的种类和含量、织物结构、织物厚度、电磁波频率等。通常织物中导电纤维的含量越多，屏蔽效能越好；织物中经纬双向均含有导电纤维的织物其屏蔽效能较单向含有导电纤维的织物要好；织物越厚，屏蔽效果就越好。

　　2. 共混纺丝法　将具有电磁屏蔽功能的无机粒子或者粉末和普通的纤维切片共混后，进行纺丝，可制备出具有良好导电性的纤维。

　　3. 化学镀金属织物　化学镀是利用还原剂将溶液中的金属离子还原在呈催化活性的物体表面上，使其形成金属镀层的一种工艺，可在不通电的情况下得到沉积金属层。常见的化学镀金属织物有化学镀银织物、化学镀铜织物、化学镀镍织物、金属复合镀织物等。

　　4. 电磁屏蔽涂层织物　采用表面涂层技术加工电磁屏蔽涂层织物，由于涂层仅限于织物表面，因此对织物手感影响较小，但透气性能会差，且其并不是织物全部导电，只是表面涂层可导，织物的颜色也会为涂层所覆盖。常用的电磁屏蔽涂料可分为本征型和掺和型。本征型电磁屏蔽涂料主要是以导电聚合物如聚苯胺、聚吡咯等与其他树脂混合组成复合涂料。掺和型电磁屏蔽涂料主要由树脂、稀释剂、添加剂及导电磁性物质等组成，所选用的导电磁性物质主要有：银粉、铜粉、铁粉和石墨粉等。

七、空气净化织物的加工原理及方法

（一）空气净化织物的功能与用途

室内空气污染按污染物的种类不同可以分为：物理污染（包括噪声、光污染、电磁辐射等）、化学污染源（包括甲醛、苯等有机污染物和 NO_2、CO 等无机污染物）、放射性污染（如石材放射性污染、铅污染、氡污染）、微生物污染（如细菌和病毒）以及环境烟雾等。造成室内空气污染的主要来源有以下六个方面：一是人体呼吸、烟气；二是装修材料、日常用品；三是厨房油烟；四是微生物、病毒、细菌；五是家用电器；六是建筑物。这些污染物随着呼吸进入人体内部，长期积累，严重危害着人体健康。

目前，应用于室内空气净化的新技术主要有活性碳纤维吸附技术、负载型金催化剂、生物吸附剂、生物过滤技术、绿色植物自然吸附法、膜分离净化技术、空气负离子技术、臭氧技术、光催化氧化空气净化技术以及光催化氧化与其他技术相结合的技术。光催化氧化技术净化室内空气的原理是采用 TiO_2 进行催化，直接利用包括太阳能在内的各种来源的紫外光，在常温下对各种有机和无机污染物进行分解或氧化，使其分解成为 H_2O 和 CO_2，达到净化空气的目的。光催化氧化的优点是操作简单、能耗低、无二次污染，缺点是对太阳光的利用效率低、反应速度比较慢。

能用于生产空气净化纺织品的高吸附材料可分为传统碳质材料和纳米碳质材料两类，传统碳质材料以活性炭、活性碳纤维为代表。纳米碳质材料以碳纳米纤维、碳纳米管、石墨烯为代表。

（二）空气净化织物的生产方法

1. 后整理技术 与其他功能织物的后整理加工技术相似，用后整理加工赋予织物空气净化功能的方法有许多，例如喷雾法、浸渍法、浸轧法、涂层法、层压法和印花法等。这些方法使用常规染整设备就可进行生产，工艺简单，操作方便，且加工路线短、成本低，但织物手感、风格及耐洗涤性均不如功能纤维加工法。

采用后整理技术时需要注意吸附材料与催化剂材料的选择。在选择活性炭作为吸附材料时，应注意活性炭的孔隙结构和活性炭表面化学结构。活性炭的孔隙结构是指孔的形状、孔隙容积、比表面积和孔径分布等，孔隙结构和表面官能团决定了活性炭的吸附性能，孔隙结构有时甚至对活性炭的性能有决定性的影响。

目前，活性炭负载的催化剂主要有 TiO_2、MnO_2、ZnO 等。此外，其他助剂的选择也是非常重要的，选择合适的助剂可以提高活性炭及催化剂与纤维的结合力，使得织物的耐洗性大大提高。

2. 高吸附功能纤维开发技术

（1）活性炭纤维。根据原料纤维种类的不同，活性炭纤维可分为黏胶基活性炭纤维（VACF）、聚丙烯腈基活性炭纤维（PAN-ACF）、沥青基活性炭纤维（FACF）、酚醛基活性炭纤维（PACF）、聚乙烯醇基活性炭纤维、天然纤维基活性炭纤维（如剑麻基活性炭纤维）和木质素基活性炭纤维（焦木素）等类型。

活性炭纤维中以微孔为主，孔径小，对低浓度物质的吸附性能尤为突出，颗粒状活性炭在甲苯浓度低于0.01%时已基本失去吸附能力,而活性炭纤维在甲苯浓度低于0.001%时仍有良好的吸附效果。因此活性炭纤维被广泛作为净化室内空气的功能性材料。

(2)碳纳米纤维。制备碳纳米纤维的方法主要有:化学气相沉积(CVD)法、静电纺丝法、电弧法、激光烧蚀法等。静电纺丝法制备碳纳米纤维操作简便、成本较低、工艺可控,可进行大批量制备,因而受到推广与应用。碳纳米纤维可直接用于气体(SO_2、甲苯、NO、HCHO、CH_3CHO)的吸附与降解,碳纳米纤维膜由于具有高比表面积及多孔结构而广泛应用于气体的吸附及分离领域。

(3)椰炭纤维。椰炭纤维有两种,一种是黏胶基椰炭纤维,另一种是涤纶基椰炭纤维。

黏胶基椰炭纤维的生产方法是:将分散剂、软化水和椰炭粉末混合研磨制成浆料,经搅拌过滤与黏胶溶液混合均匀后进行溶液纺丝,即可制成黏胶基椰炭纤维。黏胶基椰炭纤维中椰炭粉末的粒径一般为0.5μm,椰炭粉末的质量分数在4%~10%之间。

涤纶基椰炭纤维的生产方法是:将椰炭粉末与熔融的聚酯混合得到功能性色母粒,再将该色母粒与聚酯切片混合后纺丝,即可制得聚酯基椰炭纤维。聚酯基椰炭纤维中椰炭粉末的粒径一般在0.5μm以下,椰炭粉末的质量分数在2%~3%之间。

(4)含活性炭的腈氯纶纤维。将符合纺丝要求的超细活性炭粉末与丙烯腈单体和含阻燃元素的乙烯基化合物的共聚物原液按一定比例在搅拌釜中共混,在80℃下搅拌8h,经加压、过滤、脱泡,由喷丝头喷入纺丝凝固浴,纤维凝固成型后经水洗、牵伸、烘干、卷绕制成含活性炭的腈氯纶吸附纤维。含活性炭的腈氯纶纤维对甲醛有良好的吸附净化能力,对甲醛的去除率可达95%以上。

八、负离子织物的加工原理及方法

(一)负离子纺织品的应用

随着科学界对负离子发生材料的不断开发,同时功能性纺织品开发领域中对后整理技术的应用越来越普遍,负离子纺织品的应用领域也在不断扩展。目前市场上已有的负离子纺织品能够在释放负离子的同时兼顾柔软舒适、耐水洗等优点,从而被广泛应用于服装、内衣、袜子、室内窗饰用品、床上用品、汽车座椅、医用纺织品及医疗纺织品的内芯等领域。典型的代表性产品有:负离子磁保健纤维T恤衫、内衣、内裤、床上用品,医用非织造手术衣、护理服、病床用品,汽车内装饰织物,负离子壁布、窗帘,负离子空调过滤网、饮水机过滤芯及负离子浴室毛巾等。

(二)负离子织物的生产方法

负离子织物的加工生产方法主要有负离子纤维法和织物后整理法。

1. 负离子纤维法 生产方法分共混纺丝法、共聚法和表面涂层改性法,其中使用较广泛的为共混纺丝法。

(1)共混纺丝法。用化学和物理方法将负离子发生体(电气石、微量放射性的稀土类矿石、陶瓷)制成与高聚物材料具有良好相溶性的纳米级粉体,经表面处理后,与高聚物载体按一定比例混合,熔融挤出制得负离子母粒,再进行干燥,按一定配比与高聚物切片混合,采用共混纺丝法进行纺丝制备负离子纤维。

（2）共聚法。将负离子添加剂在聚合过程中加入，制成负离子切片后纺丝。一般共聚法所得切片添加剂分布均匀，纺丝成形性好。

（3）表面涂覆改性法。是在纤维后加工过程中，利用表面处理技术和树脂整理技术将含有电气石等能激发空气负离子的无机物微粒的处理液固着在纤维表面。

2. 织物后整理法　将负离子发生材料经粉碎成超微粉体（一般要求至少一半以上微粒粒径小于 $1\mu m$，最大颗粒粒径不大于 $5\mu m$），按照一定的比例与助剂混合均匀，配制成一定浓度的负离子功能整理剂，通过浸轧、浸渍或印花的方式将整理剂固着在织物表面，从而赋予织物负离子功能。为使天然矿石微粉在整理剂中分散均匀并牢固的固着在织物表面，常在整理剂中加入适量的分散剂和黏合剂。

九、吸湿导湿织物的加工原理及方法

（一）织物吸湿导湿的作用机理

水分从人体皮肤向外扩散的途径主要有两种，即透湿扩散和吸湿扩散。透湿扩散是指人体散发的汗气中少量直接从纱线或纤维间的孔隙排散出去；吸湿扩散是指人体散发的汗气中大部分被织物中的纤维吸附后再扩散到织物表面。

1. 水在织物中的存在形式　由于织物中纤维本身的形态结构和化学组分不同，纱线的排列方式迥异，因此它们的吸水速率和吸湿量差别也很大。水分在织物中以三种形式存在，即结合水、中间水和自由水。

结合水是靠氢键或者分子间作用力与纤维分子紧密结合的，织物中结合水的多少与纤维的分子结构和化学组成密切相关。织物中的结合水并不能让人体有潮湿感，此时人体的肌肤干爽。

中间水是由于与结合水分子间存在氢键作用而被吸附在结合水周围的水分子并没有与织物直接接触，只是依附结合水而存在于织物表面。当织物与皮肤接触时，皮肤会不断释放热量，中间水吸收热量后脱离织物，按照中间水—结合水—皮肤之间作用力的不同而重新分配。由于中间水是从皮肤表面吸收热量而与结合水脱离，因此，中间水的存在会使皮肤有凉感。

自由水是由于淋湿、浸泡、人体大量出汗等原因而暂时被吸附于织物上并且分布在中间水之外的水。这些水分子与织物间的作用力非常微弱，当含有自由水的织物与皮肤接触时，这些水分很容易迅速分布到皮肤表面，从而使人体感到湿润。因此，要让皮肤与织物之间以及织物中的水分迅速传输，就必须具备两个条件：一是纤维材料的润湿性好，二是服装面料厚度方向有水分传输的孔道。

2. 水分在人体—服装—外界空间的传导方式　人体皮肤出汗经服装（织物）传导至外界空间的湿通道主要有三种：第一种是汗液在人体与服装的微气候区中蒸发成水汽，气态水经织物的纱线间和纤维间的缝隙孔洞扩散运移至外层空间；第二种是汗液在人体与服装的微气候区蒸发成水汽后，气态水在织物内表面的纤维孔洞和纤维表面凝结成液态水，经纤维内孔洞或纤维间空隙毛细运输到织物外表面，再重新蒸发成水汽扩散至外界空气中；第三种是汗液通过直接接触以液相水的形式进入织物内表面，再通过织物的纱线间、纤维间的缝隙孔洞等的毛细作用将液相水运输至织物外表面，再蒸发成水汽，扩散运移至外界空气中。当人体皮肤表面无感出汗时，汗液在汗腺孔周围甚至在汗腺孔内就已经蒸发成水汽，皮肤表面看不到汗液，此时，湿传导的初始状态是水汽，其传递方式以第一种和第二种方式为主；而当人体皮肤表面有感出汗时，汗液分布在皮肤表面，此时汗液通过服装湿传导的初始状态是液态水，水分的传递方式则以第二种和第三种方式为主。

3. 织物的吸湿机理　织物的吸湿过程可分为对气态水的吸收和对液态水的吸收。

气态水的吸收与纤维的性能有关。天然纤维含有纤维素和极性基团，使气态水可以在纤维内部与纤维紧紧结合在一起，能够较快地吸收气态水；合成纤维在湿度较低时，能够在很短的时间内吸附气态水，但随着湿度升高，结合水已吸附饱和，那些没有被纤维吸收的水则在纤维中形成中间水，使织物产生湿凉感。

液态水的吸收有三种途径：一是纤维对水分子的吸收，主要以自由水的形式被织物纤维吸附；二是织物的润湿和渗透，主要是纤维及纱线间的毛细管作用；三是一定的附加压力差迫使水分透过织物。

通常纤维及织物表面的亲水性越好，织物的吸湿能力就越好；织物密度小、结构蓬松，储水空间就大，织物的吸水性就好；轻薄织物有利于水分透过，但其吸水量不如厚织物，在被完全浸润的情况下，会造成穿着的不适感。

4. 织物的导湿机理

（1）差动毛细效应。又称杉树效应，利用杉树吸水的毛细管效应，采用毛细管直径由下到上逐渐变细的形态来解决芯吸高度和传输速率的矛盾。单向导湿织物由里层到外层毛细管细度逐渐减小，在厚度方向形成孔隙梯度，使液体只能沿一个方向传导。利用织物中表、里层纱线线密度、纱线捻度、织物密度等差异，改变织物表里层纤维与纤维间、纱线与纱线间的孔径大小，即毛细管的当量半径，当两个当量半径不同的毛细管连贯相通时，在它们的界面处就会出现附加压力差，将会加速引导毛细管中的液态水从当量半径大的一侧流向当量半径小的一侧，且液体流动的方向不可逆，这就是差动毛细效应。织物贴皮肤层的纤维细度大于外层，以及纱线捻度、织物密度等小于外层时，均能够加强差动毛细效应，从而进一步加强织物的单向导湿能力。

（2）润湿梯度效应。当一个物体的表面具有疏水区和亲水区两个区域时，由于表面具有湿润梯度，疏水区从空气中收集的水分会自发地向亲水区移动，并汇聚在一起，则物体具有收集水分的能力。依据这一原理，当织物具有亲水性和疏水性双侧结构时，在织物厚度方向将形成湿润性梯度，并且产生附加压力差，水分受到力的作用产生单向导湿效应。

（3）蒸腾效应。植物的蒸腾效应表现出特别强的吸湿导湿能力，植物将根部从土壤中吸收的水分经过木质部导管运输到叶部，并从气孔排出，其排放水蒸气的速率要远远大于自由水表面的蒸发速率，并且整个过程不需要耗费能量。依据蒸腾效应可以将织物设计为多层结构，使其发挥渗透作用及毛细管作用，产生明显的单向导湿能力。

（二）吸湿导湿织物的加工方法

1. 织物正反两面采用亲/疏水差异化整理 根据润湿梯度效应理论，将经过疏水性整理和未经整理的纤维素纤维纱线分别作为经纱和纬纱，通过交织方法制成亲/疏水双侧结构织物，或者通过印花方式对棉织物一面进行疏水整理来实现亲/疏水双侧结构的织物，或者采用复合整理法对织物的正反两面分别做亲水和疏水整理，来实现亲/疏水双侧结构的织物。

2. 采用吸湿、导湿性能有差异的纱线构成织物正反两面 使用吸湿能力强的纱线和导湿能力强的纱线分别构成织物的正反两面，使织物具有一个亲水表面和一个导水表面，由于织物厚度方向具有湿润梯度及差动毛细效应产生附加压力差，导水表面收集的水分会向亲水区移动，或者亲水表面吸收的水分由导湿表面引导出去。这样水分受到力的作用产生单向导湿效应。

导湿功能纤维有 H 形、Y 形、十字形、W 形、工字形等异形截面化学纤维和中空结构化学纤维。吸湿功能纤维有吸湿性好的纤维素类纤维以及皮芯结构复合纤维。

3. 利用织物结构在织物厚度方向设计差动毛细结构 利用粗细不同的纤维或纱线，结合织物组织使织物厚度方向形成差动毛细效应，或者将织物的正反两面设计为不同的紧密度，使织物厚度方向形成孔隙梯度，形成差动毛细效应，使织物具有单向导湿功能，如使织物内外层所用纤维的线密度、异形度不同，或者纱线线密度、织物密度不同。内外层的纤维线密度、纱线线密度、织物密度差异越大，则织物内外层形成的附加压力差越大，芯吸速率越快，导湿性能越好。

第三节　功能织物的生产工艺与要点

一、阻燃织物的生产工艺与要点

阻燃整理工艺就是通过阻燃剂和其他助剂，用高温高压同浴法，在一定压力、温度和时间条件下，向织物纤维表面和内部吸附、渗透、扩散，使其与纤维大分子结构中的活性基团发生键合作用，形成大分子网状结构。或者用浸轧、喷淋、涂层法将阻燃剂沉积固着在织物纤维表面，而获得一定的阻燃效果和耐洗性能。

（一）纯棉织物的阻燃整理

纯棉织物所用阻燃剂主要有硼砂—硼酸、磷酸氢二铵、磷酰胺、双氰胺等。因阻燃剂的不同其阻燃整理的加工方式也有所不同。

1. 普通轧烘法 本法可采用的阻燃剂有 Pyrovatex CP、CR、FRC-2 等。

（1）工艺流程。浸轧（二浸二轧，轧液率 75%）→ 预烘（100～110℃）→ 焙烘（160℃，2～3min）→ 皂洗 → 氨水洗 → 水洗 → 烘干

（2）工艺配方。阻燃剂 FRC-2 420g/L、尿素 15g/L、醚化六羟树脂 50g/L、氯化铵 4g/L、渗透剂 JFC 1.5mL/L、柔软剂 MC 20g/L。

（3）生产要点。棉织物用阻燃剂较多，选用时应综合考虑其耐洗性、毒性、阻燃性及经

济效益；添加树脂和柔软剂的量可根据产品的用途和风格要求适当调节，以改善和调节织物的手感；预烘时为取得良好效果，要注意控制热风的温湿度，采用红外烘燥可减少泳移。

2. 普鲁本法（Proban/氨熏工艺）

（1）工艺流程。浸轧（二浸二轧，轧液率 65%～85%）→烘干（85～95℃，10min）→氨熏（10min）→冷氨浸渍（氨水 10 份+冷水 60 份）→肥皂碱洗（45℃，10min）→热水洗（95℃，10min）→冷水洗→烘燥

（2）工艺配方

①浸轧液。阻燃剂 PROBAN CC 250g/L、尿素 55g/L、渗透剂 JFC 1.0mL/L、柔软剂 DCG 20g/L、阻燃织物增重 15%～20%。

②肥皂碱洗液。肥皂 5 份、NaOH 2 份、水 1000 份。

（3）生产要点。浸轧阻燃剂的织物含湿量为 6%～15%，含湿量大，成品手感发硬。氨熏工序可使阻燃剂发生交联反应，这样织物具有耐久的阻燃性能。此过程必须严格控制氨气流量和车速。

（二）毛织物的阻燃整理

羊毛具有较高的回潮率和含氮量，故有较好的天然阻燃性，但若要求织物具有较高的阻燃标准，则需进行阻燃整理。毛织物阻燃整理的方法可在毛织物染色降温后不出机，直接在机内进行阻燃处理，这样可简化操作，且效果好。

1. 工艺流程　煮练→洗呢→染色→阻燃处理（90℃，30min）、防缩整理→刷呢→剪呢→蒸呢→成品

2. 阻燃处理工艺配方　WFR-866F 120g/L、WFR-866B 150g/L、尿素 50g/L、渗透剂 JFC 2mL/L。

3. 生产要点　防缩整理是毛织物的一般常规整理，不影响阻燃效果；由于阻燃整理是在染色后浸渍处理，从而对染色毛织物光泽、鲜艳度以及色牢度都有不同程度的影响，因而必须进行阻燃剂对不同染料染色影响的试验和筛选；WFR-866 系列阻燃剂均为粉状物质，配制阻燃溶液时，需要尽力完全溶解或分散均匀，以取得最佳阻燃效果。

（三）合成纤维及其混纺织物的阻燃整理

1. 涤纶织物的阻燃整理　涤纶织物阻燃整理用阻燃剂主要是含溴、锑化合物的阻燃整理。如十溴联苯醚、六溴环十二烷、三氧化二锑、五氧化二锑等。

（1）工艺流程和配方。

①工艺流程。坯布→皂洗→染色/阻燃→脱水→压洗（溢流、二浸二轧）→定形→检验→包装→入库

②工艺配方。阻燃剂 HBCD 6%～25%、阻燃剂 Sb_2O_3 2%～5%、柔软剂 ZB 1%～3%、分散剂 NNO 1%～3%、增效剂适量、增稠剂适量、渗透剂 1%～2%、柔软剂 2%～3%、催化剂 MoO_3 适量、HAc 适量。

（2）工艺条件与工艺曲线。

①工艺条件。皂洗温度（50～80℃）、二浸二轧（溢流）、皂洗时间（15～20min）、压洗

压力（0.3～0.34MPa）、染色/阻燃温度（130℃）、定形温度（170～195℃）、保温时间（30～60min）、定形车速（10～25m/min）。

②工艺曲线。前处理工艺曲线如图9-5所示，染色/阻燃整理工艺曲线如图9-6所示。

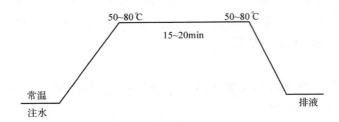

图9-5　前处理工艺曲线

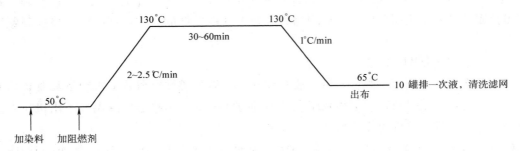

图9-6　染色/阻燃整理工艺曲线

（3）生产要点。阻燃剂工作液中所添加黏合剂的种类、用量要合适，以防止整理后的变色或织物手感变硬等现象出现；由原来的一罐排一次液，改为连续加工整理若干罐后，再排液的整理加工方法，这样可提高阻燃剂的利用率，大大缩短加工周期，降低成本。

2. 锦纶织物的阻燃整理

（1）工艺流程和配方。

①工艺流程。坯布→皂洗→阻燃→脱水→压洗（二浸二轧）→定形→检验→包装入库

②工艺配方。硫脲10%～20%、丙烯酸酯5%～10%、渗透剂适量、柔软剂少量、增效剂适量。

（2）工艺条件。皂洗温度60～90℃、皂洗时间15～20min、压洗压力0.35～0.4MPa、阻燃温度150℃、定形温度170～185℃。

3. 腈纶织物的阻燃整理　Apex Flameprllf 2084 有机磷溴化合物是较常用的腈纶织物阻燃剂。

（1）阻燃处理工艺流程。二浸二轧（轧液率90%和70%）→烘干→（120℃烘至自燃回潮率）→焙烘（160℃，3～5min）→皂洗（肥皂粉0.5g/L，Na_2CO_3 0.5g/L，85℃，5min）→水洗（先热洗后冷洗）→烘干→检验→包装入库

（2）工艺配方。阻燃剂20%～25%、氰醛树脂（含固量60%）5%、尿素适量、柔软剂

VS 0.3%、渗透剂 JFC 0.3%、催化剂适量。

（3）生产要点。阻燃整理需用树脂、催化剂和协效剂；焙固温度 160℃，时间 3～5min；阻燃剂含有磷时，拼用尿素可产生 N—P 协效；尿素添加量为配方的 2%～10%。

4. 混纺织物阻燃整理剂 涤棉混纺织物常用阻燃整理为溴—锑复合体系，如 F/RP-44 以及该类型的相近的阻燃剂。

（1）工艺流程。浸轧（二浸二轧，轧液率 65%～75%）→预烘→焙烘（140℃，3min）→水洗→烘干→检验→包装入库

（2）工艺配方。阻燃剂（十溴联苯醚和三氧化二锑）40%、黏合剂 CA（丙烯酸酯类）19%、交联剂 C（醚化羟甲基）1.9%、渗透剂 JFC 0.5%、柔软剂 3%、溶剂 35.6%。

（3）生产要点。溴化物和锑化物两者的重量比约为 2:1 时效果最佳，阻燃整理液黏度越低，分散性越好，阻燃效果越好，耐洗性提高；黏合剂用量大，耐洗性好，但手感会下降，整理时需兼顾手感和色牢度，选择适量的柔软剂。

（四）麻织物的阻燃整理

1. 麻织物阻燃整理剂

非永久性阻燃整理剂：硼砂—硼酸（7:3）、磷酸氢二胺、氯化石蜡—氧化锑；半永久性阻燃整理剂：尿素—磷酸（1:1）；永久性阻燃整理剂：THPC—三乙酸胺—三羟甲基三聚氰胺—尿素（15:3:9:9）、THPC—尿素（24:6）、THPOH—NH_3。

2. 工艺流程 浸轧（轧液率 75%）→烘干→焙烘（160～165℃，4min）→碱洗→清洗

3. 工艺配方 阻燃剂 Pyrovatex CP 30%、树脂 MMM 5%、尿素 1%、匀染剂 OP 0.1%、柔软剂（聚乙烯乳液）0.5%、氯化铵 0.4%、溶剂适量。

4. 生产要点 麻织物在阻燃整理前，为保证阻燃效果，需进行前处理；麻织物采用含磷阻燃剂整理，工艺基本与棉织物相似，含磷量要求略有不同；一般 200g/m^2 左右重量的织物，要符合阻燃效果，含磷量需达到以下指标，亚麻织物：阻燃剂含磷量 1.6%～1.7%，苎麻织物：阻燃剂含磷量 1.3%～1.4%。

二、抗静电整理织物的生产工艺与要点

（一）抗静电整理方法

抗静电整理的方法较多，一般分为助剂吸附固着法、表面接枝聚合法、低温等离子体表面处理法三种。

上述三种方法的抗静电原理是将耐久性的抗静电剂或树脂，经过浸轧或涂布加工附着在织物的表面，这些抗静电剂分子链上具有大量的亲水基团和疏水基团。当助剂在纤维上有规则地排列时，形成一层网络薄膜，其疏水基团连在纤维表面被一种放射状的结构所覆盖，形成静电屏蔽，降低了纤维的表面电阻，从而起到抗静电作用。三种方法中，由于后两种方法需要较多的特种引发剂、或高能射线、或用等离子体处理等，工艺繁杂，操作复杂，故一般采用第一种方法。它可在后整理中进行抗静电加工，也可在染色过程中进行同浴处理，均能获得理想的效果。

（二）工艺流程

坯布（各种规格的合纤织物及其混纺织物）→浸轧抗静电树脂（二浸二轧）→烘干（100~110℃）→焙烘（150~160℃，2min）→拉幅→成品（其中焙烘工序视所采用抗静电整理剂的性能以及混用助剂的性能而定）

（三）生产要点

1. 抗静电整理剂的选择

（1）要含有吸湿性强的有机物质。如甘油、聚乙二醇等多元醇，吸湿性强的无机盐（氯化锂、氯化钠等）以及离子型的溴化钾等。

（2）要含有吸附性和定向性表面活性剂、易与织物交联的基团以及改性树脂、复合树脂和反应性有机硅酮树脂等。

（3）必须能够形成良好的导电性连续膜。

（4）对染料的染色牢度无影响或影响很小，与其他整理剂拼混性较好，无刺激气体，不损害人体、不污染环境。

2. 焙烘温度与色牢度的关系 采用聚酯—聚乙二醇嵌段共聚物（如英国的 Permalose™ 和国产 CAS 等）整理涤纶织物时，须注意焙烘工艺，因整理剂的分子结构与涤纶的分子结构相似，在高温焙烘时，涤纶中的分散染料容易向织物表面整理剂薄层迁移，影响织物的色牢度，因而焙烘可适当降低温度和缩短加工时间。

3. 抗静电与树脂同浴整理 一般的树脂整理，均可使织物有较好的亲水性，从而可产生导电效果。但由于树脂亲水会使其不耐水洗，因而要考虑树脂分子的亲水亲油平衡值，以获得最佳效果。

三、防紫外线织物的生产工艺与要点

（一）纺织生产工艺

防紫外线织物的纺织生产工艺与常规织物接近，可采用常规织物的生产工艺与设备。

（二）后整理生产工艺流程

1. 短纤维织物的后整理工艺流程 坯布→退浆→练、漂、染→烘干→浸轧防紫外线整理剂→烘干→印花→检验→折布→打包

2. 长丝织物的后整理工艺流程 精练→脱水→开幅→烘干→预定形→碱减量→水洗→染色→浸轧防紫外线整理剂→水洗→脱水→开幅→成品定形

（三）生产要点

（1）长丝织物整个生产流程中需保证各通道光滑，尤其是穿综、穿筘，以减少经丝与钢筘的摩擦，以免产生毛丝，影响产品质量。

（2）为保证成品布面质量，各道工序中张力应均匀一致，特别是倍捻工序须严格控制丝线张力，以防止产生"绉缩"，造成织造中的经柳横档。

（3）为保证丝线有良好的回缩性，同时避免织造中因定形不够而产生扭圈丝并在布面上的"纬缩"疵点，定形一定要求达到"伏而不死"的效果。要严格控制定形，避免湿度过高

造成绉斑疵点。

（4）为保证经碱减量处理后织物的断裂强度、折皱弹性、柔软性等，产品在碱减量处理前，必须经过干热预定形。严格控制烧碱浓度、处理温度、处理时间及促进剂的用量等工艺参数，保证处理效果。

四、防水拒水织物的生产工艺与要点

防水拒水织物是一种具有仿荷叶效应的新型高感性织物。目前，生产防水拒水织物的方法有浸轧、涂层、层压和机织高密织物四种。

（一）纺织生产工艺

防水拒水织物的纺织生产工艺流程与普通织物区别不大。可按普通织物的生产工艺流程执行。

（二）后整理工艺

1. 收缩整理工艺　洗衣粉煮洗→配方 1 处理→熨烫→配方 2 处理→皂煮→水洗

配方 1：乙二醇 1 份、水 4 份，与 0.1mol/L 的苯甲酸钠相混。

配方 2：苯甲醇 20%、丙酮 2%、水 78%。

2. 拒水整理工艺　收缩后的织物再经含氟的拒水整理剂浸轧处理。工艺流程及条件：

收缩后的织物→浸轧（40~45℃，30min）→预烘（110℃，20min）→焙烘（170℃，1~2min）→拉幅→成品

（三）生产要点

（1）由于织物为高密织物，织物的经、纬向紧度均较大。织造时难打纬，织口游动大，打纬后布面易反拨后退，因此可适当加大经纱的上机张力，使梭口清晰度增加，利于引纬。同时可采用"早开口"的工艺，当打纬完毕钢箅后退时，纬纱不易从织口退出，使经纬纱抱合较紧。

（2）由于所织织物同时又为低特织物，经、纬纱线又较细，织造时可适当降低后梁，使上下层经纱张力接近，以利于梭口清晰，减少断经，降低织疵，提高生产效率。

（3）在收缩整理时，煮洗、皂煮的温度应控制在100℃，皂煮时间为30min，煮洗时间以洗净织物为准。配方 1 和配方 2 的处理温度应控制在 10~50℃，处理时间为45min。

（4）根据需要可采用二浸二轧的工艺，在整理中要控制好预烘、焙烘温度与时间。

五、抗菌织物的生产工艺与要点

（一）纺织生产工艺流程

抗菌织物基材的纺织生产工艺流程与普通织物相同。

（二）后整理工艺流程

1. 本色织物后整理工艺流程

坯布→退浆→练、漂、染→烘干→浸轧抗菌剂→烘干→印花→检验→折布→打包

2. 色织物后整理工艺流程

未整理织物→退浆→烘干→浸轧抗菌剂→烘干→检验→折布→打包

（三）生产要点

1. 准备工序生产要点

（1）络筒。由于此类织物多用于内衣，其原料多采用纤维素及其混纺织物。纱支通常较细，当加工特细纱线时，可采用槽筒式络筒机降低车速，一般控制在1800~2200r/min。清纱器隔距可适当放大到纱线直径的3倍左右，以避免产生活络棉结。采用光板式张力盘，以减少纱身起毛。

（2）整经。整经机速度选择170r/min左右，前伸缩筘齿采用粗针，以减少经纱在整经轴上的滑移间隙，提高纱线排列的均匀性。

（3）浆纱。根据原料，选取合适的浆料配方，使纤维之间的黏结较牢，以增强单纱的强力。选择成膜好的浆料，以提高经纱的耐磨性能，满足织造的要求。

2. 织造工序生产要点 选用剑杆织机及喷气织机进行织造。织平纹织物时，可采用高后梁，较大的下层经纱张力，有利于梭子顺利通过梭道，开口时间可选择222~229mm，在保证清晰梭口的前提下，经纱上机张力以小为好。

3. 后整理工序生产要点

（1）所用黏合剂要求无刺激，通过高温与织物有效结合，坚固耐洗。

（2）选择合适的抗菌剂，要求无毒、无刺激，对人体无伤害。

（3）选择合适的工艺流程，要求赋予织物抗菌效果的同时，不影响织物的服用性能及手感。

六、药物织物的生产工艺与要点

1. 使用药物纤维的生产工艺流程

纱线→络筒→┌整经→（浆纱）→穿经→织布→（退浆）→染色→印花→检验→折布→打包
　　　　　　└（卷纬）─────────────────┘

2. 使用后整理方式的生产工艺流程

（1）本色织物。

纱线→络筒→┌整经→（浆纱）→穿经→织布→验布→（退浆）→练、漂、染→烘干→
　　　　　　└（卷纬）──────────────┘

浸涂药物制剂→烘干→焙烘→印花→检验→折布→打包

（2）色织物。

纱线煮练→漂白→染色→（浆纱）→烘纱→络筒──┌→整经→穿经→织造→验布→
└→（卷纬）──┘

（退浆）烘干→浸涂药物制剂→烘干→焙烘→水洗→烘干→检验→折布→打包

七、远红外织物的生产工艺与要点

（一）生产工艺流程

远红外织物坯布的纺织生产工艺流程与普通织物相同。

（二）整理工艺设计

1. 整理液配方设计　当远红外物质与助剂确定后，就需要合理地确定各整理剂的用量。各整理剂的用量多少直接影响到最终产品的性能及手感。从理论上讲，远红外物质越多，其所体现的保温保健性能应越强，黏合剂用量越大，将远红外物质与织物的结合应越牢固。但远红外物质与黏合剂用量的增加都会造成织物手感变硬，服用性能降低。因此，整理剂中各物质的用量选择是十分重要的。大量实验结果表明，整理液各物质的配比为：远红外物质5%、分散剂1%、黏合剂10%、溶剂84%左右、消泡剂等适量。

2. 整理工艺流程

（1）本色织物的整理工艺流程。

坯布→退浆→练、漂、染→烘干→浸轧远红外整理液→烘干→焙烘→印花→检验→折布→打包

（2）色织物整理工艺流程。

未经整理织物→退浆→烘干→浸轧远红外整理液→烘干→焙烘→水洗→烘干→检验→折布→打包

（三）生产要点

（1）远红外织物主要以内衣为主，其准织生产要点基本与抗菌织物相同，可参考制定。

（2）当采用远红外纤维生产织物时，后整理工艺属常规后整理，可根据功能需求将织物染色、印花或进行其他整理。

（3）当采用普通纤维生产织物时，织物的保健性能由后整理工艺赋予，整理工艺要点如下。

①整理剂。整理剂是使织物起功能作用的主要原料。整理剂中除保健功能材料外，还有助剂和水。

当保健功能材料是固体颗粒（如陶瓷粉类）时，固体颗粒的大小会影响织物的保健性能和手感，一般要求固体颗粒越小越好，一般粒径在 μm 级。当选用固体远红外物质时，应使用分散剂将其制成悬浮液，以满足后整理工序的要求。为了使保健材料能很好地与织物结合，应使用黏合剂，所用黏合剂应无毒、无刺激、耐水洗、日晒、摩擦，具优良坚牢度。在制备整理液时，要视情况酌情加入消泡剂、交联剂、水等。

②整理工艺。"浸→轧→烘→焙"以及"涂→烘→焙"等是最常用的工艺流程。将织物在无张力情况下浸于整理液中，充分浸透，轧去多余的整理液，在90℃左右烘干织物，再在150℃下焙烘3min，使黏合剂充分发生反应，将保健材料与织物紧密结合。焙烘温度和时间可根据所使用黏合剂的特性而有所改变。

八、空气净化织物的生产工艺与要点

（一）生产方法

1. 后整理技术　与其他功能织物的后整理加工技术相似，用后整理加工赋予织物空气净化功能的方法有许多，如喷雾法、浸渍法、浸轧法、涂层法、层压法和印花法等。这些方法可利用常规染整设备就可进行生产，工艺简单，操作方便，因而为人们所广泛采用。后整理法的优点是加工路线短、成本低，但织物手感、风格及耐洗涤性均不如功能纤维加工法。

2. 采用高吸附功能纤维　目前常用的高吸附功能纤维有活性炭纤维、碳纳米纤维、椰炭纤维、含活性炭的腈氯纶纤维等。

（二）生产要点

（1）采用后整理技术时需要注意的吸附材料与催化剂材料的选择。在选择活性炭作为吸附材料时，应注意活性炭的孔隙结构和活性炭表面化学结构。活性炭的孔隙结构是指孔的形状、孔隙容积、比表面积和孔径分布等，孔隙结构和表面官能团决定了活性炭的吸附性能，孔隙结构有时甚至对活性炭的性能有决定性的影响。

（2）活性炭的表面化学结构（如表面官能团的种类及数量等）是影响活性炭吸附性能的另一个主要因素。一般认为当活性炭表面的官能团为酸性时，容易吸附碱性化合物；反之，容易吸附酸性化合物。

（3）活性炭负载催化剂是开发空气净化纺织品的主要方法，目前，活性炭负载的催化剂主要有 TiO_2、MnO_2、ZnO 等。在众多催化剂中，TiO_2 半导体由于其稳定性好、光催化活性高、无毒无害等优点，得到了比其他半导体材料（如金属氧化物和金属硫化物等）更为深入的研究与应用。

（4）其他助剂的选择也是非常重要的，选择合适的助剂可以提高活性炭及催化剂与纤维的结合力，使得织物的耐洗性大大提高。

九、负离子织物的生产工艺与要点

（一）生产方法

负离子织物的加工生产方法主要有负离子纤维法和负离子织物后整理法。

1. 负离子纤维法　负离子纤维的生产方法分为共混纺丝法、共聚法和表面涂层改性法，其中使用较广泛的为共混纺丝法。

（1）共混纺丝法。用化学和物理方法将负离子发生体（电气石、微量放射性的稀土类矿石、陶瓷）制成与高聚物材料具有良好相溶性的纳米级粉体，经表面处理后，与高聚物载体按一定比例混合，熔融挤出制得负离子母粒，再进行干燥，按一定配比与高聚物切片混合，采用共混纺丝法进行纺丝制备负离子纤维。其生产工艺流程如下：

电气石→物理和化学方法粉碎→纳米电气石粉→混合熔融→负离子母粒→烘干→混合熔融→纺丝加工→负离子纤维

（2）共聚法。属于化学反应，是把负离子添加剂在聚合过程中加入，制成负离子切片后纺丝。一般共聚法所得切片添加剂分布均匀，纺丝成形性好。

（3）表面涂覆改性法。它是在纤维的后加工过程中，利用表面处理技术和树脂整理技术将含有电气石等能激发空气负离子的无机物微粒的处理液固着在纤维表面。

2. 负离子织物后整理法　后整理法是指通过浸轧—烘燥将含有无机物微粒的处理液固着在织物的表面。从而使织物具有负离子性能的方法。其工艺流程如下：

配制整理剂→浸轧、浸渍或印花→预烘→焙烘→负离子织物

（二）生产要点

（1）将负离子发生材料经粉碎成超微粉体（一般要求至少一半以上微粒粒径小于 $1\mu m$，最大颗粒粒径不大于 $5\mu m$），按照一定的比例与助剂混合均匀，配制成一定浓度的负离子功能整理剂，通过浸轧、浸渍或印花的方式将整理剂固着在织物表面，从而赋予织物负离子功能。

（2）为使天然矿石微粉在整理剂中分散均匀并牢固的固着在织物表面，常在整理剂中加入适量的分散剂和黏合剂。

第四节　功能织物的设计与生产实例

一、阻燃涤纶丝汽车用装饰织物的设计与生产

阻燃涤纶丝汽车用装饰织物主要用于汽车顶篷、车壁布、车门内饰、车内柱上饰条、椅套、颈垫、坐垫、靠垫等的装饰。

该阻燃涤纶装饰织物在成纱前已进行了丝束阻燃整理，阻燃剂系三氧化二锑（Sb_2O_3）、氢氧化铝 ［$Al(OH)_3$］ 等无机阻燃剂，LOI 值为 28% 左右。当织物遇到高温及高热以后，能快速产生可阻止燃烧过程中—OH 基团所反应的气体，以降低释放出的热能，致使燃烧不能继续发展。

该纱除具有一般涤纶应有的力学性能外，在纱线断裂强度上则较普通同特涤纶纱低 8%～12%，钩结强力也较低，抗变形能力也较差；同时，纱线过多摩擦还易产生静电及热收缩效应。故以采用无间歇换梭的无梭织机织造为好。

1. 织物结构特征　为使该汽车内饰织物坚牢耐磨及富有弹性，织物的结构特征见表9-3。

表9-3　汽车内饰织物的结构特征

纤维类别	厚度（mm）	幅宽（cm）	织物组织	织物紧度（%）		
				经	纬	总
阻燃涤纶丝	0.31	134	素色小花纹	45～48	45～48	69.8～72.9

2. 纱线设计

（1）纱线线密度数确定。为使汽车用内饰织物"花纹凹凸、屈曲合宜"及"刚柔相济、弹性适度"的外观及效能，运用第5结构相，考虑织造生产中的压扁系数，则设计厚度应为 0.31÷0.8＝0.39mm。织物厚度与纱线直径关系式为：

$$b = 2d = 2 \times 0.037 \sqrt{Tt} \tag{9-1}$$

式中：b——织物厚度，mm；

d——经、纬纱线直径，mm；

Tt——纱线线密度，tex。

将该织物厚度 0.39mm 代入上式，则其经、纬纱线密度同为：

$$Tt = \left[\frac{\dfrac{b}{2}}{0.037}\right]^2 = \left[\frac{\dfrac{0.39}{2}}{0.037}\right]^2 = 28(tex)$$

考虑到该阻燃涤纶丝较蓬松，故经纱确定为 14tex×2；纬纱则确定为 28tex。这样，不仅可提高织物的弹性及耐磨，经纱也可免于上浆而减少工艺流程。

（2）纱线捻度与捻系数的确定。汽车用内饰织物的经纱应保证"匀直"，纬纱应达到"匀称"的要求。为达到以经纱为支持面的平整效应，故确定经纱实际捻系数适当大于纬纱实际捻系数，具体捻系数配置为经纱 400、纬纱 370，根据捻度与捻系数的换算公式，得经纱为 76 捻/10cm，纬纱为 70 捻/10cm。该经、纬纱实际捻系数及捻度较同号棉纱略高，故增强了其纤维的钩结强力，同时，纱线条干毛羽较少，手感仍较柔爽，可较好地适应剑杆织机的织造要求。

3. 织物规格设计 阻燃涤纶丝汽车用内饰织物的规格见表 9-4。

表 9-4 阻燃涤纶丝汽车用内饰织物规格

织物名称			阻燃涤纶丝汽车用内饰织物			
织物总经根数（根）		地经	2235	边经	24×2	总经根数	2283
纱线条件	类别	经纱		纬纱		边纱	
	纱线线密度［tex（英支）］	14×2（42/2）		28（21）		14×2（42/2）	
	标准干重（g/100m）	2.713		2.713		2.713	
	重量偏差（%）	±2.8		±2.8		±2.8	
	单纱断裂强力（cN）	≥264		≥256		≥264	
织物规格	类别	成品		下机		机上	
	长度（m）	联匹		86		—	
	宽度（cm）	134$^{+2}_{-1}$		132.5		131.5	
	经密（根/10cm）	245		—		—	
	纬密（根/10cm）	245		—		—	
穿箱	箱号（齿/10cm）	110		地经	2 根/齿	边经	2 根/齿

4. 织造生产工艺 选用 GTM-AS 型挠性剑杆织机进行织造。开口时间、上机张力参数见表 9-5。

表 9-5 织机开口时间及上机张力配置

织物厚度 （mm）	开口时间 （°）		弹簧直径 （mm）		备 注
	参数值	允许限度	参数值	允许限度	
0.40~0.41	320	+5	5.5~6.5	±>0.5	1. 开口时间以不小于 320° 为好，以防经纱断头 2. 弹簧直径最大不超过 7.25mm

二、抗静电多功能织物的设计与生产

1. 产品特点 抗静电多功能织物是在纯棉织物中嵌织导电丝，再经阻燃、抗油拒水整理而成。产品既有棉织物吸湿、透气、穿着舒适等特点，又具有良好的抗静电、阻燃、抗油拒水性能，是一种多功能抗静电面料。

2. 导电丝的选择 根据导电性能、价格、市场供求等因素，综合考虑选择 61.1dtex 复合导电丝。

3. 织物规格设计 织物规格见表 9-6。

表 9-6 抗静电多功能织物的规格

纱线原料			纱线线密度 （tex）			织物密度 （根/10cm）	
经		纬	经		纬	经	纬
棉	导电丝	棉	棉线	导电丝	18.2×2	264	205
			18.2×2	6.11			
纱线捻度 （捻/m）		织物组织		织物幅宽 （cm）	两根导电丝之间的间隔 （cm）		
棉线	导电丝与棉线并捻	布身	导电丝				
560	180	平纹	$\frac{1}{3}$↗	160	1.5		

4. 工艺流程

（1）织部工艺流程。

织造→验布→修布→打包

（2）染整工艺流程。

导电坯布→煮练→漂白→染色→水洗→烘干→整理（轧阻燃剂、防油防水剂）→预烘→焙烘→水洗→烘干→验布→打包

5. 织造工艺要求

（1）整经。采用 G121B-250 型分条整经机，经纱张力配置采用弧形方段法，该整经机为矩形筒子架，前后分两段，张力圈重量配置 1~8 排上、中、下分别为 10g、12g、10g；9~16 排上、中、下分别为 8g、10g、8g。

总经根数 4224 根，采用不等绞整经，经纱的排列为每 39 根棉股线加 1 根棉纱线与导电丝的并捻线，这样恰好满足导电丝间隔 1.5cm。整经速度 250m/min，倒轴时将倒轴张力加到最大，卷紧经纱，利于织造。

需将 61.1dtex 复合导电丝和纯棉 18.2tex×2 纱线捻成合股线，经高温高压定形，再络成筒子，方可满足整经、织造的要求。

（2）穿经。经试织得该产品纬缩率为 4.8%，故选用 126 齿/10cm 的钢筘，每筘齿穿入 2 根纱线，选用 2 页×8 列综框，穿综顺序 1 5 2 6 3 7 4 8。

（3）织造。选用 1515-190 型织机，织物采用中平布上机工艺，见表 9-7。为防止导电丝断头，给导电丝上蜡，在后梁与停经架中间放置一蜡板，使导电丝光滑，利于织造。

表 9-7 上机工艺参数

开口时间（mm）	投梭力（mm）		投梭时间（mm）	后梁高度（mm）	张力重锤（kg）
	开关侧	换梭侧			
235	280	290	230	70	8×2

6. 染整工艺措施及要求

（1）阻燃、抗油拒水整理。

①整理液配方。阻燃剂 SF-2 340g/L、ACt-20 40g/L、交联剂 M 60g/L、催化剂 10g/L、柔软剂 2g/L。

②工艺流程与条件。

一浸一轧（轧液率 80%~90%）→预烘（100℃、1.5min）→焙烘（160℃、2min）→中和、水洗→烘干

（2）生产工艺要求。

①抗静电多功能织物中导电丝与织物本身纱线的强力和伸长率不同。染整过程中要注意布面张力不要太大，以免导电丝被拉断。

②整理剂随配随用，不可配好后静置过久，否则会发生凝絮现象，影响整理效果。

③焙烘应采用较低温度、较长时间的焙烘方案，以免对织物损伤过大，影响强力。

④织物经阻燃、抗油、拒水整理后，由于整理剂呈现酸性，织物应尽快水洗，以免酸液腐蚀坯布，影响织物强力。

三、防紫外线涤纶丝织物的设计与生产

1. 原料选择　选择 166.7dtex（150 旦）防紫外线涤纶低弹丝为原料。该涤纶丝是在熔融法纺丝时加入紫外线屏蔽剂，从而使长丝本身具有屏蔽紫外线的功能。加入的紫外屏蔽材料主要是以氧化锌陶瓷材料为主制成的混合型紫外线屏蔽剂，其颗粒细小，具有良好的分散、吸收和反射紫外线的作用。

2. 丝线设计　为使织物达到仿麻的外观效果，丝线的捻度设计为中强捻，经、纬丝线捻度均设计为 100 捻/10cm，经丝为 S 捻，纬丝采用 2S2Z 的相间捻向配置。这样的配置使织物在后整理时，通过练漂工序，中强捻丝线充分收缩，利用捻丝的扭应力使织物产生强烈皱缩，再配合泥地组织，可使织物手感柔软、有弹性，绉效应明显，显示出良好的仿麻外观效果。

3. 织物规格设计　织物的经、纬密大小，对其防紫外线性能、服用性能及外观均有很大的影响。对于涤纶原料的织物来说，密度过大，织物的手感变硬，织物的吸湿性、透气性、悬垂性等服用性能会受到较大的影响，同时也不利于后整理中绉线的收缩、起绉，影响织物外观效应。综合各种因素，本产品的经纬密度确定为 710 根/10cm×330 根/10cm。

4. 织物组织设计　考虑到织物组织对防紫外线性能的影响，应选用孔隙较少的结构，以缎纹为最好。因此，结合流行需要，最终将本产品的组织确定为 $\frac{5}{3}$ 缎纹+泥地组织，两种组织在经纱方向的排列为 1 根缎纹组织，2 根泥地组织。泥地组织采用省综设计法，最终形成织物的双面效应，一面（反面）呈现缎纹效应，另一面（正面）呈现仿麻的绉效应。组织循环经纱数为 360 根，组织循环纬纱数为 120 根。

5. 色彩设计　该产品定位为夏季服装面料，在色彩设计时应以浅色为主，同时兼顾织物的防紫外辐射效果。由于添加无机紫外屏蔽剂的抗紫外纤维的抗紫外性能以浅色优于深色，故最终选用颜色以浅红色为主。

6. 生产工艺流程

（1）织造工艺流程。

经向：络丝→倍捻→定形→分条整经→穿综筘┐
　　　　　　　　　　　　　　　　　　　　├→织造
纬向：络丝→倍捻→定形→倒筒─────┘

（2）后整理工艺流程。

精练→脱水→开幅→烘干→预定形→碱减量处理→水洗→染色→水洗→脱水→开幅→成品定形（加柔软剂）

7. 生产工艺要点

（1）组织循环经纱数为 360 根，组织循环纬纱数为 120 根，组织采用 $\frac{5}{3}$ 缎纹+泥地组织，采用 11 页综，以省综法设计。

（2）长丝织物生产时要求在整个工艺流程中保证各通道光滑，尤其是穿综穿筘时，应减

少经丝与筘齿的摩擦，以免产生毛丝，影响生产质量。络丝时要上油剂，以增加对丝的滑动。

（3）为保证成品的布面质量，各道工序中张力应均匀一致。特别是在倍捻工序中，为防止产生"绉缩"，造成织造中的经柳横档，必须严格控制丝线的张力，保证丝线张力的均匀性。

（4）定形是本产品准备工序中较为关键的工序。为保证丝线有良好的回弹性，同时避免织造中因定形不够而产生扭圈丝并在布面上出现"纬缩"疵点，定形时一定要求达到"伏而不死"的效果。因此，必须严格控制定形的工艺参数，避免湿度过高造成绉斑疵点。

（5）为保证经碱减量处理后的产品断裂强度、柔软性等保持较好的状态，在碱减量处理前必须经过干热预定形。碱减量处理中必须通过定期测定碱减量加工前后织物的干重，以检测和严格控制减量率。同时对影响减量率的因素如烧碱浓度、处理温度和时间等严格控制和选定。

四、防水拒水织物的设计与生产

（一）仿荷叶效应防水织物的设计与生产

1. 原料选择　选用 8.3tex（75 旦）/136f 涤纶网络丝为经纱，8.3tex（75 旦）/136f 涤纶普通长丝为纬纱。

2. 织物密度　成品经密以大于 1160 根/10cm 为好，纬密以大于 390 根/10cm 为好。但密度也不宜过大，否则织物在收缩整理过程中没有收缩的余地。不同组织、密度的织物经收缩整理后的相关参数见表 9-8。

表 9-8　织物收缩整理后的相关参数

项　　目		机上经密（根/10cm）					
		1160			870		
		$F=6$ 的绉组织	$F=12$ 的绉组织	$\frac{2}{2}$ 纬重平	平纹	$F=6$ 的绉组织	$F=9$ 的绉组织
面积缩率（%）		25	31	21	22	30	31
纤维密度（根/cm²）		13838	25418	20142	8993	12203	26479
成品密度（根/10cm）	经	1425	1466	1167	930	1196	1548
	纬	420	401	314	269	431	399
经纱原料		8.3tex（75 旦）/136f 涤纶网络丝					
纬纱原料		8.3tex（75 旦）/136f 涤纶普通长丝					

注　F 为组织点浮长，f 为丝束中的单丝根数。

3. 织物组织　选用绉组织，绉组织织物经收缩整理后的收缩率大，织物结构紧密。这是因为绉组织有不规则的浮长线，能在织物表面形成细小的突起，好似荷叶表面的乳头状突起。另外，浮长较长的绉组织织物，收缩能力更强，纤维更加紧密。织物组织如图 9-7 所示。

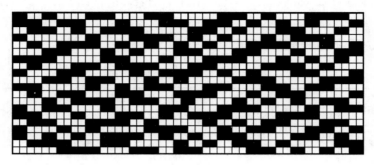

图9-7 防水织物组织图

4. 生产加工工艺

（1）收缩整理。经过实验，下列收缩整理方法效果较好。

洗衣粉煮（100℃，洗净为止）→配方1处理（10~50℃，45min）→熨烫（100℃）→配方2处理（10~50℃，45min）→皂煮（100℃，30min）→水洗

配方1：乙二醇：水＝1∶4、苯甲酸钠为0.1mol/L。

配方2：苯甲醇为20%、丙酮为2%、水为78%。

（2）拒水整理。将收缩后的织物再经含氟拒水整理剂浸轧处理。工艺流程与条件：

浸轧（40~45℃，30min）→预烘（110℃，20min）→焙烘（170℃，1~2min）

5. 织物性能与整理加工的关系

以绉组织织物为例，表9-9为经收缩整理后拒水整理前、拒水整理后织物的性能测试结果。

表9-9 收缩整理后拒水整理前、拒水整理后织物的性能

整理方式	织物组织	透气量 [L/(m² · s)]	透湿量 [g/(m² · 24h)]	喷淋持续时间（min）
拒水整理前	$F=12$ 绉组织	78.9	1746.0	0.18
	$F=9$ 绉组织	80.0	1671.4	0.23
拒水整理后	$F=12$ 绉组织	78.9	1434.8	66.4
	$F=9$ 绉组织	79.7	1592.9	93.8

由表9-9中可以看出：拒水整理后，织物的透气量基本保持不变，透湿量略有降低。拒水整理前，织物喷淋持续时间不足半分钟，拒水整理后提高到1h，甚至1.5h以上。

经过收缩整理，织物的透气性、透湿性已经比较理想了，但为了进一步提高织物长时间抵抗雨淋的能力，还需对织物进行拒水整理。而含氟的拒水剂对该织物是适宜的。由于该织物未经层压或涂层，因此，它具有透湿性好，手感柔软，悬垂性好的特点，并有天然的光泽。这种仿荷叶效应的防水透湿织物有广泛的应用范围。在民用方面，可制作雨衣、运动服、晴雨两用衫等；在军事和工业方面，可作为野外帐篷布、防护服等。

（二）超拒水织物的设计与生产

1. 原料选择 选择规格为160dtex/48f的涤纶超细海岛纤维、2.8tex的高收缩涤纶丝为原

料。在织造时纬纱适当加入高收缩涤纶丝可增加织物表面的凹凸效果，达到模仿荷叶的乳突表面。

2. 织物密度 不同组织织物的密度见表9-10。

表9-10 不同组织织物的密度

织物编号	织物组织	组织系数	织物密度（根/10cm）		备 注
			经	纬	
1	蜂巢	1.68	800	500	
2	菱形	2.46	800	500	
3	绉组织1	2.00	800	500	
4	绉组织2	2.06	800	500	
5	绉组织2	2.06	950	500	纬纱加入高收缩涤纶丝
6	重绉组织	2.18	800	500	
7	重绉组织	2.18	950	500	纬纱加入高收缩涤纶丝

3. 织物组织 选择蜂巢组织、菱形组织、绉组织、重绉组织，如图9-8所示。

  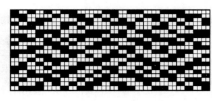 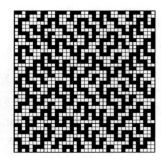

蜂巢组织　　　　菱形组织　　　　　　　　绉组织　　　　　　　　　　重绉组织

图9-8 超拒水织物的组织图

4. 生产工艺

（1）涤纶超细海岛型纤维的开纤工艺。采用超细海岛型纤维为原料织成织物后，需将海组分溶去，形成岛组分超细复丝。在高浓度碱液、高温条件下，海组分水解后，纤维直径变细，以满足荷叶表面微米级乳突直径的要求。工艺参数及工艺条件：NaOH 15g/L、JFC 2~3g/L，95℃水煮50min，用热水洗至中性。

（2）拒水整理工艺。工艺参数及工艺条件：有机氟拒水剂20g/L，pH值5~6，在1.96×15^5Pa条件下二浸二轧，在80~90℃时预烘2min，然后在120~150℃下焙烘5min。

（3）纳米粒子负载工艺。荷叶的超拒水效应主要在于它的表面具有微米结构与纳米相结合的阶层结构。在设计生产超拒水织物时，表面的微米结构可由超细纤维配合织物组织来完成，而纳米结构则需要由纳米粒子负载来完成。目前，纳米粒子负载技术主要有两种方法，即溶胶凝胶法和浸轧法。

溶胶凝胶法是以一定的材料为前驱体，制成溶胶整理到材料表面，再在特定条件下进行高温处理，最终在材料表面直接制得纳米粒子。这种方法制得的粒子粒径分布比较均匀，但工艺比较复杂。

浸轧法是将纳米粒子在分散剂的作用下进行分散，制得稳定的分散液，将分散液整理到材料上，再经高温处理，使粒子最终固着在材料表面。浸轧法直接简单，但粒子整理过程中粒子易团聚。本产品开发采用浸轧法。

①分散液配方及条件。

配方1：纳米 TiO_2 1份、月桂酸钠 1份、聚丙烯酸铵盐 1份，超声波分散时间为 10min。

配方2：纳米 NiO 1份、木质素磺酸钠 1份、聚丙烯酸钠 1份，超声波分散时间为 10min。

②工艺参数及工艺条件。将分散好的纳米粒子分散液与一定量的交联剂和去离子水按质量比 1:4:50（交联剂:分散液:水）的比例混合，搅拌均匀后，用二浸二轧方式处理经拒水整理的织物（浴比为 1:20），然后在 90℃预烘 30min，在 180℃焙烘 3min。

五、椰炭/棉交织空气净化装饰织物的设计与生产

1. 原料选择 可选择椰炭纤维、棉纤维或其他合成纤维。

2. 纱线设计 经纱采用 18.2tex 椰炭/棉（50/50）混纺纱和 18.2tex 纯棉纱，纬纱采用 18.2tex 椰炭/棉（50/50）混纺纱。

3. 织物结构设计 织物经纬向密度均为 268 根/10cm，织物上机密度为 242 根/10cm×240 根/10cm。设计椰炭纤维含量为 25%、35%、45%，织物的主要参数见表 9-11。

表 9-11 织物主要参数

织物编号	织物组织	经纱排列比	椰炭纤维含量（%）
1#	平纹	纯棉纱	25
2#	平纹	3:2	35
3#	平纹	1:4	45
4#	$\frac{3}{1}$斜纹	纯棉纱	25
5#	$\frac{3}{1}$斜纹	3:2	35
6#	$\frac{3}{1}$斜纹	1:4	45
7#	$\frac{8}{3}$缎纹	纯棉纱	25

续表

织物编号	织物组织	经纱排列比	椰炭纤维含量（%）
8#	$\frac{8}{3}$缎纹	3∶2	35
9#	$\frac{8}{3}$缎纹	1∶4	45

注 经纱排列比是指纯棉纱线与椰炭/棉混纺纱线的比例，纬纱全部采用椰炭/棉（50/50）混纺纱线。

4. 生产工艺 后整理工艺流程：

退浆→煮练→漂白→浸轧纳米 TiO_2 整理液（二浸二轧）→预烘→焙烘

（1）碱退浆工艺条件。渗透剂 JFC 1g/L，NaOH 10g/L，浴比 1∶50，时间 30min，温度 100℃。

（2）煮练工艺条件。高效精练剂 KRD-1 1g/L，NaOH 20g/L，浴比 1∶30，煮练时间 120min，煮练温度 100℃。

（3）漂白工艺条件。质量分数 35% 的双氧水 5g/L、质量分数 35% 的硅酸钠 7g/L，漂白时间 60min，漂白温度 90℃，NaOH 10g/L，用于调节 pH 值，调节溶液 pH 至 10.5～11.0 时即可。

（4）椰炭/棉交织物的纳米 TiO_2 整理。取一定量的月桂酸钠（浓度为 1%）溶于水后，加入一定量的纳米 TiO_2，混合均匀后，由低速到高速剪切 30min 后，超声波分散 10min 后再高速剪切 30min，制备出纳米 TiO_2 分散液。将分散好的纳米粒子分散液与交联剂按质量比 1∶4 的比例混合，搅拌均匀后，用二浸二轧方式处理经预处理的织物（浴比 1∶20），然后在 90℃ 预烘 30min，再经焙烘即制得椰炭/棉交织空气净化装饰织物。

5. 织物的甲醛吸附降解性能 织物的甲醛吸附降解率如图 9-9 所示。

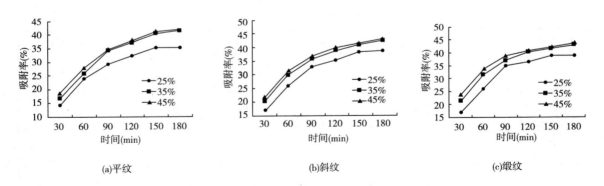

图 9-9 椰炭纤维含量对织物甲醛吸附降解性能的影响

由图 9-9 可以看出，三种组织织物对甲醛的吸附降解率均随着时间的延长而增加，但 150min 之后，吸附降解速率的增加值逐渐变小，趋近饱和。在相同时间内，织物对甲醛的吸附降解率随着织物中椰炭纤维含量的增加而增加，但当椰炭纤维含量达一定含量（35%）后吸附降解率趋于稳定。这是因为椰炭纤维是一种具有大孔、中孔、微孔的多孔性材料，当织物中椰炭纤维含量不断增加，织物中分布的孔隙数量也不断增多，故吸附降解率迅速随之增大，当增到一定值后，由于空气分子与甲醛分子相互扩散的速率是一定的，所以在相同的时间内平均吸附降解率不再随之增大并趋于稳定。

　　在时间相同、椰炭纤维含量相同时，三种组织对甲醛的吸附性能由高到低依次为缎纹、斜纹、平纹，但吸附性能的差异很小。

六、负离子空气净化织物的设计与生产

1. 设计思路　以普通涤纶织物为基布，采用纳米 TiO_2 与电气石微粉，通过浸渍焙烘法研发负离子空气净化复合功能家纺织物。

2. 整理剂制备

（1）纳米 TiO_2 与电气石微粉质量比的确定。选取纳米 TiO_2 和电气石微粉的比例为 3：1、2：1、1：1、1：2、1：3，其他整理工艺参数均相同，测试负离子发生量和甲醛降解率如图 9-10 所示。

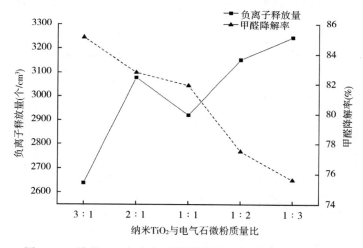

图 9-10　纳米 TiO_2 与电气石微粉质量比对织物功能性的影响

　　由图 9-10 可知，随着纳米 TiO_2 与电气石微粉比例的减小，织物的负离子发生量大体呈增加趋势，在粉体比例 1：1 时出现转折点，而甲醛降解率则呈持续减小趋势。在纳米 TiO_2 与电气石微粉比例为 2：1 时，织物负离子释放量和甲醛降解率同时达到相对较好指标。

　　（2）分散剂的确定。选用五种不同类型分散剂对纳米 TiO_2 与电气石微粉的混合整理剂进行分散。分散剂种类及用量对分散效率的影响如图 9-11 所示。

　　从图 9-11 可知，采用聚乙二醇-400 为分散剂，分散剂与纳米 TiO_2 和电气石混合粉体的质量比为 1：2 时分散效果最好。聚乙二醇-400 是一种小分子量的非离子型分散剂，主要通过增大空间位阻产生分散效果，故分散剂的浓度对分散效率有较大影响。分散剂浓度较低或较高时，都会影响空间位阻的增大，故分散效果不明显。

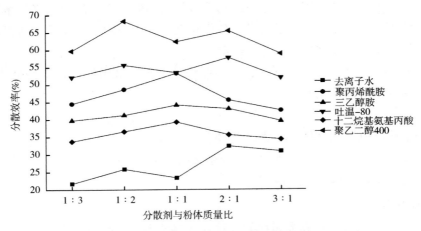

图 9-11　分散剂种类及用量对整理剂分散效率的影响

（3）整理液浓度的确定。选取整理剂浓度为 5g/L、10g/L、15g/L、20g/L、25g/L，其他工艺参数均相同，对织物进行整理，整理液浓度对织物空气净化功能的影响如图 9-12 所示。

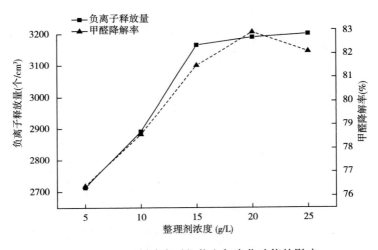

图 9-12　整理剂浓度对织物空气净化功能的影响

由图 9-12 可知，织物的负离子发生量随整理剂浓度的增大而增大，当整理剂浓度大于 15g/L，负离子发生量的增大程度趋于平缓。因为当整理剂浓度增大到一定量时，织物上负载的粉体达到饱和，负离子发生量趋于稳定。随着整理剂浓度的增大，织物的甲醛降解率呈先增大后减小的趋势，当整理剂浓度大于 20g/L，甲醛降解率开始下降。因为当整理剂浓度增大到一定程度时，织物上负载的纳米 TiO_2 达到饱和，继续增加整理剂浓度，则会使纳米 TiO_2 发生团聚，导致其比表面积减小，光催化活性降低，甲醛降解率出现下降。综合考虑功能和成本因素，确定整理剂浓度为 20g/L。

（4）黏合剂用量的确定。选取黏合剂用量为 2g/L、4g/L、6g/L、8g/L、10g/L，其他整理工艺参数均相同，对织物进行整理，黏合剂用量对织物空气净化功能的影响如图9-13所示。

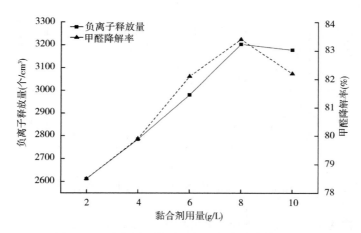

图9-13 黏合剂用量对织物空气净化功能的影响

由图9-13可知，随着黏合剂用量的增加，织物的负离子发生量和甲醛降解率均呈先增大后减小的趋势，当黏合剂用量达到8g/L时，织物的负离子发生量和甲醛降解率均达到最大值。因黏合剂用量过大，会导致电气石微粉和纳米TiO_2发生团聚，比表面积减小，反而使负离子发生量和甲醛降解率有所下降。故选取黏合剂用量为8g/L。

通过上述研究，确定整理剂配方为：纳米TiO_2与电气石微粉质量比为2:1，分散剂聚乙二醇-400与纳米TiO_2和电气石混合粉体的质量比为1:2，整理剂浓度为20g/L，黏合剂用量为8g/L。

3. 整理工艺研究

(1) 涤纶基布的前处理。前处理工艺为：纯碱3~4g/L，皂片2g/L，保险粉0.5g/L，浴比1:30，于98~100℃处理30~40min。精练后采用：热水洗→酸洗→冷水洗→脱水→烘干。

(2) 整理液浴比的确定。选取整理液浴比为1:20、1:30、1:40、1:50、1:60，浸渍温度50℃，浸渍时间30min，焙烘温度130℃，焙烘时间3min对织物进行整理，织物的负离子发生量和甲醛降解率如图9-14所示。

从图9-14可知，随着浴比的减小，织物的负离子发生量大体呈上升趋势，当浴比小于1:30时，负离子发生量的变化幅度较小。因为随着浴比减小，织物在整理剂中浸渍更加充分，电气石微粉在织物上负载更加均匀，则负离子释放量增加，当浴比减小过多，整理剂中有效成分减少，故负离子释放量有所下降。随着浴比的减小，织物的甲醛降解率呈先增大后减小，当浴比达到1:30时，织物在整理中负载的纳米TiO_2达到饱和，甲醛降解率最大。故最佳浴比为1:30。

(3) 浸渍温度和时间的研究。选取浸渍温度为30℃、40℃、50℃、60℃、70℃，浸渍时间为30min、45min、60min、75min、90min，浴比1:30，焙烘温度130℃，焙烘时间3min对

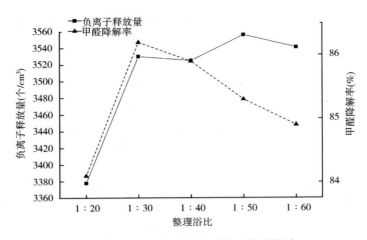

图9-14　浴比对织物空气净化功能的影响

织物进行整理，织物的负离子发生量和甲醛降解率如图9-15所示。

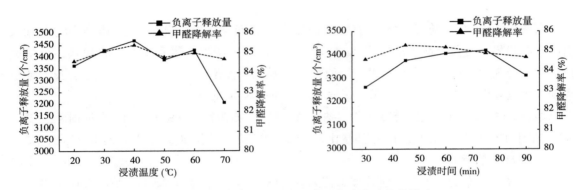

图9-15　浸渍温度和时间对织物空气净化功能的影响

　　图9-15显示随着浸渍温度的升高，织物的负离子发生量呈先平稳后下降的趋势，甲醛降解率却变化不大。这说明浸渍温度对负离子发生量和甲醛降解率的影响并不严重，故浸渍温度确定为30℃左右。

　　随着浸渍时间的增加，织物的负离子发生量和甲醛降解率均呈现先上升后小幅下降的趋势，但两者的转折点不同，甲醛降解率转折点发生在45min附近，而负离子发生量的转折点发生在75min附近。综合生产效率等因素确定浸渍时间为60min。

　　（4）焙烘温度和时间的研究。选取焙烘温度为120℃、130℃、140℃、150℃、160℃，焙烘时间为1min、2min、3min、4min、5min，浴比1∶30，浸渍时间60min，浸渍温度为30℃，对织物进行整理，织物的负离子发生量和甲醛降解率如图9-16所示。

　　由图9-16可知，随着焙烘温度的升高，织物的负离子发生量和甲醛降解率均呈先增大后减小的趋势，其转折点分别发生在130℃和140℃。因温度过高会使电气石粉和纳米TiO$_2$结构和功能受到损伤，导致负离子发生量和甲醛降解率下降。综合各因素，焙烘温度确定为130℃。

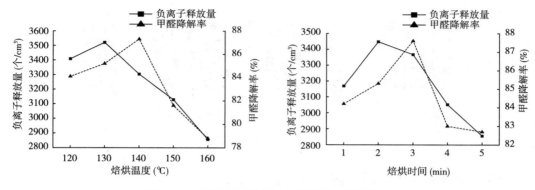

图9-16 焙烘温度对织物空气净化功能的影响

随着焙烘时间的增加，织物的负离子发生量和甲醛降解率均呈先增后减趋势，转折点分别在2min和3min处，纳米TiO_2对高温焙烘的耐受时间比电气石微粉长。综合焙烘温度确定焙烘时间为2min。

即整理工艺参数确定为浴比1∶30，浸渍温度30℃，浸渍时间60min，焙烘温度130℃，焙烘时间2min。

七、棉/化纤复合导湿织物的设计与生产

1. 产品设计思路 将棉纤维设计为织物反面（接触人体皮肤面），超细涤纶设计为织物正面（织物外表面）。该设计可使人体在干燥状态下穿着舒适，在出汗时，利用两种纤维的细度差异以及吸湿、导湿性能差异形成的毛细效应，将汗液由棉纤维快速吸收，再由超细涤纶迅速导到织物外表面，利用超细涤纶较大的比表面积，迅速将水分散在空气中，确保人们在任何穿着环境下皮肤表面舒适干爽。

2. 原料纱线设计 选用超细涤纶长丝、超细涤纶低弹网络丝和棉为原料，超细涤纶长丝和超细涤纶低弹网络丝开纤前线密度分别为 95dtex/35f 和 190dtex/70f，单纤维线密度约为 2.7dtex，开纤后单纤维分裂为 8 根，则线密度降低至 0.34dtex 以下，故为超细涤纶，如图9-17所示，纤维由两种组分组成，米字型为 PA-6，米字型间隙的三角形为 PET；纯棉纱的线密度为 9.7tex×2 和 7.3tex×2。

(a)放大25倍

(b)放大1000倍

图9-17 超细涤纶开纤前截面形态

3. 织物组织设计 织物组织图如图9-18所示。

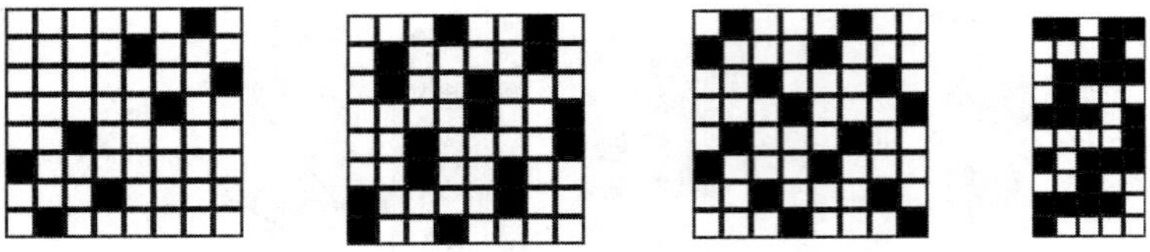

(a)八枚纬面变则缎纹　　(b)八枚纬面加强缎纹　　(c)四枚纬面变则缎纹　　(d)纬二重

图9-18　织物组织图

4. 织物规格参数设计 织物规格参数见表9-12所示。

表9-12　织物规格参数

织物编号	组织	纱线原料		纱线线密度（tex）		织物密度（根/10cm）		织物紧度（%）	
		经	纬	经	纬	经	纬	经	纬
1#	（a）	棉	涤纶	9.7×2	19.0	430	320	70.15	51.61
2#	（a）	棉	涤纶	9.7×2	19.0	430	360	70.15	58.07
3#	（a）	棉	涤纶	9.7×2	19.0	430	400	70.15	64.52
4#	（b）	棉	涤纶	9.7×2	19.0	430	320	70.15	51.61
5#	（b）	棉	涤纶	9.7×2	19.0	430	360	70.15	58.07
6#	（b）	棉	涤纶	9.7×2	19.0	430	400	70.15	64.52
7#	（c）	棉	涤纶	9.7×2	19.0	430	320	70.15	51.61
8#	（c）	棉	涤纶	9.7×2	19.0	430	360	70.15	58.07
9#	（c）	棉	涤纶	9.7×2	19.0	430	400	70.15	64.52
10#	（d）	棉	棉1涤1	7.3×2	7.3×2/9.5	450	400	63.58	51.06
11#	（d）	棉	棉1涤1	7.3×2	7.3×2/9.5	450	450	63.58	57.44
12#	（d）	棉	棉1涤1	7.3×2	7.3×2/9.5	450	500	63.58	63.83

5. 生产工艺

（1）织造工艺。织物上机织造参数见表9-13。

表9-13　上机织造参数

项目	参数	项目	参数	项目	参数
穿综方式	顺穿	经纱张力（kgf）	220	边撑垫片（mm）	4
综框高度（mm）	140	开口时间（°）	300	喷射时间TO（°）	80
后梁高度（mm）	10	松经时间（°）	290	喷射时间TW（°）	230
经停架高度（mm）	-160	松经量（mm）	4	开口量（°）	30

（2）漂白。为去除超细涤纶表面的油剂及织物上残留的杂质，将织物在浴比1∶30，浴液温度100℃，使用2g/L的NaOH、2g/L的精炼剂、1g/L的除油剂、5mL/L的H_2O_2，将织物煮练0.5h，然后水洗、烘干。

（3）开纤。将涤锦复合超细纤维织物浸入沸腾的NaOH溶液中，由于涤纶和锦纶的热性能不同，在沸水中的收缩性能也不同，从而产生裂离；在热稀碱液中涤锦复合超细纤维中的涤纶会发生水解反应，涤纶表面会被一层层腐蚀并剥落下来，造成纤维的失重和强度的下降，即"碱减量"，涤纶表面被烧碱腐蚀后自然会与锦纶纤维分离，使纤维变细。

使用5g/L的NaOH在浴比为1∶40，温度为100℃的条件下将织物煮练1.5h。在煮练过程中不断对织物进行搅动，有利于提高涤纶长丝的开纤效果。开纤碱液冷却到65℃左右，使用稀醋酸进行中和，使浴液pH=7~8，待其冷却后对织物进行水洗并烘干，织物开纤工艺曲线如图9-19所示。开纤前后超细涤纶的形态结构如图9-20所示，开纤前纤维纵向与普通涤纶一样，呈光滑的圆柱状；经高温碱液开纤之后，纤维沿纵向裂离，但仍保持束状，纤维束表面形成不光滑的沟槽，这种形状更有利于水分在纤维上的传输。

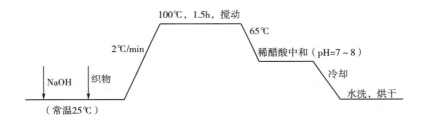

图9-19　开纤工艺曲线

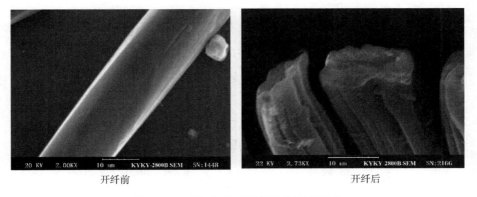

开纤前　　　　　　　　　　　　　　　　　　开纤后

图9-20　超细涤纶开纤前后的形态结构

（4）染色。

①超细涤纶的染色方法及工艺。选用分散翠兰染料（1.2%），浴比为1∶15，使用纯碱调节pH值为9.5左右，加入分散剂1g/L，40℃入染，以1.5℃/min速率升温至120℃，保温35min，自然冷却，水洗，烘干。染色工艺曲线如图9-21所示。

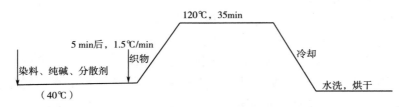

图9-21　超细涤纶染色工艺曲线

②棉的染色方法与工艺。选用R型活性红染料，染料用量为2.5%，元明粉60g/L，浴比为1∶30，60℃保持30min。并且在温度升至60℃时加入纯碱25g/L，调节染浴的pH值。染色工艺如图9-22所示。

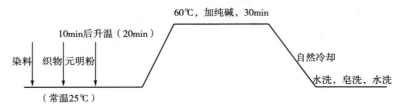

图9-22　棉染色工艺曲线

由图9-23可知，织物的水分蒸发速率与织物紧度和厚度密切相关。由于10#织物为纬二重组织，且总紧度最小，因此其水分蒸发速率最小。

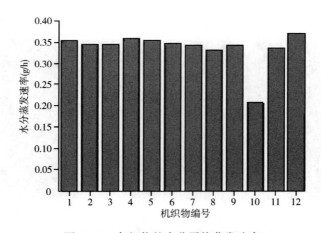

图9-23　各织物的水分平均蒸发速率

6. 开纤工艺参数研究　涤纶在开纤前，不具备超细纤维超强的吸湿导湿功能，只有对其进行有效开纤处理，使1根纤维裂离为8根，纤维细度显著降低，才能发挥超细纤维的作用。开纤工艺中烧碱用量和煮练时间是至关重要的因素。

（1）烧碱浓度对织物吸湿导湿性能的影响。以1#织物为整理用坯布，将开纤时间定为

1.5h，开纤时烧碱用量分别取 2g/L、6g/L、10g/L，对应织物编号为 Ⅰ#、Ⅱ#、Ⅲ#，织物的吸湿导湿性能测试结果见表9-14。

表9-14 烧碱浓度对织物吸湿导湿性能的影响

织物编号	滴水扩散时间（s）	单向导湿度（mm）	吸水率（%）	蒸发速率（%）	透湿量[g/（m²·d）]	芯吸高度（mm）
Ⅰ#	8.42	3	118	0.287	4950	103.5
Ⅱ#	2.43	12	197	0.355	6090	214.8
Ⅲ#	3.15	6	182	0.303	6120	210.0

从表9-14可知，烧碱用量为6g/L时，织物的滴水扩散时间最短，单向导湿度、吸水率、水分蒸发速率和芯吸高度值均最大，仅透湿量值略低于烧碱用量为10g/L。

（2）开纤时间对织物吸湿导湿性能的影响。烧碱浓度定为6g/L，开纤时间分别取0.5h、1.0h、1.5h，对应的织物编号为Ⅰ-1#、Ⅱ-1#、Ⅲ-1#。织物的吸湿导湿性能测试结果见表9-15。

表9-15 开纤时间对织物吸湿导湿性能的影响

织物编号	滴水扩散时间（s）	单向导湿度（mm）	吸水率（%）	蒸发速率（%）	透湿量[g/（m²·d）]	芯吸高度（mm）
Ⅰ-1#	6.54	4	121	0.307	5120	110.5
Ⅱ-1#	2.38	12	197	0.355	6090	214.8
Ⅲ-1#	2.43	12	189	0.364	6210	213.7

由表9-15数据可知，随着开纤时间的增加，织物的吸湿导湿性能变好，但开纤时间达1.0h之后，织物的各项吸湿导湿性能变化不大，考虑到生产效率，生产中确定开纤时间为1.0h。

（3）柔软整理对织物吸湿导湿性能的影响。采用亲水柔软整理剂 Kinsoft P100 为柔软剂，浓度取 10g/L、15g/L 和 20g/L，对应织物编号为 Ⅰ-3#、Ⅱ-3#、Ⅲ-3#，织物的吸湿导湿性能测试结果见表9-16。

表9-16 柔软剂浓度对织物吸湿导湿性能的影响

织物编号	滴水扩散时间（s）	单向导湿度（mm）	吸水率（%）	蒸发速率（%）	透湿量[g/（m²·d）]	芯吸高度（mm）	织物手感
Ⅰ-3#	4.23	9	178	0.353	6010	195.7	较柔滑
Ⅱ-3#	3.55	13	192	0.346	6210	204.9	柔滑
Ⅲ-3#	3.54	11	189	0.339	6190	205.7	柔滑

由表9-16数据可知，随着整理剂浓度增大，织物的吸湿导湿性能呈上升趋势，手感变柔滑，但当浓度大于15g/L后，织物的吸湿导湿性能则呈略下降的趋势。

综上所述，本次开发的后整理工艺条件为开纤用烧碱浓度为6g/L，开纤时间为1.0h，亲水柔软整理剂P100浓度为15g/L。

八、微胶囊化抗菌织物的设计与生产

（一）抗菌微胶囊的制备

1. 微胶囊的制备方法

（1）界面聚合法制备微胶囊的工艺流程。首先把芯材及溶于分散相的单体A溶于分散相溶剂中，然后把分散相溶剂与连续相溶剂混合，在加入乳化剂和机械搅拌作用下形成乳状分散体系。然后在乳化体系中加入溶于连续相溶剂的另一种单体B，此时降低搅拌速度有利于微胶囊的形成。最后把得到的微胶囊过滤、洗涤。图9-24为微胶囊制备工艺流程。

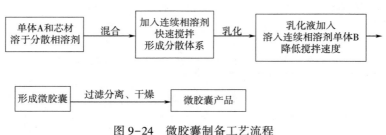

图9-24 微胶囊制备工艺流程

（2）界面聚合法制备微胶囊的技术关键。

①乳化。在微胶囊的制备过程中，水相和油相混在一起时，单凭机械搅拌作用只能形成极不稳定的分散液，当停止搅拌后，很快油水就会分层，被分开的芯材又会凝聚，使成壁过程无法进行，而且被分散的芯材粒径很大，无法达到微胶囊粒径的要求。因此必须加入乳化剂，以形成粒径大小合适的较稳定的乳液。乳化剂有降低界面张力的作用，便于被分散相分散成细小的液滴；在液滴表面形成保护层，防止凝聚，使乳液稳定，以及增溶作用，使部分芯材溶于胶束内。影响乳状液稳定性的因素有界面张力、界面膜的性质、乳状液分散介质的黏度、液滴大小及分布、乳化剂的加入方法等。

②过滤分离。是制备微胶囊工艺流程的最后一步，也是关键环节。在过滤分离中，不仅要防止微胶囊再次凝聚粘连，而且要最大程度去除有机溶剂以及未反应的化学试剂。分离不彻底，会影响后序的实验结果；分离过度，则造成原料的浪费。过滤分离时，先用表面活性剂的水溶液洗涤微胶囊，将微胶囊悬浮在20%浓度的表面活性剂中去除有机溶剂，再用生理盐水多次洗涤去除表面活性剂，最后贮存在盐水中待用。

（3）界面聚合法的技术特点。利用界面聚合法既可制备含水溶性芯材，也可制备含油溶性芯材的微胶囊。在乳化分散过程中，根据芯材的溶解性能选择水相与有机相的比例。数量较少的一种作分散相，数量较多的作连续相，芯材溶解在分散相，如水溶性芯材分散时，形成油包水型（W/O）乳液，而油溶性芯材则形成水包油（O/W）型乳液。这种制备微胶囊的工艺方便、简单，反应速度快，效果好，不需要昂贵复杂的设备，可以在常温下进行。

2. 抗菌微胶囊的制备

（1）微胶囊的材料及其选择。

①芯材的选择。本次开发选用纯天然抗菌物质蕺菜。蕺菜为多年草本植物，茎和叶有鱼腥气，也叫鱼腥草，鱼腥草提取液为无色澄明水溶性液体，pH 值 4.0~6.0，呈微酸性。蕺菜的主要成分及效果见表 9-17。

表 9-17　蕺菜成分及其作用

成　分	作　用
癸酰基乙醛、甲基壬基酮、月桂酸	抗葡萄球菌、线状病等
黄酮系成分、栎苷、异栎苷	有利尿缓泻作用，可使脆弱的毛细血管变结实
矿物质、钾、叶绿素	有调整生物功能的作用，消肿、再生肉芽组织

②壁材的选择。由于芯材是水溶性物质，须选择亲水性固化剂作为聚合反应中的分散相，选环氧树脂 E-44 为壁材。

③溶剂的选择。一般高分子包囊材料都是固态或黏稠的液体，不易进行化学反应。溶剂的主要作用就是降低高分子包囊材料的黏度，使其便于反应，同时还可增加高分子材料的分子活动能力。通常极性相近的物质具有良好的相溶性，可以参照溶剂和高分子材料的溶度参数 SP 值来选择溶剂。此外，为得到 W/O 乳化液，溶剂还需充当油相。综合考虑这些因素，本次开发选择甲苯作为稀释溶剂（环氧树脂 SP 值为 9.7，甲苯 SP 值为 8.9）。

④乳化剂的选择。常用的乳化剂多为表面活性剂，表面活性剂可分为阴、阳、两性和非离子型。非离子型表面活性剂在溶液中不是离子状态，所以稳定性高，不易受强电解质无机盐类的影响，也不易受酸、碱的影响；它与其他类型表面活性剂的兼容性好，在水及有机溶剂中皆有较好的溶解性能。本次开发选用 SPAN80 和 TWEEN80 非离子表面活性剂。SPAN 系列和 TWEEN 系列具有良好的热稳定性、水解稳定性、纯度高、无毒。

（2）微胶囊的制备。先将乳化剂溶于水中，边剧烈搅拌边慢慢加入油相（甲苯），加入的油相开始以细小粒子分散于水中，呈 O/W 型；继续加油相，乳液变稀，最后黏度急剧下降，转相成为 W/O 型，转相示意图如图 9-25 所示。其优点在于有利于控制反应速度和保证

(a)O/W型　　　　　　　(b)继续加入油相　　　　　　(c)W/O型

图 9-25　转相示意图

得到的微胶囊粒径符合要求。其中图（a）为表面活性剂在油-水界面形成界面膜，形成 O/W 型；图（b）为继续加入油相，界面膜重新排列导致形状不规则的水滴形成；图（c）为油珠聚结成连续相，形成 W/O 型。微胶囊的制备步骤与过程如图 9-26 所示。

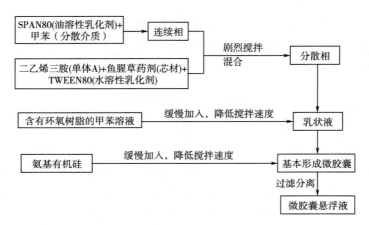

图 9-26　微胶囊制备流程

经实验研究获得抗菌微胶囊的制备方案及工艺条件是：环氧树脂 E-44 为 12g、甲苯为 18mL、SPAN80 为 3mL、二乙烯三胺为 1mL、鱼腥草药剂为 5mL、乳化时间为 10min、预固化温度为室温×20min、后固化温度为 80℃×1~3h、搅拌速度为 2500r/min。

（二）微胶囊抗菌织物的后整理

本次产品开发采用浸轧法。浸轧整理液由微胶囊悬浮液、交联剂、柔软剂及其他助剂组成。

工艺流程：

浸轧（二浸二轧，室温，轧液率85%）→预烘→焙烘

整理液的组成：YB-121 氨基硅 2~5mL，微胶囊悬浮液 40~50g/mL，交链剂 EH 20~30mL，水，冰醋酸调节 pH 值为 5~7。

配液过程：

在微胶囊悬浮液中加入少量水→加入氨基硅（搅拌）→加入交链剂→冰醋酸调节 pH 值→加水至定量（搅拌）

配制好的整理液经静置24h，无破浮现象，均匀不分层，溶液稳定，视为达到理想效果。

采用正交试验法对加工工艺条件进行优化。表 9-18 为因素水平设计表，表 9-19 为正交实验结果表。

表 9-18　因素水平表

因素	微胶囊悬浮液浓度 A（g/mL）	焙烘温度 B（℃）	交联剂 EH 用量 C（mL）	焙烘时间 D（min）
1	40	110	20	2

续表

因素	微胶囊悬浮液浓度 A（g/mL）	焙烘温度 B（℃）	交联剂 EH 用量 C（mL）	焙烘时间 D（min）
2	45	120	25	2.5
3	50	130	30	3

注　实验条件：pH 值 6.5，YB-121 氨基硅 3mL，预烘温度 80℃，预烘时间 10min。

表 9-19　正交实验结果与分析

试验号	A	B	C	D	结果评分
1#	1	1	1	1	5.0
2#	1	2	2	2	7.0
3#	1	3	3	3	7.0
4#	2	1	2	3	7.5
5#	2	2	3	1	8.0
6#	2	3	1	2	7.5
7#	3	1	3	2	8.0
8#	3	2	1	3	8.5
9#	3	3	2	1	8.5
S1	20.0	21.0	20.0	21.0	
S2	22.0	22.5	23.0	22.5	
S3	25.0	23.5	24.0	23.5	
A1	6.67	7.00	6.67	7.00	
A2	7.33	7.50	7.67	7.50	
A3	8.33	7.83	8.00	7.83	
R	5.0	2.5	4.0	2.5	

注　效果评分 1 → 10 表示差→好，评价依据由布样外观、手感、抗菌效果和水洗后抗菌效果等综合效果而定。

　　根据表中 R 值大小排列得出因素主次顺序为 ACBD；根据表中 S 值大小分析，最优整理条件应为 A3C1B2D3，即微胶囊悬浮液用量为 50mL，交联剂 EH 用量为 20mL，焙烘温度为 120℃，焙烘时间为 3min。

九、基于化学镀的电磁波屏蔽织物的设计与生产

1. 产品研发思路　以涤纶织物为基体，采用金属化学镀的方法，开发具有良好防电磁辐射效果的织物，研究化学镀层材料及厚度对电磁屏蔽性能及其他服用性能的影响。

2. 金属化学镀工艺　金属镀用涤纶织物的组织为平纹，纱线线密度为 8tex，织物的经向

密度为 380 根/10cm，纬向密度为 310 根/10cm。

（1）化学镀工艺过程。

粗化→水洗→敏化、活化→水洗→解胶→水洗→还原→化学镀金属

（2）化学镀铜配方及条件。硫酸铜 8g/L，次亚磷酸钠 28g/L，柠檬酸钠 8g/L，硼酸 20g/L，硫酸镍 0.75g/L，温度 80℃。

3. 化学镀铜涤纶织物的表面形态　图 9-27 为化学镀铜涤纶织物的外观形态照片，图 9-28 为化学镀铜涤纶织物的能谱图。

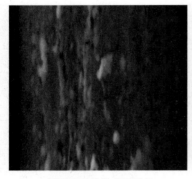 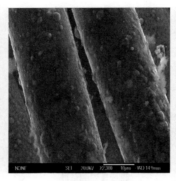 

(a)预处理后纱线表面形态　　　　(b)镀铜后的纱线形貌　　　　(c)镀铜织物表面形态

图 9-27　涤纶织物表面化学镀铜层的 SEM 照片

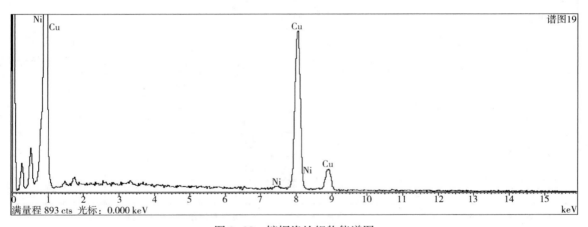

图 9-28　镀铜涤纶织物能谱图

与化学镀镍相同，在化学镀前须经粗化处理，使纱线表面形成许多凹坑，作为金属镀层与织物纱线的"铆合点"，粗化后再经过敏化、活化，纤维表面就形成极薄的贵金属催化层。在施镀过程中，铜离子在贵金属的催化下，被还原剂还原而沉积在织物表面上，随着这种还原反应继续进行，使金属不断加厚，得到致密光亮的金属化织物。

由能谱图可知，涤纶织物镀铜层成分主要有铜和微量的镍，铜的重量百分比为 99%，镍为 1%。

4. 化学镀铜织物的电磁屏蔽效能　　图 9-29 和图 9-30 反映了不同增重率镀铜织物的电磁波屏蔽效能。图 9-29 经化学镀后试样的增重率为 B2：17.36%，C2：19.81%，D2：24.96%，E2：41.37%，F2：68.58%，N2：78.94%，G2：92.38%，H2：109.87%，I2：132.39%，J2：154.96%。

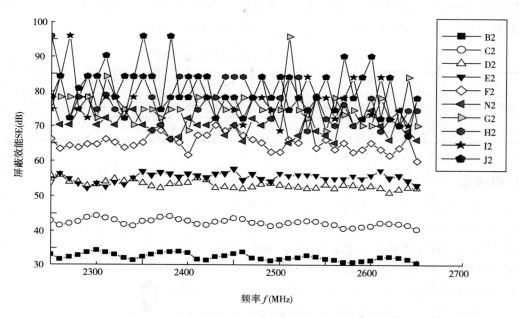

图 9-29　不同增重率镀铜织物的电磁波屏蔽效能

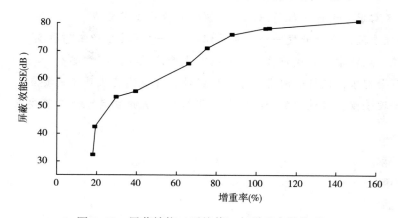

图 9-30　屏蔽效能（平均值）与增重率的关系

由图 9-30 可知，在增重率小于 78.94% 的情况下，织物屏蔽效能增速明显，达到 78.94% 以上，织物电磁波屏蔽效能增速不明显，维持在 75dB 以上，其原因是随着金属单质铜的不断沉积，涤纶织物表面镀层不断增厚而变得均匀，电磁屏蔽效能显著增加；当镀层达到均匀后，镀层厚度的增加对电磁屏蔽效能的影响能力下降，故电磁屏蔽效能不会明显地增加。

5. 化学镀铜织物的导电性能 表9-20是镀铜织物增重率与其表面电阻。由表9-20数据并结合图9-29和图9-30看出，化学镀铜具有优良的电磁波屏蔽性能和导电性能。随着增重率的增加，电阻逐渐减小、电磁波屏蔽效能逐渐增大，并且电阻减小的趋势和电磁波屏蔽效能增加的趋势一致，即金属的导电性越好，其电磁屏蔽效能就越强。同时还可知，织物的电磁波屏蔽性能与金属镀层的厚度、均匀性以及金属的类别等密切相关。

表9-20 镀铜织物增重率与其表面电阻

试样	B2	C2	D2	E2	F2	N2	G2	H2	I2	J2
增重率（%）	17.36	19.81	24.96	41.37	68.58	78.94	92.38	109.87	132.39	154.96
电阻（Ω/10cm）	22.75	5.72	2.55	1.60	0.91	0.64	0.45	0.36	0.35	0.29

思考题

1. 什么是功能性织物？功能性织物应具备哪些特征？

2. 按照织物的用途的程度，功能性织物如何分类？

3. 功能性织物常用的开发方法有哪些？如何实现？

4. 阻燃织物常用的生产技术有哪些？生产工艺要点有哪些？

5. 抗静电织物的主要生产方法有哪些？生产工艺要点有哪些？

6. 功能性家纺织物通常选用哪些组织结构？为什么？

7. 抗紫外产品的加工工艺要点有哪些？

8. 结合市场需求，设计一抗菌织物，并说明其生产工艺要点。

9. 采用合理手段，设计开发一防电磁波织物，并说明其生产工艺要点。

10. 拒水拒油织物常用的生产技术有哪些？生产工艺要点有哪些？

11. 结合市场需求，设计一款负离子保健织物，并说明其生产工艺要点。

12. 采用合理手段，设计开发一款空气净化织物，并说明其生产工艺要点。

第十章　智能织物的设计与生产

第一节　概　述

一、智能织物的特点

智能材料的概念是 1989 年由日本高木俊益教授根据将信息科学融入材料，使材料具有特殊功能的设想首次提出的，称为 intelligent material。随后美国又称其为灵巧材料或机敏材料（smart material）。将智能材料应用于织物上，可获得智能织物，这类智能织物除具备一般纺织品的性能外，还具有多功能的特征，即除保护人体免受尘土、阳光、风雨等危害外，还具备一些特殊的功能，如在恶劣的气候条件下，能防雨雪、透湿、防风、保暖，使穿着者保持舒适感；在工作环境中能够阻燃、隔热、防静电、防化学与生物制剂、防辐射等；可用做工具，进行通讯、检测、记录信息等。因此，智能织物应以智能材料作为基础，其开发不仅仅局限于纺纱、织造过程，更应强调从纺织品设计、纺织材料、纺织加工、整理加工、服装等系统综合考虑。

智能材料的发展是智能织物发展的基础，随着近二十年来智能纺织品的开发，通过广泛应用智能材料，使纺织品的智能化程度不断提高，并使智能纺织品成为纺织工业发展的新途径。

二、智能织物的分类

智能织物指对环境条件或环境因素的刺激有感知并能做出响应，同时保留纺织材料、纺织品风格和技术性能的纺织品。它在热、光、电、湿、机械和化学物质等因素刺激下，能够通过颜色、振动、电性能、能量储存等变化，对外界刺激做出响应。与传统织物相比，智能织物具有多功能的特征，一般由传感器、执行器和控制器三部分组成。根据智能织物感知和响应的状态不同，可以将智能纺织品分为被动智能型、主动智能型和非常智能型三大类。

1. 被动智能型织物　被动智能型织物对外界条件和刺激仅能感知，其功能的提供是被动的。如隔热织物对于外界温度的高低只能保持隔热至某个温度；防火织物不论外界是否存在火焰，其防火性能均保持不变，无自我调节作用。

2. 主动智能型织物　主动智能型织物不仅能感知外界环境的刺激，还能有所响应，可与特定的环境相协调。既有传感器的作用，又有执行器的作用，如形状记忆织物、防水透湿织物就具有造型记忆、防水排汗等功能。

3. 非常智能型织物　非常智能型织物又称适应型织物，是目前最高水平的智能织物。除对外界的刺激感应和响应外，还能自动调节以适应外界环境的条件和刺激。如变色织物可以通过变色或释放香味来调节穿着者的情绪；再如智能保健织物可随时监测人的心率、血糖、血压等，并传递给医生，由医生指导穿着者锻炼等。

三、智能织物的开发途径

1. 合成智能高分子材料 利用高分子化学和物理原理，合成对环境刺激进行响应的智能高聚物，或对原有的高聚物或天然纤维进行改性，使其具有智能化的特征。如已经研制出的变色蛋白质纤维，制成的织物可以对特定的刺激如光、热等进行响应而变色。

2. 对普通织物进行智能加工整理 对普通织物进行智能加工整理，可赋予其智能特征，如利用功能整理剂整理织物，可使织物具有新的功能与智能。

3. 加入智能纤维 在织物纺织过程中加入智能纤维，赋予织物智能的特征。

4. 将织物与智能材料复合 将织物与智能材料进行复合，可制成复合型智能织物。

5. 加入各种智能元件 将织物与电子元件、高技术传感器、检测器等相结合，从而制成智能性纺织产品。

四、智能织物的应用和展望

1. 智能织物的应用 智能织物的开发是以智能材料为基础的，材料科学、生命科学、电子技术等的发展推动了智能织物的开发和应用。随着科技的发展，人们对织物的要求不仅仅停留在服用功能上，因此，智能织物的应用领域越来越广。如防护用纺织品、医疗保健用纺织品、军事用纺织品、休闲娱乐用纺织品等，并逐渐扩大到信息、结构材料、工程纺织材料等领域。

2. 智能织物的发展趋势

（1）由被动型智能织物的开发转向主动型和非常型智能织物的开发。

（2）向多智能融于一体的方向发展。

（3）拓宽智能织物的应用领域。

（4）开发绿色智能型织物和清洁生产技术。

（5）规范智能织物的技术标准和评估。

第二节　智能织物的加工方法及加工中存在的问题

一、智能织物的加工方法

（一）利用具有智能的高聚物生产智能材料

利用高聚物本身特有的性能使织物获得智能。这种方法的关键工艺为如何根据织物的要求来选择合适的智能高聚物。使用时，所选择的合成高聚物应能制备成适应纺织工艺加工要求的纤维，纤维在长度、细度、强度等方面必须符合织物的要求。同时，这种智能纤维加入的比例对织物的手感、外观等的影响也是在加工中必须考虑的。智能纤维的制备方法主要有以下三种。

1. 中空纤维浸渍填充法　将中空纤维浸渍在智能高聚物中，经干燥后再将纤维两端封闭而制得。如早期的相变调温纤维即是采用该方法制得的，将相变材料用溶剂溶解配制成溶液，注入粘胶、丙纶等中空纤维中，然后烘干，将溶剂去除，再将中空纤维两端封闭即可。

2. 纺丝法　将智能高聚物添加到纺丝高聚物中，然后进行纺丝，有湿法纺丝和熔融纺丝两种方法。添加时，可以采用微胶囊，也可以制成多组分复合纤维，如皮芯结构、海岛型、并列型等，截面形状可以根据产品的设计要求进行选择，以适应织物的要求。

3. 化学或物理改性法　利用化学或物理的方法对普通的高聚物进行改性处理，将智能材料附加到纤维上。具体附加的方法应根据附加智能材料的性质和高聚物的性质来确定，如采用物理或化学方法进行接枝，或各种金属镀的方法等。

（二）利用机织、针织工艺将具有智能的长丝或纱线加入织物中

利用机织、针织工艺将具有智能的长丝或纱线以一定比例与普通纱线排列组合进行织造。设计织物组织和排列比例时，既要考虑保持所形成织物的智能化性能，还要考虑织物的外观风格和服用性能。如将导电纤维按照一定的比例加入普通织物中就可以生产出防静电织物。

（三）利用具有智能的材料对织物进行整理加工

织物整理加工法是利用整理和涂层的方法将智能材料施加在织物上，从而获得智能纺织品。这种方法简单，但经整理后织物的手感变差，耐洗涤性和耐磨性不如纺丝法及织造法获得的织物好，但应用面比较广泛，对材料的要求较低。

（四）将普通织物与智能材料以一定的方式连接

将普通织物与智能材料以一定的方式连接，如采用复合法将双层或多层织物复合在一起，将电子元件植入织物，并通过电路连接，制成具有某种智能的纺织品等。主要应用在电子信息智能纺织品上，实现了纺织产品的电子化、智能化和多用途化。

二、智能织物加工中存在的问题

1. 智能织物性能的保持问题　根据智能织物的智能形成原理，结合纺织、染整工艺理论以及加工特点等可以看出，纺织品的智能性的保持问题是非常关键的，织物只有具备相对比较持久的智能性，智能纺织品才能真正在市场上立足。智能纤维所织成的智能织物在这方面就具有明显优势。

2. 生产技术和生产成本问题　目前，被动智能型织物应用较广泛，加工技术成熟；而主动智能型织物和非常智能型织物处于研究和开发阶段，虽然已有部分产品问世，但实现大规模的工业化生产还有距离，还存在一些工艺技术上的问题。如何在现有纺织设备基础上加工生产智能纤维产品，具体的生产工艺技术、产品设计方案、染整加工技术等问题还需要根据不同的纤维特点来实践；同时生产成本问题也是非常关键的，也是决定产品能否立足市场的重要因素。

第三节　智能织物的设计与生产实例

一、记忆功能织物的设计与生产

（一）形状记忆高聚物的分类

形状记忆高聚物（SMP，shape memory polymer）是一种新型的功能性高分子材料，它兼具塑料和橡胶的共性，是运用现代高分子物理学理论和高分子合成及改性技术，对通用高分子材料进行分子组合和改性，使它们在一定的条件下，被赋予一定的形状（起始态）。当外界条件发生变化时，它可以相应的改变形状并将其固定（变形态），如外部环境以特定的方式和规律再次发生变化时，它们便可逆的回复至起始态，至此完成"记忆起始态"到"固定变形态"，再到"恢复起始态"的循环，高分子材料的这种特性被称为材料的记忆效应（memory effect）。促使形状记忆高聚物完成这一过程的外部条件有热能、光能、电能和声能等物理因素以及酸碱度、螯合反应等化学因素。因此，按照实现记忆功能的条件，可以将形状记忆高聚物分为热致SMP、电致SMP、光致SMP、化学感应型SMP等。

1. 热致形状记忆高聚物（热致SMP）　该高聚物是一种在室温以上时变形，并能在室温下固定形变并长期存放，当再升温至某一特定温度时，能很快回复初始形状的聚合物。被广泛应用于医疗卫生、体育运动、建筑、包装、汽车及科学实验等领域。

2. 电致形状记忆高聚物（电致SMP）　该高聚物是热致形状记忆功能高分子材料与具有导电性质物质（导电炭黑、金属粉末及导电高分子等）混合的复合材料。该材料通过电流产生的热量使体系温度升高，致使形状恢复。该材料既有导电性能又具有良好的形状记忆功能，主要应用于电子通信及仪器仪表等领域，如电磁屏蔽材料。

3. 光致形状记忆高聚物（光致SMP）　该高聚物是将特定的光致变色基团（PCG）引入高分子主链和侧链中，当材料受到紫外线照射时，PCG发生光异构反应，使分子链的状态发生显著变化，材料在宏观上表现为光致形变；当光停止照射时，PCG可发生可逆的光异构反应，分子链状态回复，材料回复原状。该材料可用作印刷材料、光记录材料等。

4. 化学感应型形状记忆高聚物（化学感应型SMP）　该高聚物是利用材料周围介质性质的变化来激发材料的形变和形状回复。常见的化学感应方式有pH值变化、平衡离子交换、螯合反应、相转变反应和氧化还原反应等。这类物质有部分皂化的聚丙烯酰胺、聚乙烯醇和聚丙烯酸混合物薄膜等，主要作为蛋白质或酶的分离膜，应用于蛋白质或酶的分离等特殊领域。

（二）形状记忆高聚物的记忆原理

形状记忆高聚物都具有两相结构，即由记忆起始形状的固定相和随温度变化能可逆地固化和软化的可逆相组成。固定相可为聚合物的交联结构、部分结晶结构、聚合物的玻璃态，或者超高分子链的缠绕等。可逆相可以是产生结晶与结晶熔融可逆变化的部分结晶相，或发生玻璃态与橡胶态可逆转变的结构相。SMP可以是单一组分的聚合物，也可以是软化温度不同但相容性良好的两种组分的共聚物或混合物。高聚物的形状记忆过程如图10-1所示：当高

聚物所受的温度 T 高于 T_m（结晶熔点温度）或 T_g（玻璃化温度）时，高聚物在外力作用下发生变形，并在 $T<T_m$ 或 $T<T_g$ 时，形变被固定；但当 T 重新高于 T_m 或 T_g 时，原来发生的形变会回复。

$$L \xrightarrow[\text{变形}]{T>T_g \text{或} T>T_m} L+L' \xrightarrow[\text{固定}]{T<T_g \text{或} T<T_m} L+L' \xrightarrow[\text{恢复}]{T>T_g \text{或} T>T_m} L$$

图 10-1　高聚物的形状记忆过程

L—样品原长　L'—形变量

聚合物产生记忆效应的原因是由于柔性高分子材料的长链结构，分子链的长度与直径相差悬殊，链柔软而易于相互缠结，且每个分子链的长短不一，要形成规整的完全晶体结构是很困难的。这种结构特点决定了大多数高聚物的宏观结构均是结晶与无定型两种状态的共存体系，高聚物未经交联时，一旦加热温度超过其结晶熔点，表现暂时的流动性质，观察不出记忆特征；高聚物经交联后，原来的线性结构变成三维网状结构，加热到其熔点以上时，不再熔化，而是在很宽的温度范围内表现出弹性体的性质，如图 10-2 所示。在玻璃化温度 T_g 以下的 A 段为玻璃态，分子链的运动是冻结的，表现不出记忆效应；当温度升高到玻璃化温度以上时，运动单元开始运动，当受力时，链段很快伸展开，当外力去除时，又可以回复原状，成为高弹形变，这是高分子材料具备记忆的先决条件。另外，高弹形变是依靠大分子构象的改变实现的，当构象的改变跟不上应力变化的速度时，即出现滞后现象，如图 10-3 所示。当拉伸时，应力应变沿 ACB 曲线变化，回缩时沿 BDA 曲线，即应变常滞后于应力的变化。如果将高分子加热到高弹态，并施加应力产生形变，在应力尚未达到平衡时，使用骤冷方法使高分子链结晶或变到玻璃态，则这种尚未完成的可逆形变必然以内应力的形式被冻结在大分子链中。如果将高分子材料再加热到高弹态，这时结晶部分熔化，高分子链段运动重新出现，那么未完成的可逆形变将在内应力的驱使下完成，在宏观上就导致材料自动恢复到原来的状态，这就是形状记忆效应的本质。

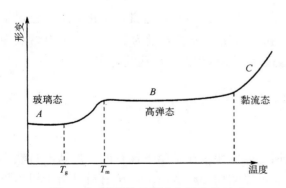

图 10-2　聚合物的形态与温度的关系

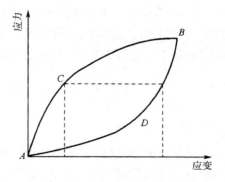

图 10-3　聚合物应力—应变曲线

形状记忆功能高聚物应具备以下条件：

（1）本身应具有结晶和无定型的两相结构，且两相结构的比例适当；

（2）在玻璃化温度或熔点以上较大温度范围内呈现高弹态，具有一定的强度，有利于实施变形；

（3）在较宽的环境温度下具有玻璃态，以保证在储存状态下冻结的冻结应力不会释放。

（三）形状记忆高聚物的品种

1. 反式聚异戊二烯（TPI）　反式聚异戊二烯是由反式-1，4-异戊二烯结合而成，主链中含有双键，熔点为60~70℃的结晶聚合物。TPI在常态下为硬质树脂，升温至一定程度变软，用硫黄或过氧化物交联可得到化学交联结构，并随着交联度的不同，其性能也有所不同。

2. 聚降冰片烯树脂　聚降冰片烯树脂是法国NORSOLOR公司于1974年开发的，商品名为诺索勒克斯（NORSOREX）。20世纪80年代初发现了它的形状记忆性，这种树脂是由环戊二烯与乙烯在狄尔斯阿尔德催化条件下反应合成降冰片烯，再通过开环聚合得到含双键和五元环交替结合的无定形高分子聚合物，其反应式如下：

该聚合物平均相对分子质量高达300万，玻璃化温度为35℃，受热250℃以上时，其试样可任意改变形状，但当环境温度不超过40℃时，只需很短的时间就能回复原来的形状，而且温度越高回复速度越快。这种材料具有以下特点：

（1）分子内没有极性官能团和一般橡胶具有的交联结构，属于热塑性树脂，可通过压延、挤出、注射、真空成形等工艺加工成形，但加工较为困难。

（2）玻璃化温度接近人体温度，适合制作织物，但此温度不能任意调整。

（3）充油处理后变成硬度为15（JIS）的低硬度橡胶，具有较好的耐湿性和滑动性，未经硫化的试样强度高，具有减震性能。

另外，降冰片烯与它的烷基化、烷氧基化、羧酸衍生物等共聚得到的无定形或半结晶共聚物也具有形状记忆功能。

3. 苯乙烯—丁二烯共聚物　形状记忆性苯乙烯—丁二烯共聚物是日本旭化成工业公司于1988年推出的，商品名为阿斯玛。外观为白色粉末，相对分子质量为数十万，是由熔点为60℃的聚丁二烯与软化点为100℃的聚苯乙烯嵌段共聚而得到的。结构式为：

这种SMP不仅形变量大（可达400%）且回复速度快，在常温下保存时，形状的自然回复极少，重新形变时，回复率有所下降，但至少可以使用200次以上。该材料易溶于甲苯等溶剂，形成无色透明的黏稠液体且黏度可调，因此，可用于涂布和流延加工。

4. 聚氨酯　聚氨酯是在大分子主链上含有氨基甲酸酯基结构单元的聚合物的总称。有芳香族的二异氰酸酯与具有一定分子量的端羟基聚醚或聚酯反应生成氨基甲酸酯的预聚体，再用多元醇，如丁二醇等，扩链后可生成具有嵌段结构的聚氨酯。这种嵌段聚氨酯分子的软段部分（聚酯或聚醚链段）和硬段部分（氨基甲酸酯链段）的聚集状态是不一样的。这种两相结构赋予聚氨酯分子具有形状记忆功能，通过调节分子中软段和硬段组分的种类、含量等，可获得具有不同临界记忆温度的聚氨酯类形状记忆材料。

聚氨酯形状记忆材料具有如下特点：

（1）加工性好，容易制成各种复杂形状的制品，并可批量成型。

（2）形变回复量大，能在−30~70℃之间自由选择形状回复温度。

（3）材料透明，可任意着色。

（4）相对密度为1.1~1.2。

（5）成本低，具有适应性广，能满足不同的要求，具有良好的发展前途。

5. 聚酯 脂肪族或芳香族的多元羧酸或其酯与多元醇或羟基封端的聚醚反应可形成具有嵌段结构的聚酯。这种聚酯用过氧化物交联或辐射交联后可获得形状记忆功能。通过调整羧酸和多元醇的比例，可制得具有不同感应温度的形状记忆聚酯。这类聚合物具有较好的耐热性和耐化学药品性能，但耐热水性能不是很好，可以做商品的热收缩包装材料。

6. 交联聚乙烯（XLPE） 低密度的聚乙烯可通过两种方法交联：其一是加入交联剂，如过氧化物或邻苯二甲酸二酯；其二是使用高能电子束辐射。在交联的同时保持一定的结晶度，可制造热致形状记忆材料，其特点为软化点具有橡胶的特性，拉伸形变可回复。

聚乙烯和交联剂在一定的温度下混合造粒和成型，然后在高温下进行化学交联，可制得热致形状记忆材料。另外在过氧化物存在的情况下，聚乙烯与乙烯基三乙氧基硅烷接枝共聚，形成接枝共聚物，将其和含有机锡催化剂的聚乙烯混炼造粒，即可得到具有形状记忆功能的XLPE。

7. 凝胶体系 将PVC完全皂化，反复提纯溶液并制成膜，形成物理凝胶；将物理凝胶用戊二醛处理，引入化学交联键，制成具有形状记忆功能的化学凝胶。还可用聚乙烯醇水溶液经冻结和解冻得到水凝胶与二醛类进行缩合交联反应，制得了形变量高达2~3倍的形状记忆聚乙烯醇缩醛凝胶；通过调节二醛类用量，便可控制交联密度，通过氢键又可在不同方向上形成物理性交联键。使凝胶体系具有高的弹性和含水率、优良的耐热性等特点，在生物材料、医用材料、催化剂载体等方面获得应用。

8. 其他 形状记忆材料还有很多，如具有记忆功能的环氧树脂、乙烯—乙酸乙烯共聚物（EVA）、聚氯乙烯、聚偏氟乙烯、聚四氟乙烯、聚己酸内酯、聚酰胺、聚氟代烯烃、具有生物降解性的乙交酯或丙交酯的均聚物或共聚物等。它们的响应温度随着聚合物的种类不同差异很大，从80℃至180℃不等，因此，这些材料能具有不同的用途。

（四）形状记忆聚氨酯在织物上的应用实例

1. 形状记忆聚氨酯在防水透湿织物上的应用 智能防水透湿织物能对人体的温度变化做出积极响应，给人体带来舒适，是形状记忆聚氨酯在织物上应用的一个方面。

（1）形状记忆聚氨酯在织物上应用的方法。

①聚氨酯纺丝后制成纤维，将纤维加工称为纱线，这样能赋予纱线记忆功能，再由这种

纱线制成具有形状记忆功能的织物。

②用聚氨酯作为涂层剂，在普通织物上做功能性涂层整理，赋予织物记忆功能。

③将聚氨酯做整理剂对织物进行形状记忆功能性整理，赋予织物功能。

（2）形状记忆聚氨酯的结构和性能。形状记忆聚氨酯以部分结晶相为固定相，以发生玻璃态与橡胶态可逆变化的聚氨酯软段为可逆相。聚氨酯软段发生可逆变化的温度被称为形状回复温度，也即玻璃化温度 T_g。玻璃化温度 T_g 范围为 $-30 \sim 70℃$，可在较宽范围内通过选择适宜的原料种类和配比来调节。目前，已制得的品种有 T_g 为 25℃、35℃、45℃ 和 55℃ 的聚氨酯。表 10-1 为形状记忆聚氨酯的性能指标。形状记忆聚氨酯具有加工容易，形变大，质轻价廉，可任意着色，具有热塑性等特点。可通过注射和吹塑等方法加工成形。

表 10-1　形状记忆聚氨酯性能

性能	指标	性能	指标
玻璃化温度 T_g（℃）	$-30 \sim 70$	耐气候性（%）	98[②]
弹性模量比	$20 \sim 180$	反复操作性	无[③]
耐热性（%）	98[①]	成型性	可注射成型

注　①75℃×500h 后的弹性保持率；②相当于室外暴露 2 年后的弹性保持率；③反复操作 5000 次后 T_g 发生变化。

形状记忆聚氨酯的形状记忆行为与体系的化学组成、软段的结晶性、相态结构等因素有着密切的联系。影响其临界记忆温度的主要因素是软段的结构组成和相对分子质量，硬段结构对记忆温度影响不大。随着软段相对分子量的增加，其回复形变温度有所下降，但其却表现出相似的形状记忆行为；低分子量的软段有利于形变的完全回复，高分子量的软链段使弹性回复有所下降。形状记忆聚氨酯的主要性能为：

①多次拉伸和回复作用可以提高聚氨酯的形状记忆性能。

②其防水透湿性能随着温度的升高而增加，并在温度达到软链段结晶熔点时，其透湿性出现突跃，然后逐渐出现平台，呈 S 曲线。

③其透湿性能随着湿度梯度的增加，即形状记忆聚氨酯膜内外间湿度差的增加，其透湿性能增加，但不呈线性关系。

2. 形状记忆聚合物织物的开发　形状记忆聚合物在织物上的应用包括以形状记忆聚氨酯乳液、薄膜、粉末、树脂对普通织物进行整理，也可以用形状记忆聚合物进行纺丝，并用具有形状记忆效果的纤维单独或与其他纤维混纺成为纱线，再进行织造获得各种织物。

日本专利公开了一种形状记忆非织造布的制备方法，是由形状记忆聚合物短纤维与天然纤维或合成纤维成网后，再加入形状记忆聚合物颗粒作为黏合剂而制成。美国专利公开了形状记忆聚合物、纱线和织物的制备方法，在使用时可在特定的条件下回复定形时的形状。中国香港理工大学利用形状记忆聚合物包芯纱开发平纹织物，并对其形状记忆功能进行测试研究。

（1）形状记忆包芯纱的纺制。形状记忆聚合物是采用湿法纺丝法获得形状记忆长丝，其转变温度为58℃。将该长丝作为包芯纱的芯丝，棉纤维作为外包纤维，形状记忆聚合物长丝的力学性能如表10-2。在 DREF Ⅲ 型摩擦纺纱机上纺制包芯纱时，1 根形状记忆长丝和 1 根棉纱做芯纱，5 根棉纱做外包纤维喂入；若在 SKF 细纱机上纺制环锭纺包芯纱，芯纱为形状记忆长丝，棉纤维为外包纤维，表10-3 为两种方法纺制的包芯纱规格。

表10-2　形状记忆聚合物长丝的力学性能

项目	线密度（tex）	断裂强度（cN/tex）	断裂伸长率（%）
形状记忆长丝	28.7	5.0	280.0

表10-3　两种方法纺制的包芯纱规格

项目	粗纱根数（根）	粗纱线密度（tex）	包芯纱线密度（tex）	捻度（捻/m）	形状记忆包芯纱的含量（%）
环锭纺包芯纱	1	1.01	50	494	48
摩擦纺包芯纱	6	3.00	50	460	48

（2）织物设计。采用相同线密度的纯棉股线做经纱，分别用不同纺纱方法生产的包芯纱为纬纱，两种纬纱织制的织物规格参数见表10-4。

表10-4　织物规格参数

织物编号	纱线线密度（tex）		织物密度（根/10cm）		织物组织
	经纱	纬纱	经向	纬向	
品种1	棉 55×2	环锭纺包芯纱 50×2	200	100	平纹
品种2	棉 55×2	摩擦纺包芯纱 50×2	200	100	平纹

通过对两种织物的形状记忆性能测试可知：在织物中加入形状记忆纤维可以使织物具有较好的形状记忆效果；同时，织物的经向和纬向的形状记忆效果表现出明显差异，即采用形状记忆长丝方向的形状记忆效果好于没有使用形状记忆长丝的方向。

二、电子信息智能织物的设计与生产

电子信息智能纺织品是当今高科技时代的必然产物，融电子技术和纺织技术的精华于一体，为智能纺织品的开发开辟了新的道路。电子信息智能纺织品不仅能够感知外界的压力、温度、电荷等刺激，而且可以根据外界的刺激做出相应的调节，从而赋予服装特殊的功能。目前，成功应用的电子智能纺织品很多，如保护人体及动物御寒的热毯和热服装、音乐夹克、折叠电脑键盘等。

（一）电子元件与纺织材料结合的方式

1. 数字化纤维编结法　将高度集成的微电子元件置于纺织纤维或纱线中，或直接在纤维上集成元件，制成含集成电路的数字化纤维，再织成数字化织物。这样数字化纤维中包含大量的丰富的电子模块，每个模块都有能量来源、传感器、少量的工作能量以及启动器。在设计织物时，将数字化纤维设计成一个柔性的网络，分布在服装上，制成电子智能服装。也可以通过印花、织造、针织及绣花等方式制作网络线，选择导电的纱线植入织物中，连接所需的电子元件，服装既具有基本的服用性，又具备高技术性能。

（1）数字化纤维对微电子元件的要求。传感器和电子元件不能对人体有副作用；应具备柔软的手感，才不会影响织物的服用性能；应使用有机材料和相关的聚合物制成薄膜型元件（复合电子器件）。

（2）正在使用和开发的数字化纤维。目前，正在使用和开发的纤维有太阳能电池纤维、声音振动传感器纤维、变色纤维、化学感应纤维、变形纤维、导电及发光纤维以及具有皮芯结构的导电纤维、连续涂层的钢丝纤维、铜纤维和涂层的锦纶等。

2. 纺织材料复合法　纺织材料复合法是通过把轻质的导电织物和一层极薄的具有独特电子性能的复合材料组合在一起来实现微电子元件与纺织品的结合。如英国 Peratech 公司发明了一种复合物，具有弹性电阻的物质或具有量子隧道效应的复合材料 QTC（Quantum Tunneling Composite）。这种材料在通常状态下为绝缘体，但当受挤压或扭曲时其电阻就会降低直至像金属一样具有导电性。典型的产品为英国 Softswitch 公司研究开发的柔性开关织物，可以根据外界压力的大小进行最基本的开关控制，该开关已经实现了商业化，可以应用在工业装、防护装和职业装等服装领域，实现电脑系统和个人电子装置间的沟通；还可以应用于家装、扶手、工作站的仪表盘、汽车等，但却不留痕迹，更符合人体工学的需求。

3. 纺织柔性电子点阵面料　纺织柔性电子点阵面料是 2003 年美国国际时装机械公司首次在国家设计博物馆展出的世界上第一种可编程的、可变颜色的纺织品——电子点阵（Electric Plaid）。通过对织物组织结构的特殊设计，将纺织品的编织线路、热变色墨水与驱动电子元件结合在一起形成电子点阵。其具有非放射性、高柔韧性和柔软性的纺织艺术品，还可以像显示器一样改变颜色。

4. ElekTex 面料　ElekTex 面料是由英国 ElekSen 公司生产的不含电线的传导织物。该织物由传导纤维和普通纤维构成，能准确地感知方位和压力，为使用者提供了人与电子设备间柔软、灵活和轻巧的界面。可以洗涤、延展、耐久、防水、质量轻、成本低，可以批量生产。

5. 纳米电子纺织面料　国外利用纳米技术开发了一种灵敏且程序可控的面料，是将小的多孔的单元通过"螺丝"相互连接成面料，通过装有小型电动机的计算机控制这些微孔，调节它们与"螺丝"间的相对间隙，产品就可以改变形状，以符合使用者的需要。通过形状的快速变化或某些微孔间的短暂失去连接，固态的刚性物质就能像织物一样柔软；反之，松散的键合单元与刚性骨架相连，柔软的织物就会变得刚硬。纳米电子纺织面料可以应用于太空服、军事战斗服、智能服装等领域。

（二）电子信息智能纺织品的结构设计

1. 结构设计要求　结构设计必须在保持服装各种原有特色的同时，尽可能地展现电子信息功能的特殊性。

2. 常用的设计结构

（1）多层网状结构。利用某些纤维的电学性能组成一个柔软的线路网络而分布在织物上，使纺织品或服装能与诸多的导电体、绝缘体共同构筑形成复杂的电路。

（2）高度集成化的芯片和传感技术。将非常小的芯片和传感器封装在一个特殊的"盒"中，并固定在织物内，将细小的导电材料编织在织物中，用于连接电子元件。

（3）电路的连接方式。利用微针刺空气撕裂焊接法进行相互连接，在纱的连接或纺纱中使用效果非常好；微刀裁剪控制焊接法，使裁减与交连同时进行，保证了材料裁减后裁片的性能。

（三）织物传感器的设计

电子信息智能织物需要将各种信号转变成电信号，传感器是非常关键的元件。采用纺织产品做传感器，不仅使传感器具备织物优良的拉伸性能、柔软舒适，还可以适应人体的拉伸、弯曲及各种运动等生理活动，具备对温度、压力和湿度等外界物理化学刺激的敏感性，已成为可穿戴智能技术的重要研究领域。

导电织物制备的织物传感器根据其原理可以分为：电阻式织物传感器、电容式织物传感器和压电式织物传感器等。

1. 电阻式织物传感器 常见的电阻式织物传感器主要有应变传感器、温度传感器和湿度传感器，三者的性能见表10-5。

表10-5 电阻式传感器性能

类型	活性材料	工作方式	工作范围	响应时间（ms）
应变传感器	CNTs/PDMS	压力	0.6~1200Pa	10
应变传感器	石墨烯/涤纶	压力	<200kPa	159/80
应变传感器	银/蚕丝	拉伸	<50%	
应变传感器	石墨烯/丝素蛋白纤维	拉伸	<90%	
应变传感器	PPy/聚氨酯	拉伸	<1450%	500
温度传感器	银/聚酰亚胺		−20~20℃	
温度传感器	石墨烯/丝素蛋白纤维		20~50℃	
温度传感器	GO/聚氨酯		30~80℃	
湿度传感器	石墨烯/丝素蛋白纤维		10%~85.1%（RH）	3000/6000

2. 电容式织物传感器 常见的电容式织物传感器有应变传感器和湿度传感器，二者性能见表10-6。

表10-6 电容式传感器性能

类型	活性材料	工作方式	工作范围	响应时间（ms）
应变传感器	CNTs/聚乳酸	压力	12~430×10³Pa	30
应变传感器	CNTs/3D 微孔热塑性纤维	压力	0.1~130×10³Pa	

类型	活性材料	工作方式	工作范围	响应时间（ms）
应变传感器	石墨烯/PET	压力	$0.044 \sim 4 \times 10^3 \, Pa$	30
应变传感器	CNTs/聚乳酸	拉伸	$0.4\% \sim 54\%$	
湿度传感器	石墨烯/机织物		$20\% \sim 70\%$（RH）	120000/100000

3. 压电式织物传感器　压电式织物应变传感器可以将人体产生的动态压力通过压电材料转化为电信号。常用的纺织压电材料为有机类的聚偏氟乙烯（PVDF），利用纺丝的方法制备压电式织物传感器。虽然这种材料具有弹性好、重量轻、易于制造等优点，但灵敏度较低，需要解决热干扰对电阻的影响，会限制其在人体监测方面的应用。

（四）电子信息智能纺织品的应用

随着科学技术的发展和智能技术的进步，电子信息智能纺织品的应用范围将会越来越广泛。国内外科学家一直在研究和探索其应用，从休闲娱乐、工作和防护穿着的服装到产业领域、军事领域的应用都有报道。目前，电子信息智能纺织品的应用实例主要有以下四个方面。

1. 计算机服装　飞利浦公司的设计部门展示了它们所研发的名为"新游牧民族"的智能织物，它将各种相关的电子器件镶嵌、封装到纺织物上，甚至真正地植入织物中，从而使电脑等电子设备与服装完美结合。这种计算机服装的新技术主要体现在芯片的封装上，洗涤衣服时不需要将电子元件取出。

Eleksen 公司正在开发 ElekTex 智能织物触摸板，为微软公司新开发的称作超级便携（Ultra-Mobile）个人电脑开发一系列接口，使他们能够为这种新型移动电脑平台开发出动态的和有个性化的外围产品。这些超级便携电脑外围产品包括 Eleksen 公司开发的织物键盘，键盘通过（蓝牙标准）短程无线信号连接，还有一些采用通用的 USB 接口。另外 Eleksen 公司还将推出一种带一体化键盘和一系列超出传统功能范围设计的手提箱，以提供从手提箱盖操作的多媒体控制。这些设计展示了如何将纺织接口应用到一些最常用的附件和外围产品中，来提高使用方便性和便携功能，形成一种符合微软公司对 Ultra-Mobile 电脑便携功能的要求。

另外，利用 ElekTex 智能织物，原始设备生产商可将一系列界面互动功能，包括简单的键盘操作按键功能、导航滚控制或多媒体动作控制等集成到织物中做成外围产品。原始设备生产商还可以利用这些特点探索 ElekTex 智能织物的可编程和重新配置能力，以便在电脑使用过程中可更改接口设计和功能。这给 Ultra-Mobile 电脑带来很大的市场潜力，因为一个简单的接口既能当作一个键盘，也能当作媒体播放器控制器，而且又袖珍、轻便，充分满足 Ultra-Mobile 电脑的开发宗旨。

2. 无线遥感与通信　滑雪运动是一项危险度比较高的户外运动，针对滑雪中的要求，国外开发的滑雪服有网络收音机、温度、高度、气压感应器、卫星定位系统、危险提示系统等，可以随时遥感滑雪者的位置。除此之外该滑雪服还含有进行加热的织物，会在感应装置检测到滑雪者体温下降到较危险的水平时自动升温，并发出警告。

在设计智能童装时，配有对讲装置、摄像机、柔软的显示屏以及 GPS，可随时了解小孩子的位置和状况，随时保证孩子的安全。

在空姐的制服中装有个人电子助手、柔软的 LCD 显示屏、无线耳机和麦克风，使其在为乘客服务的同时也能与其他机组人员交谈，还可以显示飞行时间、飞行距离、飞机高度、飞行速度等，该制服中的屏蔽纤维还能保证机上的电子仪器安全地工作。

3. 休闲娱乐　飞利浦公司研发的按摩服中，将能发出静电的传导线按照人体的穴位分布编织到衣物中，用以刺激皮肤，同时被织入衣服中的生物传感器可以测试肌肉的放松程度并做自动调整，也可以通过装在衣兜里的控制器由使用者自己调整，使用方便，人们坐在办公室就可以享受按摩服的服务，缓解紧张情绪。

DJ 服可以做控制音乐的工作，如混音、将声音的碎片组成音乐。衣服的领子上装有柔软的麦克风，袖子上有可以控制音乐台的操纵灵活的界面，扬声装置和微型 PDA 被做成时尚的配件，无线连接系统能把听众的要求反馈给 DJ。

4. 医疗保健　据有关资料报道，在高危人群如老年人、病人等的服装上安装传感器，可以持续的监视他们的血压、心跳、体温和湿度等，当发生异常时可以及时救护。保健服装是以自身纤维作为导体，实现电子线路的连接，除对人体的健康状况进行实时监控外，还有可以用于监听婴儿心跳的孕妇装和专门用于老人的监护衣等。

美国麻省理工学院专门为糖尿病患者研制出一种新型的服装，这种衣服不需要抽取患者的血液就能够自动定时检测穿着者体内的血糖浓度。另外，含有阿司匹林、安眠药、维生素、镇静剂以及抗生素的织物也已经被研制成功，目前正在进行医学临床试验。

在阿根廷，国家科技研究所研制出一种专为患有小便失禁的病人制作的床单织物。发明这一织物的马里亚诺·塞贡多教授说，这种床单的表层材料完全不吸水并能使水分快速通过，这样就可以保持织物表面的干燥，而内层材料则能够吸收大量水分并保证不出现渗漏，同时内层材料还有抑制细菌生长的功能，使得床单在被尿湿后也不会发出恶臭，这种床单能够抑制各种常见细菌的生长，并在洗涤 4450 次之后仍有杀菌能力。

三、变色织物的设计与生产

变色材料是指材料的颜色能随着外界环境条件（如光、热、电、压力等）的变化而发生变化的物质。因材料变色性质的不同，变色材料分为可逆变色材料和不可逆变色材料两类。不可逆变色材料的优点是变色后离开变色环境仍可以保持其颜色，以便与标准对照，如测温试纸。近年来，变色材料在织物中的使用有了长足的发展，如热敏变色织物、军事用变色伪装织物等。目前，在纤维制造过程中通过添加变色材料制造变色纤维，在染色、印花中用变色染料或涂料生产变色纺织品。

（一）光（热）致变色材料的种类

1. 按外界因素致材料变色分类　可分为光（敏）致变色材料、热（敏）致变色材料、电致变色材料、压敏致变色材料、湿敏致变色材料。

2. 按材料的化学组成分类　可分为有机类变色材料和无机类变色材料。

3. 按变色材料存在的相态分类　可分为固体变色材料、液晶变色材料和液体变色材料。

4. 按变色材料的用途分类 可分为光信息存储变色材料、指示温度用变色材料、防伪用变色材料、记录纸用变色材料、纺织品用变色材料和能量转换用变色材料。

（二）变色纤维的生产方法

按照生产工艺的不同，变色纤维的生产技术分为溶液纺丝、熔融纺丝和后整理法三种。使用变色纤维生产变色织物在水洗牢度、摩擦牢度和手感等方面优于印染加工方法，同时可以利用色织、提花等传统的纺织加工方法，在组织配合、纱线设计、变色纤维和普通纤维结合等方面进行变化，得到各种不同风格和外观特点的多姿多彩的变色织物。

1. 溶液纺丝 变色纤维的溶液纺丝技术与常规的溶液纺丝技术相近，但要在纺丝的溶液中加入具有可逆变色功能的染料和防止染料转移的试剂，如日本松田色素化学公司生产的变色纤维就是以癸二酸酯类化合物为防止染料转移试剂，将丝条纺出进入水浴中凝固成纤。这种纤维在暗处无色，有光时显深绿色。

2. 熔融纺丝 变色纤维的熔融纺丝是先将变色染料分散在树脂载体中制成色母粒，要求色母粒能与聚酯、聚丙烯、聚酰胺等成纤高聚物混融，可以制成含有变色染料的熔融共混纺丝液，经喷丝、牵伸等制成纤维。如日本可乐丽和帝人公司利用熔融纺丝技术制成皮芯结构的变色纤维，其芯为含变色染料的成纤高聚物，皮组分一般为聚酯、聚酰胺，具有保护芯组分和维持纤维力学性质的功能。

3. 后整理法 后整理法是在纤维表面进行涂层或聚合的方法。如日本三井公司将热致敏变色的微胶囊氯乙烯聚合物溶液涂于合成纤维表面，烘干使溶液转为凝胶状，制成热致变色纤维，这种技术既可以用于纤维，也可以用于纱线和织物。

（三）变色织物的加工方法

变色织物的加工方法主要有两种，一是采用变色纤维直接经纺纱和织造织制成为变色织物；二是采用印花、涂层或染色技术将普通织物制成为变色织物。

1. 利用变色纤维直接加工变色织物 采用变色纤维织造的变色织物，具有手感好、耐洗涤、耐磨性好、变色效果持久等特点。同时在加工工艺条件、织物组织结构上可采用多种变化手段，使织物具有各种不同的变色效果。如采用提花组织织制变色织物时，可以选用变色纤维与普通纤维相结合的方法，将提花部分用变色纤维，面积大的地部用普通纤维，这样既可以获得画龙点睛的效果，又可以降低生产成本。

2. 用印花和染色技术生产变色织物

（1）变色织物用染料及应用。具有可逆变色性质的染料或化合物有数百种，由于织物对染料的稳定性和耐疲劳性的要求高，使其适用于织物印染的不多。目前，LJ Seppialiltes 公司推出的系列特种变色染料，包括随温度变化的热敏变色染料、通过吸收紫外线而变色的光敏微胶囊、遇水变色的湿敏染料和对 pH 值敏感的酸碱变色染料；Pilot 油墨公司开发的热致可逆变色材料 Metamoclour 由色素、显色剂、增感剂三种成分组成，其特点为：色谱全，具有黄、橙、桃红、紫、蓝、绿、黑色相，变色温度范围为−30~70℃之间，并可任意选择，色泽变化分为有色和无色之间变化、A 色和 B 色之间变化，变色灵敏度范围为±（1~2）℃，反复变色次数达几万次，不含重金属离子和甲醛，有很高的安全性；缺点是耐光牢度稍差，不宜长时间暴晒。国内生产的变色染料有上海合成纤维研究所推出的 RTP 系列热敏变色染料，按变色温度不同有（20±3）℃、（33±3）℃、（45±3）℃、（66±3）℃，每一类有六个品种，色谱为红、绿、蓝、紫色；北京纺织研究所开发的用光敏变色印花用环保型材料做壁材而制成的 5~10μm 的微胶囊印花涂料。

（2）变色织物的印花工艺　织物在印花过程中有蒸化固色工艺和焙烘固色工艺。蒸化固色工艺适应于对纤维有亲和力的染料印花，而焙烘固色工艺一般适应于对纤维没有亲和力的涂料或其他颜料的印花。变色染料极性基团少，分子的平面性差，对纤维的亲和力很小，需要依靠胶黏剂固着；且变色染料化学结构的稳定性不如常规染料，容易受到温度、介质的酸碱性和氧化性以及化学试剂的作用而发生变化，使染料失去可逆变色的能力。蒸化固色工艺一般要经过 30min 左右的高温蒸化和强烈的水洗，对保持变色染料的性能是不利的。因此，变色染料选用焙烘固色工艺，一般的工艺流程为：

织物准备→印花→烘干→焙烘

由于在织物上印花要求色彩丰富，为了弥补变色染料色谱单调的问题，可以采用拼色的手段拓宽色谱的范围，采用变色染料之间的拼色或普通染料与变色拼色，可以获得丰富的动态的变色效果。

（四）印花变色织物生产实例

1. 印花工艺流程

织物准备→印花→烘干（90~100℃）→焙烘（120~150℃）→浸轧柔软剂→检验→包装

2. 印花工艺设计　印花变色织物的印花工艺配方见表 10-7，其中变色染料是实现织物变色的主要成分，其用量根据设计颜色来定。

表 10-7　印花工艺配方

印花浆的主要成分	比例（%）	印花浆的主要成分	比例（%）
变色染料（owf）	x	紫外吸收剂	5
胶黏剂	60~80	尿素	1~2
交联剂	0.5~1.0	手感改进剂	5~10
增稠剂	1~3		

3. 印花工艺要求　印花的基础织物一般采用白色或黑色最好，可以使颜色变化对视觉的刺激明显；用于织物印花的变色染料通常制成微胶囊形式，以隔离酸、碱、杂质、空气等化学环境，增强变色染料的耐化学环境和耐疲劳性，提高织物的使用寿命；采用高浓度的染料比例可以提高变色织物的可逆变色耐疲劳性；加入紫外线吸收剂可以缓解光对变色染料的破坏作用；工艺配方中胶黏剂的选择对织物的水洗牢度、耐摩擦牢度以及织物的手感起决定作用，可以使用的胶黏剂种类很多，如丙烯酸酯类、苯乙烯类、聚氨酯类等，选择时应选择低温交联、手感柔软、黏结强力高的胶黏剂；尿素的主要作用是减轻色浆堵塞花网和在焙烘过

程中对变色涂料在干热环境下起保护作用；手感改进剂是柔软剂类，可以改善织物印花后的手感偏硬的问题。

☞思考题

1. 什么是智能织物？智能织物应具备哪些特征？
2. 按照智能化的程度，智能织物如何分类？
3. 智能织物常用的开发方法有哪些？如何实现？
4. 形状记忆高聚物有哪些？
5. 常见的形状记忆原理有哪些类型？如何利用？
6. 材料变色的机理是什么？
7. 变色织物采用的加工方法有哪些？有何优缺点？
8. 智能织物的应用主要有哪些方面？

参考文献

[1]沈兰萍,等.新型纺织产品设计与生产[M].北京:中国纺织出版社,2009.

[2]顾振亚,陈莉,等.智能纺织品设计与应用[M].北京:化学工业出版社,2006.

[3]刘瑞明.实用牛仔产品染整技术[M].北京:纺织工业出版社,2005.

[4]杨建忠.新型纺织材料及应用[M].上海:东华大学出版社,2003.

[5]顾振亚,田俊莹,牛家嵘.仿真与仿生纺织品[M].北京:中国纺织出版社,2007.

[6]王建坤.新型服用纺织纤维及其产品开发[M].北京:中国纺织出版社,2006.

[7]白玉林,何风.氨纶弹力织物产品开发与设计[J].上海纺织科技,2005,33(3):42-44.

[8]邹清云,马芹.白坯色织效果弹力嵌条织物的设计与生产[J].上海纺织科技,2005,35(3):48-50.

[9]朱彩红.纯棉经向弹力织物的上浆工艺实践[J].河南纺织高等专科学校学报,2005(3):37-38.

[10]刘伟,李传梅.Coolplus吸湿排汗弹力织物的染整加工[J].印染,2005(11):28-30.

[11]李莉,李华梅.涤棉磨绒织物分散/活性同浆印花[J].印染,2007(6):14-16.

[12]楼堰斌,王维江,宋建军.纯棉磨毛织物工艺探讨[J].印染,2001(9):21-22.

[13]程洪典.磨砂绸的开发与质量控制[J].丝绸,2003(1):18-19.

[14]周祥,瞿建新.彩棉色织物设计与生产实践[J].上海纺织科技,2019,47(10):57-59.

[15]毕研伟.天然彩棉的性能分析及发展趋势[J].山东纺织科技,2017,58(4):4-7.

[16]隋全侠,瞿建新.彩棉渐变条三层织物的设计及生产[J].棉纺织技术,2018,46(7):41-44.

[17]亓焕军,赵兴波,赵玉水.汉麻纤维纺纱关键技术研究[J].棉纺织技术,2019,47(7):55-57.

[18]赵筛喜.抗菌防臭凉爽衬衫面料生产实践[J].天津纺织科技,2021(1):53-55.

[19]张金燕.大麻纤维的性能研究与产品开发[J].上海毛麻科技,2008(1):30-34.

[20]谭燕玲,徐原,朱静.罗布麻的性能与现状研究[J].轻纺工业与技术,2021,50(1):16-18.

[21]陈晨.超高分子量聚乙烯/罗布麻交织凉席面料的设计与生产[J].上海纺织科技,2021,49(7):47-48.

[22]周稚雅.羊毛/驼绒/桑蚕丝花呢织物的设计与生产[J].上海纺织科技,2020,48(5):40-41.

[23]沈建军,张金莲,易洪雷,等.骆马毛与羊绒、羊驼毛基本性能对比研究[J].毛纺科技,2018,46(6):1-5.

[24]高晓艳,刘美娜,潘峰,等．丝光羊毛/大麻精纺面料的开发[J]．毛纺科技,2018,46(10)：22-24.

[25]侯锋．我国牛仔布行业的发展现状及趋势．纺织导报[J]．2019(3):22,24-25.

[26]蔡永东．天丝/麻混纺弹力竹节牛仔布的设计与开发．上海纺织科技[J],2021,49(3)：34-35.

[27]李竹君,徐文强．玉蚕牛仔面料的研发与生产．纺织导报[J]．2013(4):74-76.

[28]岳仕芳,温宝林,王昕．纯大麻织物前处理工艺探讨[J]．染整技术,2008(9):23-25,59.

[29]姜凤琴,季英超．麻棉交织薄爽衬衫面料的设计与开发[J]．上海纺织科技,2007(10)：46-47.

[30]徐红,白璐,李毅,等．罗布麻的生物酶脱胶与精梳[J]．纺织学报,2006(12):102-104.

[31]邢声远,刘政,周湘祁,等．竹原纤维的性能及其产品开发[J]．纺织导报,2004(4):43-48.

[32]宋晓蕾,傅菊芬,周湘祁．竹原纤维纺纱工艺初探[J]．上海纺织科技,2006(12):30-31.

[33]赵会堂,张立,贾效波．半精纺纺纱工艺及产品开发[J]．毛纺科技,2008(7):20-22.

[34]刘建中,杨三岗．彩色兔毛的性能与产品开发[J]．毛纺科技,2007(1):41-44.

[35]瞿永．改善彩色蚕丝织物性能的措施[J]．上海纺织科技,2007(3):9-10,21.

[36]郑忠厚,李明忠．天蚕丝素及其性质[J]．国外丝绸,2007(1):24-26.

[37]丁艳瑞,李昌建．轻薄双色弹力牛仔布的开发[J]．上海纺织科技,2007(3):24-25.

[38]李昌建,张明立,张杰,等．薄型竹棉混纺弹力牛仔布的开发[J]．棉纺织技术,2005,33(3):32-33.

[39]窦海萍,姜晓巍,孙世元,等．丽赛棉薄型弹力牛仔面料的开发[J]．国际纺织导报,2007(9):41-45.

[40]陆建勋．经纬双向弹力牛仔布的生产[J]．棉纺织技术,2007(4):56-58.

[41]刘利侠,雒梅芳,李建林．氨纶包芯纱纬弹织物的生产技术要点[J]．棉纺织技术,2008(1):54-56.

[42]隋淑英,李汝勤．竹纤维的结构与性能研究[J]．纺织学报,2003(6):27-28.

[43]许兰杰,郭昕．丽赛纤维的性能及应用[J]．合成纤维,2008(3):6-9.

[44]宋德武,顾宇鹭．圣麻纤维的性能及应用[J]．针织工业,2005(9):13-14.

[45]沈望浩,陈复生．竹纤维的粘胶竹浆粕生产技术及其纺织品[J]．合成纤维,2003(6):3,37-39.

[46]钱崇濂．Tencel纤维的生产与染整加工(上、下)[J]．染整技术,2001(3,4):13-15,21-23.

[47]吕传友,莫荣明,俞荣．Modal织物染整加工[J]．印染,2000(12):46-48.

[48]刘守奎,董振礼,陈克宁,等．丽赛纤维染色性能的研究[J]．染整技术,2005(11):55-57.

[49]温海永,杨西君．Tencel纤维混纺及其纯纺纱的开发[J]．棉纺织技术,2007(10):33-35.

[50]赵博,石陶然．Modal纤维系列府绸产品的开发[J]．天津纺织科技,2005(1):27-30.

[51]崔萍,王旻,程隆棣,等.丽赛/涤纶混纺工艺研究及产品开发[J].上海纺织科技,2005（1）:42-43.

[52]赵庆福,孙景涛,陈立军.Richcel细特涤纶轻薄舒适面料的织造实践[J].棉纺织技术,2006(3):59-60.

[53]刘积江,薛少林,邓玲侠,等.特细号圣麻棉混纺纱上浆实践[J].棉纺织技术,2007(10):52-53.

[54]王世利,张志,高慧,等.毛涤圣麻精纺薄花呢的设计开发[J].毛纺科技,2008(1):30-32.

[55]李梅.涤纶仿毛织物的关键生产技术[J].毛纺科技,2008(8):43-44.

[56]尉霞,林娜.超细纤维机织洁净布的设计[J].上海纺织科技,2007(2):53-54.

[57]徐军.涤锦复合超细纤维织物生产实践[J].丝绸,2000(3):36-37.

[58]段亚峰,陈笠,刘庆生.海岛型复合超细涤纶丝麂皮绒产品的设计与开发[J].毛纺科技,2006(3):35-38.

[59]刘雁雁,董瑛,朱平.海岛超细纤维特点及其应用[J].纺织科技进展,2008(1):37-39.

[60]南维亚.薄型仿麻织物的设计与开发[J].上海纺织科技,2006(9):48-49.

[61]颜燕屏,沈美华.牛奶蛋白纤维及其产品的染整技术[J].上海毛麻科技,2006(4):23-28.

[62]赵博.牛奶纤维/棉混纺小提花纬弹织物的开发[J].现代纺织技术,2007(6):30-31.

[63]张一风,刘萍.牛奶蛋白纤维/羊绒/涤纶复合弹力织物的开发[J].毛纺科技,2008(5):31-33.

[64]钟安华,林子务.新型再生纤维的开发现状及纤维性能[J].毛纺科技,2004(8):57-59.

[65]汪玲玲.新型牛奶蛋白纤维[J].国际纺织导报,2007(9).

[66]龙晶,沈兰萍.拒水拒油腈纶膨体纱的整理温度及其织物开发[J].纺织高校基础学学报,2019,32(2):220-224.

[67]龙晶,沈兰萍.织物紧度对拒水拒油型保暖织物性能的影响[J].印染,2019,45(11):39-42.

[68]付江.大豆蛋白纤维织物的新产品开发[D].西安:西安工程大学,2003.

[69]李文彦.蛹蛋白粘胶长丝的织造性能研究及其产品开发[D].西安:西安工程大学,2008.

[70]刘杰.防紫外、抗静电纺织品的开发与性能测试[D].西安:西安工程大学,2003.

[71]詹建朝.基于化学镀的电磁波屏蔽织物的研究[D].西安:西安工程大学,2006.

[72]陈晓棠.基于镀银纤维的复合功能精纺毛织物生产技术研究[D].西安:西安工程大学,2013.

[73]张慧.芳纶基导电纤维复合多功能织物的开发及性能研究[D].西安:西安工程大学,2014.

[74]余雪满.防毡缩、抗静电粗纺毛织物的研究与开发[D].西安:西安工程大学,2008.

[75]赵丽丽.毛混纺精梳阻燃舒适性面料的研究与开发技术[D].西安:西安工程大学,2013.

附　录

附表 1　常见精纺毛织物总紧度系数及纬经密度(或紧度)比的配合

品名	成　分	重量(g/m)	组织或浮长	总紧度系数 K_z	纬经比(K_w/K_j)
哔叽	全毛、毛/黏	341~496	$\frac{2}{2}$斜纹	112~116	0.85~0.90
		434~527		117~127	0.75~0.85
	毛/涤	310~372		106~114	0.80~0.85
	(毛)涤/黏	310~372		104~115	0.80~0.85
啥味呢	全毛、毛/黏	341~465		112~118	0.85~0.93
	毛/涤	310~403		103~116	0.85~0.90
	(毛)涤/黏	310~372		104~114	0.80~0.85
凡立丁	全毛、黏/锦(毛/涤)	248~295	平纹	86~91(84~88)	0.70~0.90
派力司	毛/涤(黏)	211~248		78~85	0.80~0.85
	全毛	233~264		84~88	0.70~0.85
华达呢	毛/涤	357~434	$\frac{2}{2}$斜纹	121~130	0.53~0.58
	毛/涤/黏	357~434		123~132	0.51~0.56
	全毛、(毛)黏/锦	403~434		132~136	0.52~0.57
		419~465		137~144	0.50~0.54
	全毛(毛/涤)	357~388	$\frac{2}{1}$斜纹	120~124 (116~122)	0.52~0.56
	全毛	490~558	缎背($F_j = 2.75$)	166~172	0.42~0.45
	毛/涤(黏)	450~521		154~162	0.44~0.48
直贡呢	全毛	403~481	以 $F_j = 2.5$ 为主,	130~146	0.73~0.84
	毛/涤	388~465	也有 $F=2,S_j=1$	128~138	0.73~0.85
	(毛)涤/黏	372~450	之变化方平	126~136	0.58~0.65
	毛/黏/锦	419~496	$F_j=2.5$,急斜纹	134~146	0.60~0.65
	全毛、毛/黏、毛/涤(黏)	481~574	$\frac{5\quad5}{1\quad2}\nearrow,S_j=2$	152~172	0.56~0.78
		465~527		148~162	0.58~0.75
马裤呢	全毛、毛/黏	403~496	$F_j=2\sim2.2$	132~146	0.60~0.65
	毛三合一	372~465		128~140	0.58~0.62
	全毛、毛/黏	388~574	$F_j=2.3\sim2.7$	132~170	0.45~0.68
	毛/涤(黏)	403~543		125~160	0.65~0.78

品名	成　　分	重量(g/m)	组织或浮长	总紧度系数 K_z	纬经比(K_w/K_j)
马裤呢	全毛、毛/黏	481~574	$F_w = 2.5 \sim 2.75$	154~172	0.44~0.56
	毛/涤(黏)	465~543		148~165	0.46~0.56
巧克丁	毛/涤	388~450	$F_j = F_w = 2, S_j = 1$	125~132	0.70~0.90
	全毛、毛/黏	388~450	$F_j = F_w = 1.65 \sim 2$, 经面或双面复合斜纹	125~140	0.56~0.85
		450~543		141~156	0.48~0.56
	涤/黏、毛三合一	403~434		125~135	0.56~0.85
	全毛、毛/黏	450~558	$F_j = 2.5 \sim 2.75$ 急斜纹	145~174	0.42~0.56
		419~512		132~156	0.50~0.74
	毛混纺	403~512		132~152	0.56~0.75
驼丝锦	全毛	419~465	$F_j = 2.25 \sim 2.75$ 缎纹变化组织	132~152	0.56~0.68
	毛/涤	403~465		128~148	0.60~0.68
	全毛	465~512	$F_j = 3.25 \sim 4$ 缎纹变化组织	152~165	0.60~0.68
	毛混纺	465~496		148~160	0.60~0.70
骰子贡	全毛	357~388	$F_j = F_w = 1.6 \sim 2$ 缎纹变化组织	122~130	0.68~0.88
	毛/黏	357~388		122~133	0.75~0.80
	毛/涤/黏	341~372		120~128	0.65~0.70
	毛/涤	341~372		118~126	0.65~0.70
麦司林类	全毛	202~217	平纹	70~75	0.85~0.90
	毛/涤	186~217		65~72	0.80~0.90
平纹花呢	全毛、毛/黏 (可含少量绢丝)	233~264	平纹及平纹地小提花、 平纹联合组织	80~85	0.85~0.95
		248~295		85~88	0.85~0.90
		279~295		88~91	0.82~0.88
		326~403		92~94	0.78~0.85
	毛/涤、毛/涤/黏、 涤/黏、黏/腈等	217~248		76~82	0.85~0.92
		248~264		83~85	0.82~0.90
		248~295		86~89	0.80~0.88
	毛/涤(挺爽、硬挺)	264~310		90~93	0.68~0.82
中厚花呢	全毛、毛/黏	434~465	$\frac{3}{1}\frac{1}{3}$经二重	146~154	0.74~0.82
	毛/涤(黏)	403~450		140~146	0.74~0.78
	全毛、毛/黏、毛/黏/锦 (可含少量绢丝)	341~434	$\frac{2}{2}$斜纹 变化组织	112~118	0.82~0.90
		372~465		115~124	0.80~0.90

品名	成　分	重量(g/m)	组织或浮长	总紧度系数 K_z	纬经比(K_w/K_j)
中厚花呢	全毛、毛/黏、毛/黏/锦（可含少量绢丝）	372~465	$\frac{2}{2}$方平及其变化组织	114~126	0.80~0.95
		341~403	芦席、菱形、山形斜纹等	110~116	0.85~0.90
		341~403	$\frac{2}{1}$斜纹及其变化组织	104~112	0.75~0.85
	毛/涤、(毛)涤/黏（可含绢丝）	341~372	$\frac{2}{2}$斜纹、$\frac{2}{2}$	106~116	0.80~0.90
		341~403	方平变化组织	108~118	0.85~0.92
女衣呢	全毛	310~372	小绉纹 $F_j=1.5~2$	95~108	0.66~0.75
	毛混纺	279~341		90~102	0.65~0.75
	全毛	310~403	绉纹 $F_j=1.5~2.5$	95~120	0.64~0.85
	毛混纺	279~372		90~115	0.65~0.80
	全毛、混纺	202~326	$F_j=1.5~4$	65~105	0.64~0.82
	纯化纤	217~310	$F_j=1.5~2$	75~102	0.65~0.95

附表2　色织物部分大类品种的经纬织缩率及染整幅缩率

织物名称	坯布幅宽(cm)	原纱线密度(tex)		密度(根/10cm)		织物组织	纬纱织缩率(%)	染整幅缩率(%)	经纱织缩率(%)	备注
		经	纬	经	纬					
色织精梳府绸	97.7	14.5	14.5	472	267.5	平纹小提花	3.3	6.5	6.71 7.47	大整理
色织精梳府绸	96.5	14.5	14.5	472	267.5	（双轴）	4.5	6.8	7.47	
色织精梳府绸	97.9	14.5	14.5	472	267.5	平纹	2.8	6.5	7.47	
色织府绸	97.7	14×2	17	346	259.5	平纹缎条	3.7	6.5	8.65	大整理
色织府绸	87	14×2	17	346	259.5	平纹或平带提花	4.55	6.8	8.65	
色织精梳线府绸	97.7	9.7×2	9.7×2	454	240	平纹	2.7	6.5		
色织精梳线府绸	92.7	9.7×2	9.7×2	432	240	平纹	2.9	9.6		

织物名称	坯布幅宽（cm）	原纱线密度（tex）		密度（根/10cm）		织物组织	纬纱织缩率（%）	染整幅缩率（%）	经纱织缩率（%）	备注
		经	纬	经	纬					
色织精梳线府绸	97.7	9	9	472	70	平纹	1.98	6.5		
纱格府绸	97.7	18	18	421	267.5	平纹	2.82	6.5	10.4	大整理
色织精梳泡泡纱	87	14.5+28	14.5	314.5	299	平纹	3.89	0.6	8.35	热烫
细纺	97.7	14.5	14.5	314.5	275.5	平纹	5.7	7.69	7.69	一般整理
细纺	99	14.5	14.5	362	275.5	平纹	5.1	7.69	7.69	一般整理
细纺	103.5	14.5	14.5	314.5	275.5	平纹	5.9	11.7	6.5	防缩整理
细纺	100.3	14.5	14.5	314.5	275.5	平纹	4.58	8.9	7.69	上树脂
单面绒彩格	96.5	28	36	295	236	$\frac{2}{2}\nearrow$	4.4	5.3	9.56	
单面绒彩格	97.7	28	36	295	236	提花	4.3	6.5	8.17	
单面绒	90.7	28	42	251.5	283	$\frac{3}{1}\nearrow$	4.0	10.3	12.0	
单面绒	99.5	28	42	251.5	283	$\frac{2}{2}\nearrow$	4.8	8.1	11.2	
双面绒	—	28	42	251.5	283	$\frac{3}{1}\frac{3}{1}$ 凹凸绒	6.1	6.5	12.0	
双面绒	91.4	28	42	251.5	283	$\frac{3}{1}\nearrow$	7.7	11.1	6.8	
双面绒	97.1	28	28	299	236	$\frac{2}{2}\nearrow$	5.0	5.9	8.17	
彩格绒	97.7	28	28	236	224	$\frac{2}{2}\nearrow$	4.7	6.5	8	
被单布	113	29	29	279.5	236	平纹	3.5	1.1	10	
被单布	113	29	29	318.5	236	$\frac{2}{1}\nearrow$	3.5	1.1	9.5	
被单布	113	28	28	326.5	267.5	$\frac{3}{1}\nearrow \frac{1}{3}\nearrow$	5	1.1	9.26	
被单布	113	28	28	299	255.5	$\frac{2}{1}\nearrow \frac{1}{2}\nearrow$	3.9	1.1	9.85	
被单布	113	14×2	14×2	283	251.5	平纹	4	1.1		
格花呢	81.2	18×2	36	262.5	236	小绉地	4.08	0	10	
格花呢	81.2	18×2	36	299.5	251.5	灯芯条	5.6	0	10	
格花呢	81.2	18×2	36	284.5	251.5	绉地	5.2	0	10.8	
格花呢	81.2	18×2	36	259	220	平纹	5.2	0	10	
格花呢	81.2	18×2	36	334.5	228	灯芯条	3.9 4.5	0	11	
素线呢	81.9	14×14	36	318.5	228	绉地	2.97	6.92	11.8	整理

续表

织物名称	坯布幅宽（cm）	原纱线密度(tex)		密度(根/10cm)		织物组织	纬纱织缩率(%)	染整幅缩率(%)	经纱织缩率(%)	备注
		经纱	纬纱	经纱	纬纱					
素线呢	82.5	14×14	18×2	365	236	—	3	7.7		整理
素线呢	—	18×2+(14×14)	36	330.5	220	—	4.41	7.8	9.8	
色织线呢	96.5	18×2	18×2	297.5	212.5	平纹	2.75	6.5	2.8	树脂
色格布	85	28	28	218.5	188.5	平纹	6	4.5	7.28	
自由条布	87.5	28	28	272	236	平纹	4.8	7.2	9.2	树脂
劳动布	92	58	58	267.5	173	$\frac{3}{1}\nearrow$	4.6	0.7	11	
防缩劳动布	96.5	58	58	294.5	165	$\frac{3}{1}\nearrow$	3.8	5.3	8.29	防缩
防缩磨毛劳动布	97.5	58	58	267.5	188.5	$\frac{3}{1}\nearrow$	2.9	6.3	9.19	防缩磨毛
家具布	—	29	29	354	157	缎纹	3.5	1.67	7.25	轧光
色织涤棉混纺府绸	97	14.5	14.5	421	275.5	平纹小提花	4.6	5.75	10.6	
色织涤棉混纺府绸	97.7	13	13	440.5	299	平纹	3.4 4.1	5.9	10.86	大整理
色织涤棉混纺府绸	97.7	13	13	440.5	283	平纹小提花	5	6.5	10.29	大整理
色织涤棉混纺府绸	97.7	13	13	452.5	283	（双轴）	5.9	6.5	10.29	大整理
色织涤棉混纺府绸	97.7	13	13	440.5	283	平纹小提花	6.4	6.5	10	涤棉整理
色织涤棉混纺府绸	121.9	13	13	393.5	283	树皮绉	4.8	6.25	9.5	涤棉整理
色织涤棉混纺府绸	121.9	13+13×2	13	472	283	（双轴）	4.6	6.24	10.36	涤棉整理
色织涤/棉细纺	99	13	13	314.5	275.5	平纹	5.9	7.7	7.3	涤棉整理
色织涤/棉花呢	97.7	21	21	322.5	283	平纹	7.2	6.5	10.4	涤棉整理
色织涤/棉花呢	97.7	21	21	362	259.5	平纹	4.56	6.5	11.96	涤棉整理深色

织物名称	坯布幅宽（cm）	原纱线密度（tex）		密度（根/10cm）		织物组织	纬纱织缩率（%）	染整幅缩率（%）	经纱织缩率（%）	备注
		经纱	纬纱	经纱	纬纱					
色织涤/黏中长花呢	93.9	18×2	18×2	228	204.5	平纹	7.9	2.7	10.4	松式整理
富纤格子府绸	97.7	19.5	19.5	393.5	251.5	平纹	3.9	6.5	10.4	氧漂整理

附表3　常见精纺毛织物的缩率及质量损耗

产品名称	原料	线密度[tex（公支）]		成品密度（根/10cm）		织物组织	织长缩（%）	染整长缩（%）	总长缩（%）	总幅缩（%）	染整质量损耗（%）	成品紧度（%）		备注
		经	纬	经	纬							经	纬	
哔叽	全毛	22.2×2（45/2）	22.2×2（45/2）	297	257	$\frac{2}{2}$斜纹	5	7	13	15	4	62.61	54.16	匹染
哔叽	全毛	25×2（40/2）	27.8×2（36/2）	266	233	$\frac{2}{2}$斜纹	6	8	14	16	4	59.48	54.35	匹染
啥味呢	全毛	18.2×2（55/2）	18.2×2（55/2）	305	285	$\frac{2}{2}$斜纹	7	3	10	15	6	58.16	54.35	条染混色
啥味呢	全毛	27.8×2（36/2）	31.3（32）	254	238	$\frac{2}{2}$斜纹	8	5	13	16	5	59.87	42.07	条染混色
凡立丁	全毛	16.7×2（60/2）	16.7×2（60/2）	265	200	平纹	7	4	11	15	3	48.38	36.52	匹染
派力司	全毛	16.9×2（59/2）	25.6（39）	232	225	平纹	8	1	9	10	4	51.92	36.03	条染
华达呢	全毛	17.5×2（57/2）	17.5×2（57/2）	420	234	$\frac{2}{1}$斜纹	11	6	16	6	3	78.67	43.83	匹染
华达呢	全毛	16.7×2（60/2）	16.7×2（60/2）	476	258	$\frac{2}{2}$斜纹	9	6	14	7	4	86.01	47.1	
华达呢	全毛	19.6×2（51/2）	19.6×2（51/2）	451	244	$\frac{2}{2}$斜纹	9	10	18	6	3	89.31	48.32	匹染
华达呢	全毛	20×2（50/2）	20×2（50/2）	602	262	缎背组织	10	10	19	8	5	120.4	52.4	匹染

产品名称	原料	线密度[tex(公支)]		成品密度（根/10cm）		织物组织	织长缩（%）	染整长缩（%）	总长缩（%）	总幅缩（%）	染整质量损耗（%）	成品紧度（%）		备注
		经	纬	经	纬							经	纬	
花呢	全毛	26.3×2（38/2）	26.3×2（38/2）	217	184	平纹	11	2	13	15	4	49.78	42.21	
花呢	全毛	16.7×2（60/2）	16.7×2（60/2）	365	305	$\frac{2}{2}$斜纹	8	3	11	12	4	66.64	55.69	
花呢	全毛	17.9×2（56/2）	17.9×2（56/2）	344	268	$\frac{2}{2}$菱形	8	5	13	12	4	65.01	50.65	
花呢	全毛	19.2×2（52/2）	19.2×2（52/2）	320	288	$\frac{2}{2}$方平	6	3	9	12	4	62.76	56.48	
花呢	全毛	16.7×2（60/2）	16.7×2（60/2）	500	350	单面花呢	5	5	10	19	5	91.29	63.9	
直贡呢	全毛	19.6×2（51/2）	19.6×2（51/2）	455	256	$\frac{3}{2}$急斜纹	8	5	13	4	5	90.1	50.7	
直贡呢	全毛	16.7×2（60/2）	25（40）	542	422	$\frac{5\quad5}{1\quad2}$急斜纹	10	10	19	9	3	98.96	66.72	匹染
马裤呢	全毛	22.7×2（44/2）	22.7×2（44/2）	495	245	$\frac{5\quad1\quad1\quad1}{1\quad2\quad2\quad1}$急斜纹	7	9	15	13	4	105.53	52.23	
巧克丁	全毛	16.7×2（60/2）	16.7×2（60/2）	474	267	$\frac{2\quad2}{1\quad3}$斜纹	10	6	15	6	4	86.54	48.75	
巧克丁	全毛	20×2（50/2）	20×2（50/2）	460	343	$\frac{3\quad3\quad1\quad1}{1\quad1\quad2\quad2}$斜纹	10	6	15	6	5	90.21	62.62	
色子贡	全毛	16.7×2（60/2）	16.7×2（60/2）	367	304	$\frac{10}{7}$加强缎纹	8	2	10	16	5	67.01	55.5	条染
驼丝锦	全毛	19.2×2（52/2）	33.3（30）	490	290	$\frac{11}{5}$变化缎纹	8	9	15	14	5	91.6	62.95	条染

附表4　丝织物常用经纬组合

产品风格类型	经或纬加工要求			常用经或纬规格	适用范围
绸面平滑光亮手感柔软的织物	经丝无捻			各种条分桑蚕丝、柞蚕丝	适用缎、绫、纺等各类织物,练、染、印后,绸面光亮,平滑柔软
	经丝上浆	无捻上浆		各种条分人造丝、合纤丝	
		加低捻上浆	人造丝	44.4dtex(40旦)铜氨丝 4T/S 83.3dtex(75旦)铜氨丝、醋酯丝 1.6T/S 133dtex(120旦)铜氨丝、醋酯丝 1.6T/S	
			合纤丝	33.3dtex(30旦)、44.4dtex(40旦)锦纶 3T/S 55.5dtex(50旦)锦纶 3T/S;　77.7dtex(70旦)锦纶 2T/S 50dtex(45旦)涤纶 2.5T/S	
	经丝加捻	单丝加捻	人造丝	44.4dtex(40旦)、66.6dtex(60旦)人造丝 8T/S 83.3dtex(75旦)铜氨丝、醋酯丝 7T/S 133dtex(120旦)醋酯丝 6T/S;　166.5dtex(150旦)粘胶丝 6T/S	
绸面光泽柔和和手感滑爽的织物	经丝加捻	单丝加捻	合纤丝	44.4dtex、55.5dtex(40旦、50旦)锦纶 8T/S 77.7dtex(70旦)锦纶 6T/S;　122dtex(110旦)锦纶 6T/S 50dtex(45旦)涤纶 8T/S;　83.3dtex(75旦)涤纶 8T/S	适用缎、绫、纺等各类色织物,绸面光泽较柔和,手感滑爽
		股线加捻(熟经)	桑蚕丝	14.4/16.7dtex(13/15旦)8T/S×2,6T/Z 14.4/16.7dtex(13/15旦)8T/S×2,8T/Z 22.2/24.4dtex(20/22旦)8T/S×2,6T/Z 22.2/26.6dtex(20/24旦)8T/S×2,8T/Z	适用绸面光泽柔和的缎类或经高花等色织物,缎面较蓬松
			人造丝	66.6dtex(60旦)人造丝 8T/S×2,6T/Z 83.3dtex(75旦)人造丝 6T/S×2,4T/Z 133dtex(120旦)人造丝 6T/S×2,4T/Z	
			合纤丝	33.3dtex(30旦)锦纶 6T/S×2,4T/Z 33.3dtex(30旦)涤纶 8T/S×2,6T/Z 44.4dtex(40旦)锦纶 8T/S×2,6T/Z	
绡绉类织物	经纬强捻	桑蚕丝		22.2/22.2dtex(1/20/20旦)14T/S、26T/SZ、28T/SZ、30T/SZ、35T/SZ 22.2/24.4dtex(2/20/22旦)18T/SZ、26T/SZ	适用绉类乔其纱白织物,精练后,绸面光泽差,手感爽挺,弹性好,经纬为同一原料
		人造丝		44.4dtex(40旦)铜氨丝 17T/SZ、66.6dtex(60旦)人造丝 12T/S 83.3dtex(75旦)人造丝 10T/S、20T/S、26T/S	
		合纤丝		33.3dtex(30旦)锦纶 18T/S、50dtex(45旦)涤纶 18T/SZ 或 10T/S 75.5dtex(68旦)涤纶 18T/SZ	

产品风格类型	经或纬加工要求		常用经或纬规格	适用范围
双绉织物	纬丝强捻	桑蚕丝	22. 2/24. 4dtex×1（1/20/22 旦）28T/SZ 22. 2/24. 4dtex×2（2/20/22 旦）26T/SZ、30T/SZ 22. 2/24. 4dtex×3（3/20/22 旦）20T/SZ、24T/SZ、26T/SZ 22. 2/24. 4dtex（4/20/22 旦）18T/SZ、24T/SZ	适用双绉类白织物，精练后绸面光泽柔和并略有绉纹效果
		人造丝	83. 3dtex（75 旦）人造丝 20T/SZ、26T/SZ 133dtex（120 旦）人造丝 20T/SZ	
碧绉织物	纬用碧绉线	桑蚕丝	22. 2/24. 4dtex×3（3/20/22 旦）17. 5T/Z+22. 2/24. 4dtex（1/20/22 旦）16T/S	各类碧绉白织物，精练后手感滑爽，绸面具有碧绉绉纹
		人造丝锦纶桑蚕丝	44. 4dtex（40 旦）锦纶+83. 3dtex（75 旦）人造丝 15T/S、12T/S 22. 2/24. 4dtex（20/22 旦）桑蚕丝+83. 3dtex（75 旦）人造丝 16T/S、14T/Z	
疙瘩织物	纬（或经）用疙瘩丝	桑、柞疙瘩丝	55. 5/77. 7dtex（50/70 旦）双宫丝；111/133dtex（100/120 旦）双宫丝 222. 2/277. 8dtex（200/250 旦）双宫丝；16. 7tex（60 公支）竹结绢丝 88. 8dtex（80 旦）柞疙瘩丝；111dtex（100 旦）柞疙瘩丝 555. 6dtex（500 旦）柞大条丝；2555. 6dtex（2300 旦）疙瘩柞大条丝 50tex（20 公支）紬丝	各类双宫绸、疙瘩绸白织物，绸面具有不规则的长短、粗细式点粒疙瘩
仿麻织物	经（或纬）用	人造丝、人造棉抱合线	[19. 4tex（30 英支）人造棉+166. 6dtex（150 旦）人造丝 4T/Z]4T/S [19. 4tex（30 英支）人造棉+83. 3dtex（75 旦）醋酯丝]8T [19. 4tex（30 英支）人造棉+166. 6dtex（150 旦）人造丝 8T]3T	粗犷的人造丝、人造棉、棉纬织物，经树脂整理，绸质如麻织物
结子线织物	纬用结子线		普克尔线：[银丝芯线+33. 3/38. 9dtex（30/35 旦）桑蚕丝饰线+133dtex（120 旦）人造丝固结线] 19. 4tex×2 人造棉色芯线+19. 4tex×2 人造棉饰线+133dtex（120 旦）人造丝固结线 13tex 涤棉纱+11. 7tex 富纤结子线	各类结子白织物或色织物，具有各种不规则的结子
闪光、亮光类织物	纬用	银丝与人造丝、人造棉、桑蚕丝抱合线	[94. 4dtex（85 旦）银丝+83. 3dtex（75 旦）人造丝]并色 [94. 4dtex（85 旦）银丝+133dtex（120 旦）人造丝]并色 [303. 3dtex（273 旦）银丝+166. 6dtex（150 旦）人造丝]并色 [100dtex（90 旦）银丝+19. 4tex（30 英支）人造棉]并色 [190dtex（171 旦）银丝+19. 4tex（30 英支）人造棉]并色 [303. 3dtex（273 旦）银丝+23. 8tex×2（42 公支/2）丝光纱]2T/S {94. 4dtex（85 旦）银丝+[22. 2/24. 4dtex（20/22 旦）桑蚕丝 8T/S×2]6T/Z}3T/S [303. 3dtex（273 旦）银丝+22. 2/24. 4dtex（20/22 旦）桑蚕丝]6T/S	适用于各类闪光、亮光色织物，绸面具有十分明显的发光效果

产品风格类型	经或纬加工要求	常用经或纬规格	适用范围
闪色织物	人造丝、人造棉、锦纶或涤纶抱合线	［19.4tex（30 英支）人造棉色＋133dtex（120 旦）人造丝色］2T/S ［33.3dtex×2（2/30 旦）闪光锦纶色＋83.3dtex（75 旦）人造丝色］3T/S ［33.3dtex（30 旦）半光锦纶色＋166.6dtex（150 旦）人造丝色］3T/S ［44.4dtex（40 旦）半光锦纶色＋19.4tex（30 英支）人造棉色］3T/S ［33.3dtex（30 旦）闪光锦纶预缩＋19.4tex（30 英支）人造棉色］5T/S ｛［33.3dtex（30 旦）闪光锦纶×3］3T＋133dtex（120 旦）人造丝 3T/S｝3T/Z ［50dtex（45 旦）涤纶＋133dtex（120 旦）无光人造丝］3T/S	适用素色或闪色的色织物或白织物,绸面效果文静大方,色彩雅致

注　1. T——捻度（捻/cm）,Z、S——捻向。

　　2. 普克尔线是一种花式线的外国名称。